中国农业水利工程历史与生态文明建设研究

◆ 张芮 著

中国水利水电出版社
www.waterpub.com.cn

内 容 提 要

《中国农业水利工程历史与生态文明建设研究》阐述了中国农业水利在秦汉、隋唐、明清三个发展高峰期的兴衰历程，剖析了近现代农业水利发展成就和存在的问题，并阐释了生态文明是当前农业水利发展的新起点和新趋势，在研究水生态文明建设理论的基础上，探讨了中国农业水利生态文明的构建方略。本书共分为上、中、下三篇，其中上篇介绍中国古代农业水利工程发展历程，中篇阐述了中国近、现代农业水利工程发展，下篇探索了农业水利生态文明建设的相关内容。

图书在版编目（CIP）数据

中国农业水利工程历史与生态文明建设研究 / 张芮著. -- 北京 : 中国水利水电出版社, 2013.12
ISBN 978-7-5170-1590-1

Ⅰ. ①中… Ⅱ. ①张… Ⅲ. ①农田水利－水利史－研究－中国②农田水利－生态环境建设－研究－中国 Ⅳ. ①S279.2②X322.2

中国版本图书馆CIP数据核字(2013)第318338号

书　　名	**中国农业水利工程历史与生态文明建设研究**
作　　者	张芮　著
出版发行	中国水利水电出版社 （北京市海淀区玉渊潭南路1号D座　100038） 网址：www.waterpub.com.cn E-mail：sales@waterpub.com.cn 电话：（010）68367658（发行部）
经　　售	北京科水图书销售中心（零售） 电话：（010）88383994、63202643、68545874 全国各地新华书店和相关出版物销售网点
排　　版	北京时代澄宇科技有限公司
印　　刷	北京瑞斯通印务发展有限公司
规　　格	184mm×260mm　16开本　14印张　331千字
版　　次	2013年12月第1版　2013年12月第1次印刷
印　　数	0001—1500册
定　　价	**40.00元**

前言

水是一切生命之源，是人类生活和生产活动中必不可少的物质，同时也是生态文明的根本基础和重要载体。人类对水资源的开发利用，是社会文明进步的一个重要标志。世界四大文明古国，其经济、文化之孕育、发展，无不得助于河川的滋润。作为四大文明古国之一的古代中国是一个农业大国，农业一直是国民经济发展的支柱。与其他产业相比，农业的发展更多地受到自然环境因素的影响。为了发展农业，古代人民采取多种措施，农田水利便是其中最重要，也是最得力的措施。

农田水利，是指用于农业建设而兴建的水利工程。《吕氏春秋·慎人》载："掘地财，取水利。"高诱注曰："水利，灌溉。"《史记·滑稽列传》中也语曰："西门豹即发民凿十二渠，引河水灌民田。田皆溉……至今皆得水利，民人以给足富。"农田水利建设对中国农业生产的发展有着重要的影响。马克思在论述古代东方时，曾经指出："亚洲的一切政府都不能不执行一种经济职能，即举办公共工程的职能。[①]"所谓"公共工程"是指水利工程及人工灌溉设施。"利用水道及水利工程实行人工灌溉的方法成为东方农业的基础"[②]。

毛泽东同志也说过"水利是农业的命脉"[③]。不仅如此，农田水利建设的发展还是社会生产力发展和社会文明进步的重要标志，是人民抵抗自然灾害，尤其是水旱灾害的重要手段。一方面，为了抗旱减涝和灾后自救，人们开渠筑池灌溉农田、筑坝建堰治理河流。另一方面人们充分发挥人类智慧，大刀阔斧地改造着自然环境，因此不难看出，农田水利建设与生态环境存在着一种辩证统一的关系，而且这种关系贯穿于整个人类文明社会发展的始终。

中国古代农田水利的发展是与古代农业发展相伴的。目前学术界较为普遍的看法是中国古代农田水利的发展经历了秦汉、隋唐、明清三个高峰期。新中国成立后，党和国家对农田水利（农业水利）极为重视，改建、维修、新建了许多重要的水利工程，为农业生产奠定了重要基础。与此同时，中国农业水利工程也面临着许多挑战。水资源过度、无序开发及污染、浪费等依旧是困扰我国经济社会发展的突出问题。

为了改善生态环境，党的十七大告提出了建设生态文明，基本形成节约能源资源和保护生态环境的产业结构、增长方式、消费模式。十八大报告进一步指出，建设生态文明，是关系人民福祉、关乎民族未来的长远大计。面对资源约束趋紧、环境污染严重、生态系统退化的严峻形势，必须树立尊重自然、顺应自然、保护自然的生态文明理念，把生态文明建设放在突出地位，融入经济建设、政治建设、文化建设、社会建设各方面和全过程，努力建设美丽中国，实现中华民族永续发展。水利部陈雷部长多次强调，促进人与自然和谐是解决中国日益复杂的水资源问题的关键，也是生态文明建设和可持续发展治水思路的基本要求。

本书从中国农业水利工程发展历程（包括古代和现代）入手，总结其成功与不足，之后在阐述生态文明的基本特性和内涵基础上，探讨了农业水利生态文明的构建方略，通过水与生态文明建设案例分析加深了该书参考价值和实际的指导作用。

本书是在兰州市2013年度社科规划项目《兰州市水生态文明建设研究》（项目立项号：13－048F）经费资助下完成，由甘肃农业大学张芮编著。其中，研究生徐斌参与了部分资料收集与整理工作。本书在农业水利发展史研究中参考了周魁一先生编写的《中国科学技术史·水利卷》、杨朔撰写的硕士学位论文《当代中国农田水利建设变迁研究》中的部分内容及文献，导师成自勇教授对本书提供了重要的思路，家人给予了莫大的支持，在此一并表示感谢。

由于编者水平有限，书中疏漏和错误之处在所难免，敬请广大读者批评、指正。

编 者

2013年3月

目　　录

附录 国家关于加快水利发展和生态文明建设的相关文件

上篇　中国古代农业水利工程发展历程

在中国，大规模开展除害兴利的治水活动已有4000年之久。第一部中国水利史《河渠书》则始创于公元前100年前后。当时中国著名的历史学家司马迁在他的历史名著《史记》中专门安排此章，记述从公元前22世纪的大禹治水到他生活的年代的重大水利事件，指出了水利在社会经济发展中的重要地位，第一次提出了以防洪、灌溉、排水、航运、城镇供水为主要内容的水利概念。

在中国，商代的甲骨卜辞中已经出现了井田的符号，也有"田＜＜＜"的符号，意指田边的水沟。考古发现证实了商代至汉代中国农田水利中已经有了完善的灌溉渠系工程。地下水灌溉方面，《庄子·天地》和《说苑·反质》记载了春秋时期已经有了用桔槔提取地下水进行园圃灌溉的技术。1993年在辽宁阜新发现距今3600年前的灌溉系统，根据其断面尺寸可分做干渠、支渠、毛渠三级。1997年在甘肃安西境内荒漠干旱地区发现古渠，灌区干渠、支渠、斗渠、农渠体系齐全，灌溉面积估计达到50万亩，使用时间自汉代至元代。在这些地区出现的如此完善的灌溉渠系，也印证了渠道规划在古代所达到的水准。

原水利部部长汪恕诚（2006年）从历史观的高度，将中国治水历程按照治水理念与科学技术的发展划分为四个阶段：一是依附自然、顺应自然的原始水利阶段；二是工程技术手段改造自然的古代水利阶段，这个阶段始于战国末期直至20世纪；三是工程技术手段征服自然的当代水利阶段，从20世纪20年代直至世纪末；四是人与自然和谐相处的现代水利阶段，21世纪初，中国水利进入了发展的转变时期。

本书上篇根据中国古代农业水利工程建设的规模和技术特点，分为3期：大禹治水至秦汉，这是各种类型的灌排水工程的建立和兴盛时期；三国至唐宋，是传统灌排工程高度发展时期；元明清，农田水利建设普及和传统农业水利的总结时期。

第一章　农业水利工程起源与第一次建设高潮

中国水利事业历史悠久，早在原始公社时期，中国劳动人民就已经开始治理水害并开发水利。随着农业的发展，人工灌溉等水利工程也相继出现。到战国时期特别是铁器的广泛使用，历经由奴隶制到封建社会制度的大变革，水利事业勃然兴起，出现了中国农业水利发展史上大型水利工程建设的第一个高潮，这对社会组织的水利建设来说，也具有重要的推动作用。

在水利建设的基础上，这个时期水利科学技术也取得较快的发展，春秋战国时期的思想解放和活跃的学术争鸣，也有助于科学技术的繁荣。在西周及其以前的奴隶制国家时期，中国传统水利技术较之古埃及、古巴比伦，特别是奴隶制高度发达的古希腊略逊一筹，而在春秋战国以来，中国传统水利科学技术迅速发展，形成东西方交相辉映的局面。

第一节　农业水利工程的兴建

临水而居是人类最初求生存的必然选择，随着社会的进步，农耕文明的兴起，人类对水源更加依赖。农作物的生长需要足够的水分，但随着农业的不断发展，自然降雨往往不能完全满足作物生长的需要。此时劳动人民在与自然灾害的斗争中，创造和发展了农田水利工程，进一步由引水沟洫发展成为较大型的渠系工程。农田灌溉在中原地区起源很早，在战国人所著地理书《周礼·职方氏》中，已对全国主要自然水体的分布有概括的叙述。在当年全国的“九州”中，都分布有适于水生物生长的“泽薮”，适于船只航行的“川”和有灌溉效益的“浸”。而人工灌溉系统，则有蓄水、输水、分水、灌水、排水等不同功用的各级渠道所组成，称作“井田沟洫”制度。

早在夏商时期，中国劳动人民在农田规划时，就已考虑水源的问题。他们对水源情况进行调查并作出农田灌溉规划。到了商代，沟洫工程有了文字记载。西周时，沟洫工程有了发展，技术水平也有了新的进步。西周时除有排水沟洫的记载，《周礼·稻人》透露出有关信息：“稻人掌稼下地，以潴蓄水，以防止水，以沟荡水，以遂均水，以列舍水，以浍泄水。”④东汉经学家郑玄解释，潴是蓄水陂塘，防是环陂塘的堤，荡是输水的干渠，遂是配水的支渠，列是稻田中停水的畦，而浍则是排水渠。可见西周时稻田中已有灌排两套渠系。《诗·小雅·白桦》有“滮池北流，浸彼稻田”句，可作佐证。但是总的来说，此时的农田水利工程还处于较低的水平。

中国史书记载的最早的渠系工程是淮河流域上的期思雩娄灌区，它是楚国孙叔敖在公元前605年主持修建的。《淮南子》中记载：“孙叔敖决期思之水，而灌雩娄之野”。期思之水就是今天的史河和灌河。春秋战国时期兴建的灌溉工程气魄宏大，无坝引水的工程如

都江堰、郑国渠（本章第二节、第三节将专门论述），有坝引水的工程如漳水十二渠，蓄水工程芍陂都是这一时期兴建的著名大型灌区。元鼎六年（公元前 111 年）又兴建六辅渠，还同时制定了“水令”，中国第一个灌溉管理制度由此诞生。稍晚一些，在今陕西还兴建了引洛水灌溉的龙首渠。秦王朝的统一为进行经济建设提供了有利的条件，这也促进了水利事业的发展。

西汉前期政权巩固，经济发展较快，为水利发展奠定了基础。到汉武帝时期，水利建设达到了高潮，工程分布以关中为中心，为了抗击匈奴，当时着重发展了西北水利。河套属内陆型气候，自然降水不能满足作物生长的需要，农业几乎完全依赖灌溉。《史记·河渠书》曰：“用事者争言水利，朔方、西河、河西、酒泉皆引河水及川谷水以溉田。”《史记·平准书》又云：“其后番系欲省砥柱之漕，穿汾、河渠以为溉田，作者数万人；郑当时为渭漕渠回远，凿直渠自长安至华阴，作者数万人；朔方亦穿渠，作者数万人，各历二三期，功未就，费亦各巨万十数。”从上述记载看，自汉武帝时期开始，河套已成为全国兴修水利的重点地区，其规模已与内地的大型工程不相上下。黄河在青海东部水流尚小，河谷坦荡处往往可引灌为利，其北支流湟水河谷更为开阔，灌溉之利尤其丰富，故将青海东部称为河湟农区。河湟交汇甘肃兰州西，同时有大夏、洮河、庄浪等河也与此归黄，亦有若干川谷灌溉之地与河湟农区联为一片。汉武帝元狩四年（公元前 119 年）开发黄土高原北部水利，通渠灌溉已及于令居，即今日庄浪河谷的永登一带，河湟传统水利始见其端。至汉宣帝时，赵充国西征，羌人退出湟中，河湟农业和水利才得到全面的开发。开渠先锋即伐羌后解甲的骑卒，他们修桥道，浚沟渠，开田二千顷，在湟水两岸大兴屯田水利，奠定了河湟灌溉农业的基础。东汉初西羌多次入侵，陇西太守马援“缮城郭，起坞候，开导水田，劝以耕牧，郡中乐业”。至东汉和帝时，河湟水利屯田进一步扩展，河湟屯田多达三十多处，均在川谷可以引灌之处，河湟灌溉农区在两汉时期由屯兵郡民开成，农田水利事业的发展，使得河湟农区的农业生产显著发展，至今也为主要的农业灌区和生产区。

随着经济领域的进一步开发，汉水南阳地区和淮河上游地区水利事业开始繁荣，尤其是汉水支流唐白河发展最为显著。唐白河一带由于气候温和，降雨量较大，适合农作物生长，所以开发较早。西汉中期，这里经济已相当发达。水利在西汉后期更是突飞猛进，成为两汉水利发展的重点地区之一。汉元帝时期的南阳太守召信臣对这一带水利有突出贡献，他在任时提出了发展经济的种种措施，尤其是大力发展灌溉。在他的领导下，几年之内，建设了数十处引水渠道，灌溉面积达 200 多万亩[1]。

同时，地下水在此时期也作为农田灌溉资源而得到开发。古时水井只为生活饮用，至汉代开始用井水灌溉农田。井灌最早出现在关中，氾胜之在《氾胜之书》中已记录了很多井灌的经验。井灌在此时已由关中传入西北新垦农区，据《居延汉简》所记，当时屯区还有每隔五十步开凿一井的群井灌溉[2]。《庄子·天地》和《说苑·反质》都记载着春秋时期已经有了用桔槔提取地下水进行园圃灌溉的技术。利用地下水灌溉，首先要会凿井。考古发掘证明，在原始公社末期，劳动人民已经打出了深达六七米、直径达两米的生活用水井。战国时期的文献中也有一些迹象，《管子·乘马》就载有依据农田地势高低，地下水埋藏深度以及相应的抗旱能力，把农田分为几类，并据以征收相应的赋税的情况。可以推论，在北方平原缺乏地表水源的地区，当时已经比较广泛应用了井灌。《水经注》中多处

提到引泉灌溉，例如山西汾阴（今荣县西）引瀵水种稻，太原晋祠引难老泉、善利泉灌溉等。泉水的出流量决定了工程措施和灌溉效益。魏晋时，有人描述同一含水层中水的流动规律，《水经·漻水注》："漻水出江夏平春县（今河南信阳）西……水北有九井，子书所谓神农既诞，九井自穿，谓斯水也。又言汲一井，则众水动。"⑤

除水井、引泉灌溉工程外，坎儿井也开始应用于灌溉。坎儿井，是"井穴"的意思，早在《史记》中便有记载，时称"井渠"，而新疆维吾尔语则称之为"坎儿孜"。坎儿井是荒漠地区一种特殊灌溉系统，普遍存在于中国新疆吐鲁番地区。坎儿井与万里长城、京杭大运河并称为中国古代三大工程。吐鲁番的坎儿井总数达1100多条，全长约5000公里。

关于坎儿井的起源，学术界主要有两种不同的观点：一种观点认为源起于汉代的关中一带，根据是汉司马迁《史记·河渠书》所记载的龙首渠。龙首渠采用的是井渠施工法的灌溉工程，创建于汉武帝元朔、元狩年间（公元前128—前117年）。在今陕西澄城引洛水，"于是发卒万人穿渠，自徵引洛水至商颜下。岸善崩，乃凿井，深者四十余丈。往往为井，井下相通行水。水颓以绝商颜（山名），东至山岭十余里间。井渠之生自此始"。⑥因此认为龙首渠的施工技术西传后，在新疆产生了坎儿井；此外，"坎"是《易经》八卦之一，其本意为水。坎儿井或取此意，意指地下水井。

另一种观点则认为坎儿井的技术是从波斯传入的。根据是波斯坎儿井工程起源更早，使用更普遍；坎儿井的名称与波斯语"卡斯"（Kanat）相近。一定的自然条件，必然会产生出一定的水利形式。只要具备相同的自然条件和技术基础，不同的地区可能创造出相同类型的水利工程。有可能波斯和中国都是坎儿井发源地。汉代新疆确实已经出现了坎儿井的明确记载。宣帝时，"汉遣破羌将军辛武贤，将兵万五千人至敦煌。遣使者按行表，穿卑鞮侯井。以西欲通渠转谷，积居庐仓以讨之"。⑦三国人孟康注释"卑鞭侯井"："大井六，通渠也，下泉流涌出，在白龙堆东土山下。"白龙堆在今新疆库鲁克塔格山以南，罗布泊以东，玉门关以西。卑鞮侯井的水源（泉水）、工程形式（井渠结合）与后世所称的"坎儿井"别无二致。

总之，这一时期历经青铜工具特别是铁器的广泛使用，也历经由奴隶制到封建社会的制度大转变，这对社会组织的水利建设来说，也具有重要的推动作用。因此，这一时期在地面、地下取水灌溉等方面，都有较大的发展，并有一批传统农业水利的大型精品问世，有的至今仍卓然于世。

第二节　典型农业水利工程探究——都江堰

都江堰建于岷江中游，岷江是长江上游的一大支流，发源于岷山山脉的弓杠岭（今四川松潘县境），河源地海拔约4000米，都江堰渠首高程730米，其间每公里水面平均下降8米（即水力坡度为8‰），河床陡斜，水流湍急，夹带沙石甚多。每到夏秋两季，岷山冰雪融化，洪水猛涨，根据数十年测定的水文资料：都江堰渠首段岷江悬移质输沙率845万吨，夹带沙石更为严重。平均每立方米江水含沙量为0.45公斤；岷江多年平均流量为每秒496立方米，年水量156.5亿立方米，年径流分布极不平均，5～10月占总水量78%，11～4月只占22%，在这样的江河里兴修水利工程，溢洪和排沙是至关重要的问题。

都江堰水利工程渠首建造于公元前256年，距今已有2260余年历史，是中国最古老

的灌溉工程。目前该工程仍正常运行，控制灌溉面积达到1000余万亩，属于全国少有的特大型灌区。那么，这样一项中国古代伟大的水利工程是如何修建的呢？本节逐一阐述这项劳动人民杰作的奥妙。

一、修都江堰工程的主要目的

军事目的。在公元前4世纪末，秦国在探讨如何一统天下时，大将军提出“得蜀则得楚，得楚则天下定”的战略构想，得蜀之后可以顺岷江下长江，最终进攻楚国，并得到秦惠王支持。之后大将军司马错在得蜀（当时蜀地并不大）准备攻楚黔中（今湖南西部及贵州东北部）的时候，发现顺岷江运输粮草很费劲，需绕道行驶。这时候提出了让岷江改道的构思。

公元前256年，李冰受秦昭王重托，负责修军事航道。他用了3年时间踏勘水情，提出要修此军事航道，在岷江上建立一个引水和控水的关键工程。该控水工程最终选择在了山丘和平原的分界点，即岷江中游川西平原的出山口。处于军事目的缔造形成了今天这样一项伟大的灌溉工程。

二、都江堰工程“三七分水”的原理

都江堰工程包括宝瓶口、飞砂堰、分水鱼嘴、金刚堤等建筑物。都江堰工程借助于宝瓶口、飞砂堰、分水鱼嘴能够对岷江做到“三七分流”。洪水期，30%的水进入内江，保证了防洪安全，将70%的水量通过飞砂堰等溢漫分流到外江；枯水期深窄的宝瓶口和较高飞砂堰迫使70%的水量进入成都灌区，保证了航运和灌溉用水要求。那么“三七分流”的原理是什么呢？

从图1-1可以看到，都江堰引水枢纽所在位置是弯曲型河道，内江位于河流弯道凹岸一侧，外江位于凸岸一侧。枯水季节，水流动能小，主流线曲率大，主流靠近凹岸。加上凹岸一侧河床深，内江过水断面大于外江。因此，在鱼嘴作用下，大部分水量进入内江，见图1-2。

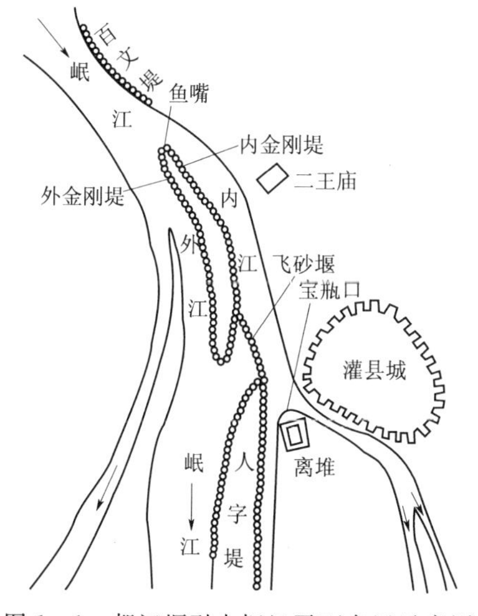

图1-1　都江堰引水枢纽平面布置示意图

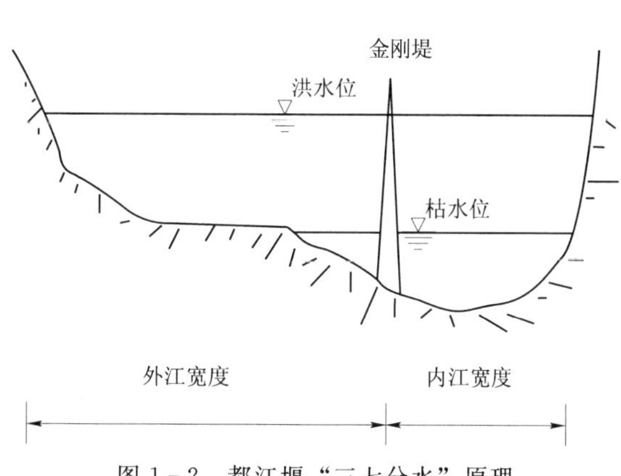

图1-2　都江堰“三七分水”原理

洪水季节，分水鱼嘴分流后进入内江的水量近50%，远远超过下游用水要求，但狭窄的宝瓶口只允许30%的水进入内江，致使水位雍高，多余的水量通过宽浅的飞砂堰等溢漫分流到外江，保证了宝瓶口下游渠系的防洪安全。

三、都江堰自动排沙的原理

弯曲型河道中恒存在环流，其他类型河道中（如分汊型河）也存在环流，于是把弯曲型河道中的环流叫弯道环流[3]。由于弯道环流的作用，使得水流存在横比降，即凹岸一侧水位恒高于凸岸一侧，即如图1-3中的C断面。在横向环流作用下，表层流流向凹岸，底层高含沙水体流向凸岸[4]。这样分水鱼嘴分流后，进入内江（凹岸）水体含沙量低于外江。

经过分水鱼嘴第一次泥沙调节后，枯水季节河流中泥沙少，排沙不是主要矛盾。但洪水季节，进入内江的泥沙如果等含沙率进入宝瓶口后，将会导致渠系泥沙淤积。这一问题的解决是依靠第二级分水排沙功能来实现，即利用飞砂堰和宝瓶口的合理位置对水沙运动进行调节。宝瓶口位于河流弯道凹岸一侧，飞砂堰则在凸岸一侧。水流在河流弯道中形成螺旋状环流：在水流顺江向下运动的同时，表层流流向凹岸，底层流流向凸岸。另一方面，在重力作用下，表层流中泥沙含量少，底层流中泥沙含量多。如图1-3所示，处于凹岸的宝瓶口正对表层流流向，处于“正面取水”的势态，将泥沙含量较小的表层流引到下游；处于凸岸的飞砂堰正对底层流流向，挟带泥沙的底层流从堰顶翻越到外江。这样，在河道螺旋环流的作用下，宝瓶口引水、飞砂堰溢洪排沙在空间上非常协调、时间上高度统一。

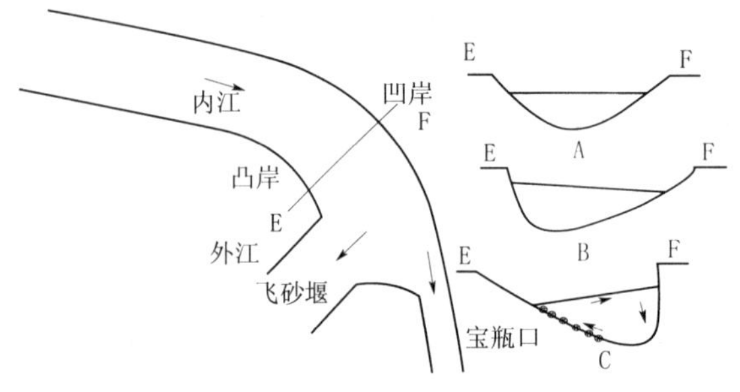

图1-3 飞砂堰自动排沙示意图

四、宝瓶口的开凿工艺

宝瓶口，它是劈开玉垒山建成的渠道引水工程。离堆在开凿宝瓶口以前，是湔山虎头岩的一部分。李冰亲自勘察岷江上游，至氐道北（今松潘）而还，根据水流及地形特点，最后才“因高卑之宜，驱自行之势”，把渠首选点在玉垒山下，在坡度较缓处，凿开一道底宽17米的楔形口子。峡口枯水季节宽19米，洪水季节宽23米。据《永康军志》载“春耕之际，需之如金，号曰‘金灌口’”。因此宝瓶口古时又名金灌口。宝瓶口是内江进水咽喉，是内江能够“水旱从人”的关键水利设施。由于宝瓶口自然景观瑰丽，有“离堆锁峡”之称，属历史上著名的“灌阳十景”之一。

宝瓶口所在岩体为虎头岩，密度和硬度都很大，它是如何开造而成的？李冰父子在没有炸药、没有电钻，甚至连钢钎都没有的战国末年，用大火烧红岩石，再用来自岷江上游的雪山之水泼浇巨石，用冰火相激的自然之法，使坚硬的岩石纷纷断裂。这让我们不仅惊叹古代先人以无比的坚韧战胜了这旷世艰难，更惊叹他们2000多年前自然科学观的智慧高度。

第三节　典型农业水利工程揭秘——郑国渠

战国后期，秦国任用韩国人郑国，在关中兴建著名的水利设施“郑国渠”见图 1-4。郑国渠全长 300 余里，把泾水引导至洛水为止，灌溉农田约 280 万亩。该工程距今已有 2200 多年历史，至今部分渠道仍在陕西水利渠网中发挥着重要作用。

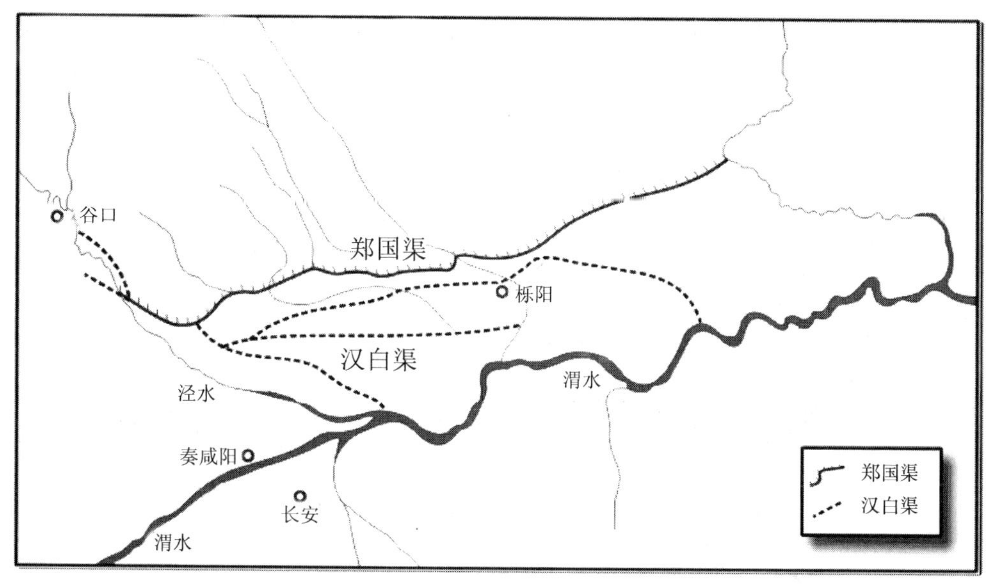

图 1-4　郑国渠、白渠示意图

郑国渠与都江堰、灵渠并称为中国古代三大水利工程，但它的修建却隐藏着深层的原因，秦国（当时水利工程修建工艺极高的国家）为什么会任用韩国人郑国去修此工程呢？本节将围绕这一问题来进行阐述。

一、郑国渠的修建目的

郑国渠始建于秦始皇元年（公元前 246 年），当时秦国的实力与日俱增，统一六国的条件日臻成熟。作为近邻的韩国深恐自己成为首当其冲的目标，惊惧之余，拟定了一个意在“疲秦”的策略，亦即派一名叫郑国的水利工程师（当时称“水工”）前往秦国，劝说秦王嬴政修建大型水利工程，企图借此消耗秦国的人力、物力，达到其阻止或延缓秦国东征六国的目的。然而，秦国很快便察知了韩国的这一计谋，其时工程正在进行当中，郑国以其过人的胆识和远见替自己辩解道：修此工程只能让韩国苟延残喘几年，但却能为秦国带来巨大而长久的利益。秦王接受了郑国的辩护，继续任用他修建该项工程。10 余年后，渠成。关中地区一跃而为沃野，秦国由此走向强盛，最终兼并了各路诸侯，一统了中国。因而，该渠以郑国之名命名为郑国渠。

二、郑国渠的改建和扩建

郑国渠的作用不仅仅在于它发挥灌溉效益的 100 余年，而且还在于首开了引泾灌溉之先河。郑国渠成功的工程规划为后来的灌区扩展奠定了基础，对后世引泾灌溉产生着深远的影响。公元前 140—前 135 年，沿郑国渠向南修建了一条新干渠—白渠，见图 1－5。白渠得名于提议修建这条渠道的一位官员的姓氏，郑国渠后来因此改称“郑白渠”。郑白渠受益面积包括今陕西泾阳、三原、高陵等县，灌溉面积达到 18 万多顷。唐代郑白渠继续扩建，分出 3 支干渠：太白渠、中白渠和南白渠，因而又称三白渠。唐中期，长安的皇亲国戚、达官贵人纷纷在郑白渠灌区购置田产，经营庄园，并在干渠上架设水磨、水碾，由此扰乱了渠系配水，致使灌溉面积下降至 6200 顷。

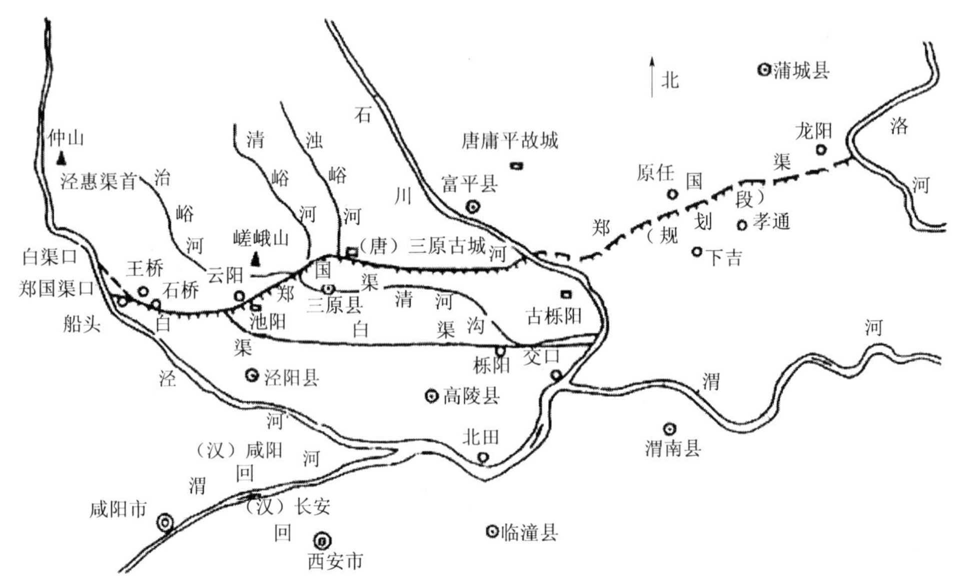

图 1－5　白渠示意图

宋代（9 世纪）时，郑国渠渠口由于泾河河床下切，渠首已经很难自流引水。宋神宗熙宁五年（1072 年），宋神宗皇帝用政府救灾款项对郑国渠渠首进行了改建。改建工程没有完成，因关中大旱而被迫中止。直到 36 年后，改建工程才完工，改造后的郑国渠干渠向上游延伸了 2 公里。渠首设置回澜、澄波、静浪和平流四座节制闸，以控制汛期渠道引水量。另外还在干渠和山溪的交汇处修建了立交建筑物，用以引导山溪顺利地穿过干渠。两年后，工程完工，泾阳、醴泉、高陵、栎阳、云阳、三原和富平等七县的田地得以灌溉。皇帝赐渠名“丰利渠”。

尽管宋代以后渠首多次改建上移，但由于泾河河床下切，引泾日渐不易，灌溉面积日趋缩减。至清朝末年（1911 年），灌区只剩下 1300 多顷，且只能以渠道上游的山泉为源。20 世纪 30 年代，从德国留学归国的时任陕西省水利局局长的李仪祉主持修建了泾惠渠。泾惠渠是一座有坝引水枢纽，泾河上修筑有长 68 米、高 9.2 米的溢流式拦河坝，侧向设置 3 孔进水口（高 1.75 米、宽 1.5 米），部分利用了原有的渠道。拥有 2000 年历史的引泾灌溉得以恢复，灌溉面积达到 3.3 万顷。

新中国成立以来，按照边运用、边改善、边发展的原则，对新老渠系进行了 3 次规模较大的改善调整与挖潜扩灌。1949—1966 年为第一阶段，1966—1983 年为第二阶段，20

世纪80年代后至1995年为第三阶段。泾惠渠拦河坝多次加高，渠道不断改造，灌溉面积增至8万顷。

第四节 田间灌溉制度

人工灌溉的目的是按照作物生长的生理阶段，适时调节自然降雨不能满足作物需要的部分。《庄子·逍遥游》中记载了这样一则故事。帝尧欲让位于贤人许由，说："时雨降矣，而犹浸灌，其于泽也，不亦劳乎。"[⑧]意思是说，如果你（许由）主持政务，当比我优秀。这时我再不隐退，就像天空已降下及时雨，而人们仍然在灌溉，岂不是劳而无功吗？说明人们很早就认识到，作物对水分的需要有阶段性，灌溉并非越多越好。

为了有效地实施科学灌溉和排水，既需要针对不同作物生长季节的不同需要组织适时灌溉，也需要制定一套适应各时代不同生产方式的灌溉组织制度。

一、渠系均衡灌溉用水的规定

（一）早期农田均衡灌溉用水的规定

中国最早的灌溉用水规定至迟出现于西汉时期。汉武帝元鼎六年（公元前111年）左内史倪宽主持在关中引泾灌溉的郑国渠旁，兴建六辅渠，并在六辅渠的管理运用方面提出了"定水令，以广溉田"。[⑨]水令即农户用水的法规，是中国历史上最早的灌溉用水的规定。由于水令的实施，保证了科学合理地灌溉，因而扩大了浇地面积。继此之后，南阳太守召信臣于汉元帝建昭五年（公元前34年）在穰县（今河南邓县之西）的湍水上兴建著名的六门堨，灌溉附近三县农田五千余顷。召信臣"为民作均水约束，刻石立于田畔，以防纷争"[5]，是针对可能出现的用水纠纷制定的分水规定。这些都是早期的成果。

西汉末年，在关中地区还推行了提高单位面积产量的耕作法——区田法，相应的灌溉技术也有新的进步，发明了具有现代节水概念的渗灌技术。渗灌是在作物根系层土壤内的浸润灌溉。它既省水，又能保持对作物的适量水分供给，还可以保护土壤结构，形成较好的水、肥、土、气、热状况。例如著名农学家氾胜之在论述种瓜的灌水技术时说："以三斗瓦瓮埋著科（10平方步为一科）中央，令瓮口上与地平，盛水瓮中，令满。种瓜，瓮四面各一子，以瓦盖瓮口。水或减，辄增，常令水满。[⑩]"水透过瓦瓮浸润作物根系。获得"瓜收，亩万钱"的经济效益。用区种法种瓠也有类似的灌水方法："坑畔周匝小渠子，深四五寸，以水亇之，令其遥润。不得坑中下水。[⑪]"也体现了渗灌的原理。

农田均衡灌溉用水，必须依靠严格的组织管理才能实现。负责农田灌溉用水分配的专职人员，在魏晋时期已见记载。

20世纪初，在古楼兰出土的汉文文书中，有多条提到灌溉的内容，其中明确记载水曹官职的有四件[⑫]，标注年代的有晋武帝泰始二年（266年）和晋武帝泰始三年（267年）两件。《周书·异域志》中，记载高昌国"诸城各有户曹、水曹、田曹……"[⑬]，时当公元6世纪，可见水曹的设置在这一带延续了数百年之久。

而主要出土于尼雅遗址的佉卢文残卷中有两条对于灌溉组织方式有明确记载。第72

条载："……小麦曾灌水二三次，此系灌水记录（接着是登记表）……"⑭可见当年灌溉不仅有专人负责，而且有灌水次数，面积等的登记，只可惜登记表的内容未能译出，不得窥其全豹。第604条内容则是：兹于伟大国王上天之子夷都洳·伐色摩那陛下在位之七年六月二十五日，舍古娑．舍怯打开封口。该封口子凯牟．钵里特。水已供给。证人为莱没苏及僧人犀伐犀那。打开封口分配灌溉用水时，不仅要记录时间，而且要有证人证明。在干旱地区的管理工作尤为严格，由此可见一斑⑮。

1979年在阿斯塔那古墓群中出土了一批5世纪的文书，其中有一件《功曹条任行水官文书》，记录有"今引水溉两部葡萄，谨条任行水人名在右，事诺约敕奉行"⑯的内容。而受委派主持两部葡萄园灌溉的有参军、县吏等十人之多，反映出当地灌溉严格由县政府直接派人督管分配的事实。

另外，灌溉制度、工程配水制度在水利法规也有所体现，《礼记·月令》载："季春之月……，命司空曰，时雨将降，下水上腾。循行国邑，周视原野，修利堤防，导达沟读，开通道路，毋有障塞。"秦代《田律》中规定："春二月，毋敢伐材木山林及壅堤水。"西汉倪宽"表奏开六辅渠，定水令以广溉田"⑰之前的水利相关规定只是出现在某些法典或制度的条款里，并且一直沿用不废。

第五节　水利科学基础理论形成

秦汉水利建设的高潮，为水利学科的形成创造了条件。《禹贡》是《尚书》的一篇，写于战国时代，是中国最早的一部水利专著。书中对黄河、淮河和长江流域的河流、土壤、地理等作了详细的记述，对研究中国古代地理具有很大的参考价值。《史记·河渠书》由西汉司马迁著，记载了从大禹到汉武帝2000多年治水实践和经验，开创了中国水利史研究和著作的典范。并且首先赋予"水利"一词专业含义，水利成为有关治河防洪、灌溉、航运等事业的科学技术学科，而将从事水利工程技术工作的专门人才称作"水工"，主管官员称作"水官"。水利学作为与国计民生密切相关的科学技术的应用学科由此诞生。

除此之外，先秦时期的文献中，《周礼》、《管子》、《尔雅》中涉及水利科学技术的内容也较多。基础性的理论纷纷提出，主要反映在水土资源规划、水流动力学、河流泥沙理论、水循环理论等方面。水土资源是自然界最基本的资源。《管子·度地》把河流分为五种；《管子·地员》根据相应地下水的埋藏深度、水质及适宜农作物对土壤进行了分类；《尚书·禹贡》和《周礼·职方氏》对当时九州行政区的土地和河流湖泊有全面的描述，为自然资源分类统计之始。

在水利科学基础理论方面，《管子·度地》首先提出明渠水流和有压管流运动规律及水跃现象。2000多年前就建立起了明渠水流水力坡降量的概念，对有压管流、水跃等水流现象进行了正确的阐述，在当时世界上处于领先地位。《管子·地员》记载不同的地质和地下水埋深与水质的关系，这里的息徒、赤垆、黄唐、斥埴、黑埴分别是石灰岩、冲积土、黄壤、盐碱土和黑黏土，土质不同而水质不同。晋张华的《博物志》载："凡水源有硫黄，其泉则温。"记述了人们早期的水化学知识。

秦汉水利建设出现了历史上的第一次高潮。与之同时有关水利的记载大批出现，水利

的科学技术基础理论进一步深化，对后世影响最大的是《史记·河渠书》，它作为中国第一部水利通史问世，从而确立了传统水利作为一个学科和工程建设重要门类的地位。

第六节 农业水利科技成就

一、灌溉提水器具

提到灌溉工程，必不可少的就是灌排器具了。原始灌排器具的出现距今约7000～3000多年。生气勃勃的战国至汉代（约公元前400年—公元2世纪）还是技术的发明时代，很多古代灌排机械都可以从这个时期追溯到它的源头。

1. 戽斗

考古发现距今7000年前，中原已经开始人工灌溉。最早的工具是陶罐，从河里一罐一罐地抱到田里。距今约3000年前，人们发现了戽斗。它是一个两边系绳的小桶，只要两个人分别拉着绳子的两头，就能把低处的水甩上来。所用小桶在南方大多用木制作，在北方则多用柳条编成。

戽斗虽然用起来费力，但灵活、方便。因而长期以来颇受老百姓的青睐。即使现今，在那些地狭水浅不宜使用水车、水泵且浇水量不大的地方，仍在使用这种戽斗。

2. 桔槔

春秋时期，出现了一种新的人力灌排工具——桔槔。这是一种利用杠杆原理制成的简单取水机械，具体结构与操作程序是：将一根长杆从中间悬挂起来，一端系一容器，另一端绑一重物。不提水时，重物一端下沉，容器一端上抬。汲水之时，用力向下拉绳，重物上抬，容器进入水中，待其水满之后，再向上猛提，借助另一端的重物，不太费力就能把装满水的容器提上来。在中国北方地区，桔槔一直是比较常见的提水机械。

3. 辘轳

辘轳是利用轮轴原理做功的机械，用于提取井水。它最早见于汉代，时称“椟栌”，在当时的许多画像石中都可见到其踪影。辘轳的构造类似于滑车，具体就是在井上搭一架子，架上横一轴，轴上套一长筒，筒上绕一长绳，绳的末端挂一水桶，长筒头上装一曲柄。摇动曲柄，绳就会在筒上缠绕或松开，绳端的水桶就会随之吊上或放下。比起用手上提，采用这种方式从井里打水就省力多了。

辘轳出现后，深井的取水问题得以解决，并逐渐成为北方地区使用最为普遍的提水机械。明清时，出现了畜力辘轳。即在机械传动部分添装一平轮，盛水器也由一桶增为多桶，只要牛马等牲畜绕着立柱做圆周运动，即可将井水不断地提上来，提水深度达数十米。时至今日，华北平原仍在用辘轳将水从一些超过100米的深井中提取上来。

二、雨雪测报与减灾

降水量的多少直接关系到农业生产是否能够顺利进行，决定旱涝丰歉，自古以来，中国对降水情况就十分重视。使用最为广泛的降水量观测方法，即在某一测点水平安装一个具有一定承雨口径的雨量器或雨量计，直接计量降水的数量和时间，并以该点的降水代表其邻近的一定范围的降水，降雪和降雹的水量是指其融化后的水当量。

雨雪测量器具在中国出现较早，并在历史时期的灾害预防中显现出积极的作用，正如竺可桢先生所说："要而言之，则测量雨量实为救济水旱灾荒之唯一入手方法。因不然，则不知该地之适合于何种农产，遑论其他。""实测各州县历年之雨量，洞悉各种农产水量需要之多寡，然后因地则相宜之农产而种植之，使季候不致失时，旱潦不致常见是也。"[6] 作为灾害预防的重要手段之一，测报雨雪的制度也很早就在中国出现，并从秦汉时期一直延续到明清时期。自秦代起有了降雨观测，并开始由地方向中央上报降雨量。据 1975 年在湖北云梦县睡虎地秦墓出土的秦代竹简《秦律十八种·田律》[7]记载：下及时雨和谷物抽穗，应即书面报告受雨、抽穗的顷数和已开垦而末耕种田地顷数。禾稼生长期下雨，也要立即报告降雨量和受益田地顷数。如有旱灾、暴风雨、涝灾、蝗虫及其他虫害等损伤了禾稼，也要报告受灾顷数。距离近的县，由走得快的人专送报告，距离远的县由驿站传送，在八月底以前送达。汉承秦制，也有测报雨量的制度："自立春至立夏，尽立秋，郡国上雨泽。"由郡国要上报降雨量推想一定有统一的测量降雨量的方法，可惜并无文献可考。

第二章 农业水利建设蓬勃发展与成熟期（三国至唐宋时期）

魏晋南北朝以黄河为主战场，长达300年的战乱，促使中原人口大量南迁。南方政权则相对稳定，农业水利取得进展。此后，唐宋时期的500多年中出现了全国范围基本稳定的政治局面，为农业水利发展提供了先决条件。灌溉等水利工程建设蓬勃发展并取得重大成就。安史之乱后，北方农业经济一度衰退，而南方继续稳定发展，全国经济重心南移遂成定局。同时，唐代社会开放和宋代学术思想的活跃，也为科学技术的进步创造了良好条件。在历来水利建设经验积累的基础上，水利科学技术取得了长足的进步，形成了中国古代传统水利技术的高峰，并位居中世纪世界水利技术的前列。

第一节 北方农田水利的恢复与南方农田水利开发的加速

秦汉以前，中国主要经济重心在黄河流域，之后，基本经济区逐渐向南方扩展。三国至南北朝时期（约公元3—6世纪）淮河中下游成为继黄河流域之后的又一个基本经济区，隋朝、唐朝、宋朝时期（约公元7—13世纪）长江流域和珠江流域的经济地位突出出来，其中长江中下游已成为全国的经济中心，所谓“苏湖熟，天下足”，“国家根本，仰给东南”。在基本经济区的建设中当然离不开水利建设。随着经济区的扩展，水利建设也取得了长足进步。

隋文帝开皇初年（581年），隋文帝统一天下，建都长安，隋王朝仅存37年，而且主要致力于南北大运河的建设，但由于漕路艰难，为了改善长安的粮食供给，仍在农田水利方面做了些努力。开皇初年，都官尚书元晖引杜水（又称杜阳水，即今下游于武功入渭的漆水），灌溉卤之地数千顷，使得数千顷荒芜的盐碱地得以灌溉，成效显著。

唐代由于农业发展迅速，以及灌溉的所需，农业水利工程发展迅速。总体而言，可分为关中农田水利的恢复和改建；河东道、河南道及河北道水利灌溉的发展；西北边区的水利屯田；南方农田水利的加速开发。

一、关中农田水利的恢复和改建

唐代曾于秦汉所发展的郑白渠基础上，另外又开凿了太白、中白和南白三大支流，世称“三白渠”。其灌溉区域主要分布在泾阳（今陕西泾阳县）、栎阳（今陕西栎阳镇）、高陵（今陕西高陵县）、云阳（今陕西云阳镇）、三原（今陕西三原县北）、富平（今陕西富平县）等区域。唐代为了发挥成国渠的水利效益，在贞观、永徽、圣历、久视、大历年间，曾进行过多次修治，重点是维修六门堰。唐开元七年（719年），在同州刺史姜师度主持下，重建引洛灌区。《旧唐书·姜师度传》称：姜师度“于朝邑、河西二县界，就古通灵陂，择地引雒水及堰黄河灌之，以种稻田”。此外，唐代在朝邑东北大规模引黄灌溉也取得成功。据《新唐书·地理志》记载，唐高祖武德七年（624年），治中云得臣自龙门引黄河水溉韩城县（今韩城县）田六千余顷。渭南是唐代都城长安的近郊，水利相当发达。所以长安一带形成了大小渠道纵横交错的格局。所谓“八水绕长安”就是唐代京城附近水利网络的形象写照。

二、河东道、河南道及河北道水利灌溉的发展

河东道的范围包括今山西全省和河北省西北的部分地区，西邻关中地区，也是唐代的重要农业地区之一。据统计，唐代河东道兴修的见于文献记载的农田水利工程共18项，其中17项兴修在中唐以前。河南道辖有今山东、河南两省黄河故道以南（唐河、白河流域除外）和江苏、安徽两省淮河以北的地区，是唐代东都洛阳所在地。唐朝建立之后，为了改变河南道的衰败状况，对陂塘渠堰工程进行了广泛的修治。据不完全统计，在唐代，河南道见于记载的修治的工程共32项，其中29项是在唐前期施工的。河北道辖境相当于现在的北京市，河北省、辽宁省的大部，以及河南、山东两省的古黄河以北地区。唐代前期对这个地区的古老的引漳灌区和太白渠灌区的水利工程均有所改建，同时在海河平原还兴修了不少排涝防洪工程。战国时创建的引漳灌渠发展到唐代前演变为天平渠。唐咸亨年间对天平渠灌区进行了整修，并扩建金凤、菊花、利物3条支渠。此外，唐咸亨三年还在尧城（今安阳市东40里）北45里修万金渠，引漳水，入北齐时开的都领渠。

三、西北边区的水利屯田

宁夏河套地区在唐代属于灵州。据《新唐书》、《旧唐书》、《元和郡县志》等记载，灵州引黄灌溉渠道很多，有的开凿于前代，唐代整修扩建，有的为唐代新开。黄河出青铜峡后，两岸地势逐渐开阔，宁夏平原，分为河东（右岸）和河西（左岸）两大片。当时河东有薄骨律、光禄、七级、特进等渠；河西有汉、胡、御史、尚书、百家等渠。

今内蒙古后套一带也是古老的引黄灌区，《水经注》里已有明确记载。唐代在后套地区曾驻兵屯田，引黄河水灌溉屯田。但至中唐以后，由于“功力不及，因致荒废”，“旧屯沃饶之地……十不耕一”[18]。唐贞元（785—805年）中丰州刺史李景略率军屯田，又“凿咸应、永清二渠，溉田数百顷”[19]使后套地区的引黄灌溉有所继续。

河西地区灌溉的发达。关于唐代河西地区的水利面貌，敦煌一带的情况可以作为代表。大略统计，当时敦煌布置的大小干支渠道约90余条，构成一个完整的灌溉网络，将发源于大雪山的甘泉水（即今党河）引入敦煌绿州，滋润大片土地。甘泉水灌区自上而下布设有马圈口、都乡斗门、五石斗门、阴安渠斗门、中河斗门等5座分水堰；上述5大堰又分出9大输水干渠，分布于沙州城的四周。除引甘泉水灌溉外，沙州还引其他的河、泉水灌溉。

四、南方农田水利的加速开发

唐代前期南方的农田水利虽没成为发展的重点，但水利发展的步伐在逐渐加快，尤其

是长江下游的江浙地区和上游的成都平原，水利建设在东晋南朝的基础上又有显著的进展，并向以南的广大地区推进。

安史之乱以后，北方藩镇割据，战端迭起，农业和水利逐渐衰落，而南方的水利建设蓬勃发展，形成方兴未艾之势。由于南方的地理位置异于北方，根据南方自身的地理条件，主要分为丘陵平原的陂湖灌溉，低湿洼地的水网圩田和东南沿海的捍海石塘。

1. 南方的陂塘湖堰工程

陂湖塘堰是南方丘陵平原地区开发农田水利的主要工程形式，它一般是利用环山抱洼的有利地形，修筑长堤，围成陂湖，就地调蓄径流，灌溉农田。这类工程主要分布于淮南及江、浙低山浅丘及高亢平原地区。这一时期，除了对旧有的工程进行修缮，改建和扩建以外，还新建了不少大、中、小型陂湖。其中在淮南地区修复和整治的陂塘工程主要有一芍陂、扬州五塘（陈公、句城、小新、上雷、下雷）及白水塘（又名白水陂），江南地区改建和扩建的陂湖水利工程主要有丹阳练湖、杭州西湖、余杭南北湖、皖南的大农陂、永丰陂、德政陂、绍兴鉴湖，以及鄞县广德湖、东钱湖等。除此之外，南方其他地区也出现若干规模较大、质量较高的灌溉工程。唐元和三年（808 年），江西观察使韦丹，在南昌附近“筑堤捍江，长十二里，窦以疏涨”[20]，还修筑陂塘 598 所，灌溉农田一万两千顷。同一时期，宁国令范某在宣州南陵（今安徽南陵县）大农陂修筑石堰，长三百步，结果“水所及者六十里”，溉田约十万亩[21]。

2. 太湖塘浦圩田系统

太湖地区像碟形，中部低洼，故又名笠泽。容易被水淹没，需要筑堤挡水。四周除西部山区特高外，东、南、北三面沿海、沿江一带的边缘地段也比较高，容易受干旱影响，则有赖于沟渠灌溉。塘浦圩田系统就是在这种特殊的环境下形成的。

唐代在太湖地区兴建了一系列重要工程：唐开元元年（713 年）重筑东南沿海海塘二百一十四里，形成横亘一线的防海屏障；唐元和二年（807 年）开凿了自苏州齐门北抵常熟，长达九十里的长熟塘；唐大和年间（827—835 年）又疏浚了西起杨舍镇（今沙州县），东南到黄渡的盐铁塘；唐贞元年间（785—804 年）修筑吴兴以东的湖岸，增高培厚，上可驰马，两岸植树益加完固；唐元和五年（810 年）又筑吴江塘路。以土塘为主的南北海塘系统已初步形成，环绕太湖东南半圈的沿湖长堤也在唐中叶以后全线接通，为大规模的塘浦圩田建设奠定了基础。

中唐以后，太湖地区广兴屯田，当时在浙西设置了 3 大屯区，其中以嘉兴屯区规模最大，设有 27 屯，自太湖之滨至东南沿海，“广轮曲折，千有余里”[22]，都属于嘉兴屯区的范围。屯区内有严密的组织机构。在这个机构的组织管理之下，展开了大规模的治水治田工作，形成了“畎距于沟，沟达于川……浩浩其流。乃与湖连，上则有涂（途），中亦有船”的沟渠路系统。“旱则溉之，水则泄焉，曰雨曰霁，以沟为天”[22]，基本上达到了水旱无忧，旱涝有秋的目的。使得嘉兴屯区在当时浙西、江淮，乃至全国的粮食供应中都占据举足轻重的地位。

纵观整个唐代，南北方水利工程的数量大体相当，但在不同的时期，南北方的农田水利建设却很不平衡，河南、河东、河北广大地区的水利工程，大多修建于唐前期，江淮地区农田水利工程大多修建于唐代后期。唐前后期兴修水利南北方如此大的差异，跟其经济重心的转变有很大的关系。唐前后期水利工程的修建及维修则参见周魁一先生《西汉与唐代灌溉成就的比较研究》中的统计表。

到宋代，中国经济和人口的重心南移已经完成，人口分布以两浙和江淮最为密集。人口的增减与生产力的发展，尤其是农业生产和农田水利建设有密切的关系。南方农田水利发展有如下特色。

其一，北宋初期的农田水利建设主要体现在引水灌田和对由于各种原因废毁的旧有陂塘堰泊等水利工程的恢复工作。农田水利建设的高潮则伴随着《农田水利法》的颁布出现。在王安石执政的推动下，“四方争言农田水利，古陂废堰，悉务兴复”。据记载，1070—1076年之间的6年，京畿及各路兴修的农田水利就达“一万零七百九十三处，灌溉田地三十六万一千一百七十八顷有奇”。

其二，圩田及其技术的发展是南方农田水利的又一特色。圩田就是在浅水沼泽地带或河湖淤滩上围堤筑圩，把田围在中间，把水挡在堤外；围内开沟渠，设涵闸，有排有灌。太湖地区的圩田更有自己的独特之处，即以大河为骨干，五里七里挖一纵浦，七里十里开一横塘，在溏浦的两旁将挖出的土就地修筑堤岸，形成棋盘式的溏浦圩田。

总之，唐宋时期，江南一带引水蓄水的灌溉工程相当普遍。公元9世纪初年，韦丹就在今江西北部主持修建598座陂塘，灌溉面积共计一百二十万亩。这一时期灌溉提水机械和水力加工机械有很大的发展。其中用水力驱动的灌溉筒车和主要用于粮食加工的水碾、水磨等，在黄河、长江、珠江等流域得到了普遍应用。

第二节　典型水利工程——它山堰

它山堰是中国古代甬江支流鄞江上修建的御咸蓄淡引水灌溉枢纽工程。位于浙江宁波市鄞州鄞江镇它山旁，樟溪出口处。拦河坝隔断了顺鄞江逆上的海潮，积蓄上游淡水，达到“御咸蓄淡”、引水灌田和向城市供水的目的[8]。它山堰是唐代后期最具代表的农田水利工程，它与郑国渠、灵渠、都江堰合称为中国古代四大水利工程。

它山堰工程的主要功能是分流引水、阻咸、蓄淡，配合下游围堤建闸，使江河分流。流经它山的水，平时七分入河，三分入江，涝时七分入江，三分入河。

它山堰在筑堰以前（见图2-1），海潮可沿甬江上溯到章溪，由于海水倒灌使耕田卤化，城市用水困难。唐大和七年（833年）由县令王元玮创建它山堰，断截鄞江，上游樟溪水经此引流，一路入南塘河，经洞桥、横涨、北渡、栎社、石碶、段塘经南城甬水门，注入日、月二湖（日湖已湮没），复经支渠脉络，供城市之需；一路北入小溪港至梅园、蜃蛟。两路水经支脉分流贯通鄞西平原诸港，灌溉七乡农田数千顷（今受益农田24万亩）。关于它山堰的规模，据南宋魏岘《四明它山水利备览》记述：“堰脊横阔四十二丈，覆以石板，为片八十有半；左右石级，各三十六。岁久沙淤，其东仅见八九（级），西则隐于沙。堰身中空，擎以巨木，形如屋宇，每遇溪涨，则有沙随实其中，俗称护堤沙；水平沙去，其空如初，人以杖试之信然……”。

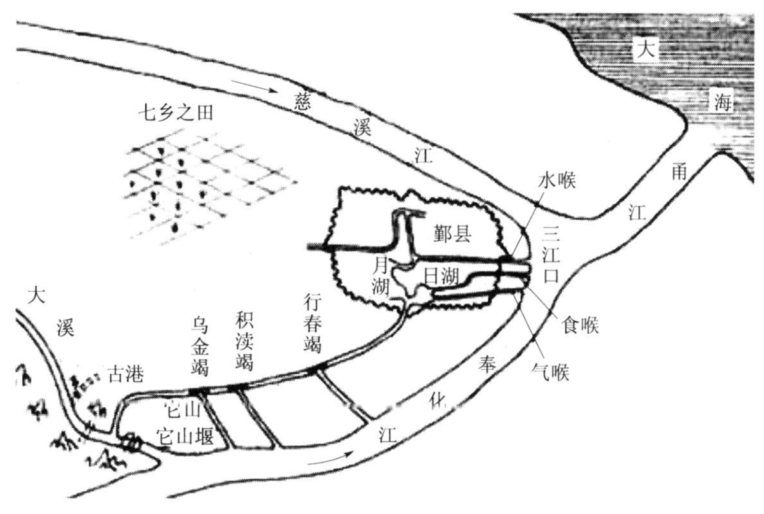

图 2-1 它山堰工程示意图

关于王元纬的生平，历史上记载很少，宋朝宝庆《四明志》、明朝嘉靖《宁波府志》的记载比较翔实一些，但总的说来，留下来的史料是很少的。从这些史志的记载来看，知道王元纬是山东琅邪（今临沂市附近）人，做官清廉刚正，为人勤俭淳朴，出任县令以后，没有几年时间，就达到境内大治。他十分关心民间疾苦，为了减轻旱涝灾害，亲自考察了地形，选择在樟溪出口的山峡处，有一小阜突起，高十余公尺，名曰“它山”，即利用此山，筑起一道宽四十二丈、高三十六级的大石堰，作为阻咸、蓄淡、引水的渠首枢纽工程。它山堰上小下大，呈塔形，可以防止坝的活动，完全符合建筑学的原理。从唐太和七年算起，这座著名的堰坝已经有 1180 年的历史了[9]。

王元纬及其继任者在南塘河的中、上游建造了乌金、积渎、风棚三座碶闸，在下游又造了一座行春碶（今称石碶），以便涝时启闸排水，旱时涨潮启闸进水，利用奉化江的潮汐来顶托淡水，起着双重的调节作用。

约宋熙宁元年（1068 年）县令虞大宁建风棚碶于北渡附近，宋淳祐二年（1242 年）郡守陈恺为防内港淤积，于堰西北 150 米处建回沙闸。因古河道变迁，已成遗迹，现存露于古河道上四根槽柱，西首第二柱镌则水尺，并刻量测水位尺度作泄蓄标准，第三柱刻回沙闸三字，石柱两侧凿有闸槽，以按放闸门。宋宝祐年间（1255 年）刺史吴潜置三坝于鄞江镇东（距堰里许），一濒江，一濒河，一介其中。存濒河一坝，1924 年于此重修，石筑洪水湾塘，长 302 米，高 4.16 米，塘呈弓形，凹溪凸江，隔于光溪与鄞江闸，为它山堰第二道分道排洪堰塘。1987

图 2-2 治理后的它山堰排洪堰塘

年新建洪水湾排洪闸，原堰塘仍存遗址。另有官塘、狗颈塘等。至清末民初，配套工程增至九坝、五堰、十三塘。新中国成立后整治旧碶、堰、塘，更臻完美[9]。

迄今千余年，它山堰历经洪水冲击，仍基本完好，仍然发挥阻咸、蓄淡、引水、泄洪作用。海内外研究此堰者颇多。1982 年 6 月，鄞县人民政府公布为县重点文物保护单位。1988 年 12 月 28 日，国务院公布为国家重点文物保护单位[9]。

第三节　水利管理机构的完善

一、水利管理中央机构设置

司空是古代中央政权中主管水土等工程的最高行政官。《尚书》记“禹作司空”，“平水土”。西周时中央主要行政官有“三有司”，其中之一即“司工”，亦即“司空”。《考工记》说水利工程是司空职掌的重要部分。《荀子·王制》记：“修堤渠，通渠浍，行水潦，安水藏，以时决塞，岁虽凶败水旱，使民有所耘艾，司空之事也。”就是说，防洪、排涝、蓄水、灌溉等等水利工作是司空的主要职掌。其他先秦文献多有类似记载，大致是春秋战国的情况，当时各诸侯国多设有司空或相应官吏。

西汉末期改御史大夫为“大司空”，东汉将司空和司徒、司马并称“三公”，是最高政务长官，类似宰相，虽掌管水土工程，但并非专官。隋代以后设工部尚书主管六部（吏、户、礼、兵、刑、工）中的工部，亦通称司空。

唐代水利管理在隋代的基础上又有所发展。尚书、门下、中书三省构成中央政权主体，尚书省设吏、户、礼、兵、刑、工六部，工部掌管水利土木工程并管理工匠等，下属工部、屯田、水部、虞部四司。水部职掌国家水政，水部郎中一人，从五品上员外郎一人，从六品上主事二人，从九品上，以及令史四人，书令史九人，掌固四人。水部郎中、员外郎，“掌天下川渎陂池之政令，以导达沟洫、堰决河渠。凡舟楫灌溉之利，咸总而成之”㉓，水部为唐朝官府水利事业的行政主管部门。

中央除都水监、水部这两个水利机构的设置外，中央御史台派官员对全国的政府机构及官员监察功过，以定奖惩。御史属元谷就是作为御史台官员对当地用水状况进行调查的。《新唐书》中有十道巡按，六条察吏㉔。“六条”之第三条为“察农桑不勤，仓库减耗”，农桑与仓禀之事必然要涉及到农田水利，以此作为考核官员的标准之一，必然间接地促进了地方官员重视水利事业。唐宪宗元和七年（812 年）闰七月敕：“今后应出使郎官、御史，所历州县，其长吏政俗，闾阎疾苦，水旱灾伤，并一一条录奏闻”㉕。这是中央巡查地方水利行政的又一例证。

二、地方水利管理机构设置

地方上，各州、县长官都负有兴修水利和管理灌溉的职责。《水部式》中有明确规定：“其州县每年各差一官检校，长官及都水官司时加巡察，若用水得所，田畴丰殖、及用水不平，并虚弃水利者，年终录为功过附考。”㉖官员对水利灌溉的管理被纳入其考核的内容。此外，还设有渠堰使、渠长、斗门长等专职水利人员，负责全国各地渠堰的

管理。渠堰使是都水监根据需要派出宫员，或临时任命地方官员并赋予职权，任免为监官或渠堰使。

唐代"京畿有渠长、斗门长，诸州堤堰，刺史县令以时检行，而在其决筑"。[27]渠长和斗门长的具体职责为到浇田之时，专知节水多少。《新唐书》也作："渠长、斗门长节其多少而均焉，府县以官督察。"[28]唐代在京畿地区设置渠长、斗门长，这种专门基层人员的设置在体制上保证了按计划分配灌溉用水，对渠长、斗门长的任职资格也有明确规定，为"以庶人年五十以上并勋官及停官职资有干用者为之"[29]。

唐代确立了自上而下的水利管理体系，唐初也实现了大型都堰由都水监转而由地方管理，京兆少尹监督的管理模式，与普通州、县的水利管理一样，权力主体为地方管理机构，这种管理模式的转变有利于地方官更好地行使自己的权力。完备的管理制度对用水灌溉有一定的实施主体保障。

三、农业水利法规

在社会发展的初期阶段，生产尚不发达，人们对水的需求也比较有限，自然界的水就像空气一样，人们并不感到缺乏，对水的利用也没有什么限制。而当社会发展到一定时期，当自然态的水无法满足要求，而需要修建工程加以调节时，就出现了对水资源的占有和利用的社会问题。而水利工程效益的发挥往往涉及到广大范围和许多方面，牵涉着众多人口的经济利益。由于相关方面的利益都是和同一水体联系着，互相间往往存在各种各样的矛盾。因此需要一个从全局考虑，能够大体上协调各方面利益的规则，约束有关方面共同遵循。规则最初表现为惯例，后来人为地把这种惯例用条约的形式固定下来，以加强其稳定性和权威性，这就是水法。水法的制定和执行，将提高水资源综合利用的效益。水法的出现是水利事业发展的重要标志。

《礼记·月令》载："季春之月，……命司空曰，时雨将降，下水上腾。循行国邑，周视原野，修利堤防，导达沟渎，开通道路，毋有障塞。"可以认为这是春秋末年国家大法中的水利条款[30]。当时还设置有称作雍氏的专管官吏，"雍氏掌沟渎浍池之禁，凡害于国稼者。春令为阱擭、沟渎之利于民者。秋令塞阱杜擭"[31]。阱即深沟，是在居住区周边防野兽的壕沟。擭是在土地坚硬，不便挖掘深沟时，所挖掘的其中插有尖利木桩之浅沟。沟渎浍池则是灌排渠道和蓄水陂池。秦国统一六国之后所订立的国家大法中，也有关于水利的条文。考古发现的《秦律十八种》，其中的《田律》规定"春二月，毋敢伐材木山林及壅堤水"[32]。

最早见于记载的灌溉法规始于西汉。西汉元鼎六年（公元前 111 年）左内史倪宽建议开凿六辅渠，灌溉郑国渠旁地势较高的农田，并且"定水令，以广溉田"。这个水令应当是该灌区的灌溉用水制度。由于有了合理的用水制度，灌溉面积因而增加。西汉末年召信臣在南阳大兴水利。建成了六门陂、钳卢陂等著名蓄水灌溉工程，同时也"为民作均水约束，刻石立于田畔，以防纷争"。东汉永平十六年（公元 73 年）王景任庐江太守时主持恢复古灌区芍陂，"遂铭石刻誓，令民知常禁"，都是按需要均匀分配用水的法规，用以约束各受益农户，以免无端争水。为此，这个法规还被刻作石碑，树立在灌区，昭示于众

些灌溉法规的具体内容都已湮没无闻了。

唐代出现了中国历史上最早的全国性水利法规《水部式》，虽然现在能看到的只是一个残卷，二十九自然条，约二千六百余字，但具体内容涉及农田水利管理等内容。《水部式》载："沙洲用水浇田，令县官验校，仍置前官四人，三月以后，九月以前引水时，前官各借官马一匹。"这条规定了敦煌地区的引水时间，县官成为浇田事宜的检查者和监督者，在县官之下设前官四人，使得浇田责任更具体地落实，并且允许前官各借官马一匹，目的在于将更广范围的浇田事宜纳入到政府的工作之中。

《水部式》对各渠的用水标准也有具体规定："京兆府高陵县界清、白二渠交口，着斗门堰，清水恒准水为五分，三分入中渠，二分入清渠。若水雨过多，即与上下用水处相知开放，还入清水。二月一日以前，八月卅日以后，亦任开放。"

农田灌溉是《水部式》残卷的一项重要内容，它所确定的浇田原则是在对用水者平等对待的基础上，实行有计划地灌溉，做到不偏不倚，不浪费。"凡浇田，皆仰预知顷亩，依次取用。水遍即令闭塞，务使均普，不得偏并。"

《沙州敦煌县行用水施行细则》相比《水部式》而言，规定更为细致，更加适宜当地农业状况与当地人的习惯。《沙州敦煌县行用水施行细则》[10]是敦煌政府颁布的敦煌地区灌溉农田的行水规则，也是敦煌文书中对当地河渠水利比较详细记载的文献。唐前期，敦煌地区也大兴水利，广开河渠。《沙洲敦煌县行用水施行细则》残存部分记载有 80 多条水渠，形成密集的灌溉网络，同时包括一整套严密的用水规定。《沙州敦煌县行用水施行细则》前篇详细规定了敦煌水渠行水顺序，行水原则和关中地区有一致之处，也是采取分流的办法，依据地势高下、地区远近依次送水，做到普匀。

《沙州敦煌县行用水施行细则》、《水部式》这两部水利法规的颁布，以及在《唐律疏议》、《营缮令》中保存的相关水利规定，充分体现了中国古代政府对水利事业的关注与干预，这些水利法规协调了用水各个主体之间的关系，对于社会的稳定、水资源的保护、农业生产的发展有重要意义。唐代所确立的水利管理体制及水利立法对后世影响深远。

第四节　水利科学理论的进步和技术成就

这一时期基础理论的进步主要反映在水利测量、河流泥沙运动理论以及洪水特征和规律的认识等方面。北宋年间水位测量已在各地采用，并据以推算流量。在多沙河流的泥沙运动方面，已总结出改变河床断面将对输沙率产生影响，以及引入清水将提高多沙河流的输沙能力等规律性认识并已在实践中应用。在地形测量中，至迟在唐代已实际应用水准测量仪。此外，宋金时期对汛期水流特征和涨落规律，也有形象的规律性描述。

这一时期农田水利等工程技术普遍有所创新，并达到传统水利技术高峰。不仅引水、蓄水、提水工程技术有重要发展，而且利用多沙河流的水资源和泥沙资源进行放淤灌溉和改良土壤也卓有成效。北宋熙宁年间（1068—1077 年）政府大力推行放淤，短短几年间放淤面积达到五万顷以上，并有总结性专著出现。此后放淤和淤灌在北方各省民间流传下来。

这一时期水利的管理也有长足进步。中外学者研究中国古代水利最重要文献之一的《水经注》由北魏郦道元著，是中国古代最完整的一部水文地理名著。作者为了对三国时

所著的《水经》进行考证，跋山涉水，追溯源流历时7年之久，终于写成了30多万字的巨著《水经注》。书中对大小1252条河流及其水利工程，特别是对黄河作了详尽的记述。还有现存最早的全国水利法规，当数唐代制定的《水部式》。内容主要包括农田水利管理，碾磨设置及其用水管理，航运船闸和桥梁的管理维修，渔业及城市水道管理等，这是由中央政府颁布的全国性法规。此外某些行业还有自己的单行规定，例如江南圩田有定型的管理体制，“田有官，官有徒，野有夫，夫有伍，上下相维如郡县”。而各个灌区自己又有适合本灌区气候、种植、水源、习惯的单行灌溉制度，甚至远至新疆，都不例外。北宋在王安石变法时期对于兴修水利特别重视，北宋熙宁二年（1069年）曾颁布《农田水利约束》，这是中央政府为促进兴修农田水利工程而颁布的政策性法令，对各地兴修农田水利的组织审批方式、经费筹集、责任和权利分担、建议人与执行官吏的奖赏等，都有具体规定。对于推动农田水利高潮的兴起，发挥了重要作用。在防洪方面，现存最早的河防法令是南宋嘉泰二年（1202年）颁布的《河防令》，它是在宋代治河法规基础上制定的。此外在秦九韶所著《九章算术》的例题中，有降雨降雪量的测量器具和计算方法，可惜到明清时代，这种工程数学未能继续得到重视和发展，致使水利建设和管理在许多方面仍停留在定性或经验性定量阶段。

唐代的水利事业有很大发展。唐前期见于记载的重要水利工程有160多处。遍布于黄河中下游之南北，南到淮水和长江流域。一般渠塘，可溉田数百顷。如唐朝开元时在文水（今属山西）所修甘泉渠等，溉田数千顷。在彭山（今四川眉县）、武陵（今湖南常德）所修堰渠，各溉田一千余顷。

所用灌溉工具也有进步，如辘轳、桔槔、翻车等传统汲水工具，已被普遍使用。此外，还在江南水田地区出现了一些新的灌溉工具，其中主要的有水车和筒车。水车和筒车相似，都是用巨型木轮缚若干木桶或竹筒于轮上，随水流转动，将河水汲至高处水槽中，引入沟渠浇灌。水车在北方也有推广。水碓、水磨、水碾也在广泛使用。

第三章 农业水利建设的普及和传统水利技术总结期（元明清时期）

本时期社会相对安定，少有长时间战乱，成为水利稳定发展的客观条件。农业水利工程向边疆和山区继续发展，两湖、闽、广等地灌溉更得到前所未有的开发，促成新的基本经济区的形成。但封建社会后期政治衰败，管理混乱，阻碍了农业水利的进步。

明清以来农业水利著作大量增加。一方面是因为年代较近，图书易于保存；更重要的是随着全国经济和文化的发展，农业水利建设日益普及，其记载更为详细；水利著作在水利实践中的指导作用更为重要和明显，因此在数量和质量上都远远超过前代。总体看来，元明清三代传统水利及其科学技术发展缓慢，一些方面甚至出现了停滞或倒退，但总结性水利科学著作相当丰富。明清之际和清代末年曾一度引进西方水利技术，但尚未得到普遍应用。

第一节 农田水利的普及与发展

元明清三代政权相对稳定，农田水利形成平稳发展局面。元代统治阶级的游牧生活逐渐被内地发达的物质文明所同化。当年曾专设“都水监”、“河渠司”等水利机构，推动水利建设，并一再颁行《农桑辑要》等农业技术书籍，指导农业生产。

明清两代黄河、淮河和海河流域农田水利仍维持不废，并做过新的努力。大型水利工程较少，但水利进一步普及，总的趋势是地方化和小型化。各地灌渠规模的缩小与自然条件及长期开发有较大关系。以陕西引泾灌渠为例，由于泾河河床不断下切，历代引泾工程渠首逐渐移向上游。明广惠渠首已深入泾谷深处，河谷相对狭窄，每年汛期，洪水泛滥，奎塞渠道，导致泥沙淤积，石洞充塞，渠利不行，于是翰林侍读学士世臣上书建议不引泾水，专引泉源。清乾隆二年（1737 年）十一月动工，二年后完成，渠道改称为“龙洞渠”。这就是“引泉拒泾”的开始和引用泾水系统的终结。引泉的灌溉面积 73032 亩，比历代引泾的灌溉面积大大缩小，其收益范围由唐宋时期的七县减少到四县，标志着关中大型灌渠的彻底萎缩，以乾隆朝和光绪朝为代表，进入了井灌和小型灌溉系统大发展的时期。而宁夏、内蒙古河套地区的渠系建设，也都取得了引人注目的成就。清前期奠定了西北边疆，康熙后期开始恢复新疆农田灌溉工程。清乾隆、嘉庆和道光年间取得了不错的成就，其中以坎儿井的发展最为引人注目。内蒙古河套地区也陆续建成了后套八大渠，灌溉面积共计 100 多万亩。

该时期在北方兴修水田，因受水资源量的限制，难有大的作为。明清时期，长江中下游地区人口急剧增长，人多地少的矛盾日益突出。为了开拓耕地，增加粮食生产，再次出

现了占江围湖、与水争地的狂潮。围垦活动主要集中于鄱阳湖、江汉平原、洞庭湖、太湖以及长江下游的沿江地区。围垦活动的广泛兴起，使许多平衍沮洳的江湖淤滩得到开发利用，成为膏腴圩田，为稻作农业的发展开辟了广阔的领地，促进了新的农业经济区的形成和长江中下游地区经济的进一步繁盛。下面以地域将圩田分述如下。

一、江汉平原与洞庭湖区的筑堤围垦

（一）江汉平原筑堤围垦

江汉平原与洞庭湖区的筑堤围垦虽然肇始很早，但大发展是在明清、特别是清代。明初，江西、安徽等地移民大量涌至江汉平原，“插地为标”，“插标为业”[33]。到永乐年间迁徙到荆襄地区的流民达数百万之众。众多的移民要求开拓土地，重建家园；同时也为筑堤围田提供了比较充裕的劳动力，从而促使圩垸迅速发展起来。如潜江县在成化以前仅有圩垸48区，到万历时增至百余垸；沔阳县有圩垸“百余区”，“大者轮广数十里，小者十余里”；[34]监利县“田之名垸者，星罗棋列”，[35]据同治《监利县志》卷四记载，其田亩数比正德七年增加5851顷，增长率为68％。随着圩垸的大量修筑，沮洳卑湿之地被改造成为沃土良田。正如《楚均田议》所称：“楚故饶湖利，而沧桑徙易靡常，昔为沮洳，今称沃衍者不啻万万”。

清初，江汉平原的圩垸曾一度遭受破坏，在江汉平原上出现“处处岸崩、在在堤决，水天一色，川原莫辨，鱼游畎亩，田地悉归河泊”的状况。[36]但经过垸区人民的辛勤修复，到康熙以后，又逐渐进入发展盛期。发展到乾隆时，江陵东湖“渐为畎亩桑树”，红马三湖“大半淤为良田”。[37]总计潜江、沔阳、天门、汉川、江陵、孝感七县圩垸达1870余区。其中沔阳圩垸猛增到1367座，比明代垸数增加了10多倍，围垦土地达400余万亩，原来“湖薮襟带、烟波浩渺”的泽国，逐步被改造成为“原田每每”的沃土。乾隆以后，围筑益盛。到了清末，“昔以湖名者，大半已变桑田，丈量起科，输赋朝廷”了，[38]在江汉平原呈现“堤垸如鳞”的图景。

（二）洞庭湖区筑堤围垦

洞庭湖区的兴筑晚于江汉平原，但至明清时期也取得了长足的发展。从其发展趋势来看，大体上是从北部逐渐向西南方面推进的。这同湖区滩涂淤涨的趋势密切相关。北宋以前，湖面辽阔，“风帆满目八百里”。[39]汪洋浩瀚的水域，不具备筑垸垦殖的条件。随着自然演变和人类经济活动的交织影响，大量沙泥不断涌进湖区，淤积湖盆。到元明之际，洞庭湖区已出现时隐时现的浅滩洲渚，始而星星点点，继而扩大连片，进而将水天一色的浩瀚湖画分割为若干区域性湖沼。每至冬春枯水季节，广大的湖区洲渚裸露，星罗棋布，水陆错落。明嘉靖年间长江北岸穴口渐次堵塞以后，长江水沙通过虎渡、调弦等河大量进入洞庭湖区，从而促使湖区西北部淤积加快，发育成大小不等的洲渚，为围筑圩垸提供条件；同时造成汛期湖区水域继续向西南方向扩展，使洞庭湖西南缘沅江、益阳、湘阴一线也不得不筑堤防水，卫护农田，从平田区演变成为圩田区。据史料记载，明代276年中，共筑围堤33条，建成圩垸134座。它们大部分坐落在北部的华容、安乡、澧县和南部的常德、汉寿、沅江、益阳、湘阴等地，其中60％以上修建于明中期以后。不过，从总体上看，当时洞庭湖水域仍处继续扩展之中，除了北部发展有连片垸田以外，广大的湖区仍然是烟波浩渺，茫茫一片。

清王朝建立以后，为了稳定社会秩序，巩固封建统治，实行鼓励垦荒、兴修水利、发展农业的政策。而湖区淤滩十分肥美，一经围垦，便可成为膏腴良田，因而吸引人们去劈波斩浪，竞相围垸。《洞庭湖志》称："自康熙年间许民各就滩荒筑围垦田，数十年来，凡稍高之地，无不筑围成田。湖滨堤垸如鳞，弥望无际，已有与水争地之势"。[40]

经过康熙、雍正、乾隆时期的持续围筑，长沙、岳州、常德、澧州四府"堤垸多者五六十，少者三四十，每垸大者六七十里，小者亦二三十里"，[41]环绕洞庭湖周围的垸田多达500余区，呈鳞次栉比之状。当时这些圩垸大致可分为官垸、民垸、私垸三类："筑围垦田，曾动官项修筑者为官垸；民间报垦入册岁修者为民垸；虽经报垦，未准筑堤，及未经报垦私砌土埂挖种者为私垸"。[42]这就是说，官垸是由国家给予经济资助修筑的圩垸；民垸是申报政府，获准修筑的圩垸；私垸是不曾申报或未经批准而私自修筑的圩垸。一般情况下，官垸和民垸的规模大于私垸，工程结构和质量也优于私垸。伴随垸田的日益发展，围田与水利的矛盾逐渐暴露，导致水患加剧。为了保护已有的官、民圩垸，从乾隆时起，开始注意控制垸田的发展。一面加强垸堤管理，设水利官专司其职，同时各垸置管理机构，建立岁修、大修制度；一面禁止私自田垦，规定"除现在各属已圈堤垸外，其余沿湖荒地未经阁筑者，即行严禁；如有土豪地棍私垦等弊，照例治罪"。[42]但这并无多少实际效果，禁者自禁，围者自围，圩垸有增无减。咸丰、同治年间，藕池、松滋两口及其河道次第形成以后，通过虎渡、调弦、藕池、松滋四口进入洞庭湖区的泥沙急剧增加3倍之多。总之，到清末，洞庭湖区已有大小垸千座以上，垸田500多万亩。

垸田的广泛发展，变涂泥为沃土，为稻作农业争得了广阔的领地，促进了当地农业经济的繁盛，民谚"湖广熟，天下足"的流传，便是这一情况的生动反映。但是，垸田的盲目滥行开发，却带来极其复杂的水利矛盾。

二、鄱阳湖地区的圩田开拓

鄱阳湖位于江西省北部，是目前长江流域的第一大湖。它自西往东承纳修水、赣江、抚河、信江和鄱江等水，北有湖口与长江相通。《水经赣水注》称：彭蠡湖（即鄱阳湖）"东西四十里，清潭远涨，绿波凝净，而会注于江川"。当时湖泊水域不大，还只局限在今鄱阳湖的北部地区。唐宋以后鄱阳湖水域不断向东南扩展，迫使陆地不断后退。沿湖居民修筑堤岸，防水护田。但这些堤岸大都位于湖滨，属于挡水防洪的屏障，还不是典型的淤滩围垦。唐宋以来，鄱阳湖虽然不断扩大，但它是一个时令性湖泊，枯水季节，水域狭浅，"黄茅白苇，旷如乎野"。[43]同时，由于泥沙的日积月淤，在入湖诸水口门前缘又不断形成沙洲。发展到清代，南昌东北面的三角洲已经相当宽广，赣江、抚江、信江三水交汇处的康山也已脱离泽国而和陆地相连。这样，就为鄱阳湖区的圩田开拓提供了舞台。鄱阳湖区的圩田始筑于何时，史载阙如，但大发展是在明清时期。由于南昌东北赣江三角洲较早发育，并且不断向湖岔水域推进，因此，圩田首先在这一带兴起、发展。明人卢廷选云："南（昌）新（建）等县较为低洼，尤恃堤挡圩埽。今恃之数百十年，使江如带、邑若覆盂者，堤挡之力也"。[44]这说明，南昌、新建等地的圩田建设历史悠久，到明代中期，已经

出现圩圩棋布的景观。据光绪《江西通志》记载，明弘治十二年（1499 年），郡守祝瀚曾主持修南昌县圩田 64 座，修新建县圩田 41 座；同年还新筑大有圩，圩堤延袤四十里，垦田数万亩。嗣后，圩田的增筑随着沙洲的扩展不断向前推进，并在滨湖各县得到广泛发展。明万历三十五年（1607 年）大水后，南昌县共修圩 185 座，新建县共修圩 174 座。100 年间，两县的圩座数增加 2 倍多，可见发展速度之快。

清代，鄱阳湖区的圩田继续发展，据不完全统计，到清末为止，增筑的圩堤达 200 余条。这个时期由于赣南山区农地开发，湖区南部的抚河、信江诸水来沙增多，滨湖淤滩迅速扩展，因而，圩田发展的重点由湖西转移到湖南一带。鄱阳至余干一线，明代兴筑的圩围屈指可数，但到清末，鄱阳县有圩围 104 所，余干县有圩围 130 所，大圩有田一两万亩，小圩有田数千亩。成为仅次于南昌东北圩区的一个水网圩田区。经过明清两代的持续经营，碧波万顷的鄱阳湖区出现圩围 600 多座，它们鳞次栉比，分布于滨湖各县。

三、皖北沿江圩田的兴盛

长江下游皖北沿江一带，湖沼众多，洲渚散布，也是一个圩田兴盛地区。据史料记载，三国时，东吴在皖口（今安庆一带）经营屯田时，曾于望江县创筑了西圩。唐宋以来，巢湖及沿江一带的圩田继续发展。据《宋会要辑稿》记载，当时庐江、合肥、无为、历阳等地均有圩田分布，其中合肥 36 圩，濒临巢湖，号称沃壤。明清两代这一地区的圩田开发进入极盛时期，据有关地方志的记载，这个时期新筑的圩田，数以百计，其中千亩以上的大圩有五六十座。明代以前，合肥只有 36 圩。到清代增加到 77 圩；明代前期和县仅有圩围 70 余座，到清末发展到 150 多座；清道光时无为州所属圩围共有 590 余座，发展到 19 世纪 30 年代，无为圩围已达 940 余座。圩围大者有田数千亩、数万亩，乃至一二十万亩。如修筑于清嘉庆八年（1803 年）的怀宁县广泰圩（后改名广济圩），经过清道光六年（1826 年）、清同治九年（1870 年）等几次增筑扩建以后，圩堤长达百里，分元、亨、利、贞四大号，有通水石闸 5 座，圩内农田达二十八万余亩。

到 20 世纪 30 年代，怀宁、望江、合肥、无为、滁州、来安等土 6 县共有圩田约 500 余万亩。圩田在各类农田中所占比例，少者为 30%～40%，多者达 80%～90%，如无为县有农田 153 万余亩，圩田占 8/10，成为皖北圩田最发达的一个地区。

珠江三角洲堤围又称圩垸基围，也始于宋代，当时主要在西江及其支流两岸建围。在明代，这一带基围迅速发展，不仅沿西、北、东三江及其支流两岸修筑，而且进一步向滨海发展。清代基围又较前代成倍增长，当时沿海一带还出现人工打坝种苇，促进海滩淤张，干渠全长 300 余里，以扩大基围的范围。

第二节　农业水利著作大批涌现与水利专业教育的探索

清初学者刘献廷有云：“水利兴，而后天下可平，外患可息，而教化可兴矣。”这发自一个明遗民口中的呼声，不但代表了元明清三朝学者的共同意愿，也间接反映了统治者实现经济中心与政治中心合一的强烈需求。正是在这样的舆论氛围中，该时期农田水利事业在与严酷的自然条件的斗争中艰难而曲折地发展着，并有一批水利科学技术总结成果，明代开始，水利教育开始处于萌芽时期，尤其是在清代后期，水利教育在探索中前进。

一、农业水利著作

总体而言，这一时期的水利著述较前代显著增加。如元代《王祯农书》中有灌溉篇专门论述农田水利的历史沿革和多种灌溉工程的形制，据《周礼》的描述，对于灌溉提水工具记述尤详。明代著名科学家徐光启在其所著《农政全书》60 卷中，水利即占 9 卷。《授时通考》中也收有不少关于农田水利的内容。此外，有叙述流域范围的水利书，如明代姚文灏《浙西水利书》、明代张国维《吴中水利书》、明代沈问《吴江水考》、清代沈梦兰《五省沟洫图说》、清代吴邦庆《畿辅河道水利丛书》、清代徐松《西域水道记》；有一个灌区的专著，如元代李好文所著关中《泾渠图说》、清代王庭芝所著浙江丽水《通济堰志》、清代冯栻宗的广东《桑园围志》、清代王太岳《泾渠志》、清代王来通《灌江备考》等；有记述单项水工建筑物的，如清代程鹤翥的《三江闸务全书》；有资料汇编类型的著作，如明代归有光《三吴水利录》、清代王人文《都江堰功小传》等；还有翻译介绍西方水利的著作，如明代徐光启的《泰西水法》、明代王征的《远西奇器图谱》等。

二、水利专业教育的探索

水利工程与水关系密切，其技术有别于一般建筑和土木工程，因此，较早就有过专业技术培训的记载。《管子·度地》就曾透露出在战国时期已有水利教育端倪。“除五害之说，以水为始。请为置水官，令习水者为吏”㊺，建议由学习过水利工程的专业技术人员任水官。西汉末年对于黄河水流挟沙运动规律有明确阐释的张戎，就曾专门学习过水利技术，东汉初年著名学者桓谭说：“张戎，字仲功，习灌溉事。”㊻对提出黄河下游开辟多条尾闾分别入海的韩牧，桓谭说他主要技术特长是“善水事”㊻，可能也有过技术培训的经历。

有记载的正规水利技术教育最早开始于北宋中期，泰州人胡瑗是著名学者，被范仲淹推崇，后任湖州府学教授。所教授的专业有经义和治事两门。其中“治事则一人各治一事，又兼摄一事。如治民以安其生，讲武以御其寇，堰水以利田，算历以明数”，他倡导的教育制度和学科分类，在宋仁亲庆历中（1041—1048 年）被仁宗所看重，“诏下苏湖取其法，著为令”，其中特设堰水利田的水利科。此后，苏湖水利盛行，与胡瑗的设学不无关系。

元初大科学家郭守敬也曾有水利专学。郭守敬祖父郭荣即精于算术、水利。及郭守敬渐长，遂使其就学于邢台紫金山著名学者刘秉忠（后主持元代北京城设计）。元世祖中统三年（1262 年），同是邢台著名学者的张文谦向忽必烈推荐郭守敬说：“守敬习水利，巧思绝人。”在被元世祖召见时，郭守敬面陈水利六事，受到高度评价。可见当时紫金山学派中也设有水利专科。

明代徐光启与外来传教士利玛窦合译《测量河工及测量地势法》之水利论说，惜未以此科学知识设校立教，故流传不广。迄至 1696 年，河北肥乡县颜习齐私立“漳南书院”，设文书、艺能等科课，其中艺能科授水学、火学等，又可惜时候未久，漳南书院毁于火，水学未能继续。但后人尊宠颜氏的贡献，称其为“水学一科，乃水利教育之创始”[11]。

清光绪三十四年（1908 年）永定河曾开办河工研究所，培训河工技术人员。当年规

定，除40岁以上较熟悉河工技术者外，其余人员分期培训，每期一年，每年30人。清宣统二年（1910年）山东巡抚孙宝琦也曾开办河工研究所，“招集学员，讲求河务，原为养成治河人才。如设厅汛，则此项人员有毕业资格即可分别试用”。1915年北洋政府水利局总裁张謇也曾为导淮培养技术人才，在江苏高邮设“江苏河海工程测绘养成所”，是水利测量专科学校，分科愈加细致。

尽管清政府后期，采取了一些新的举措，但远远不足以挽回中国农业水利落后、倒退的局面。中国著名水利学家和教育家，中国现代水利建设的先驱李仪祉先生在他的名篇《五十年来中国之水利》中对当时中国的水利建设面貌、水利失修的社会原因、人才缺乏的状况分别有所提及。现以这篇文章作引，对当时中国水利事业状况作出概述。

对当时中国灌溉、江河治导、航运、水力四类工程废弛状况，李仪祉感叹道：“吾国水利，以言灌溉，则魏史起，秦郑国、李冰，汉郑当时、白公、召信臣等伟功隆绩，存者几希，亡者泰半。以言治导，则元贾鲁、郭守敬，明潘季驯，清靳辅等规划成法，继作无人，荡然坠地。以言漕挽，则贯彻南北、彪炳历史之运河，行将湮废。以言功利，则今所用水轮，犹不殊唐宋碾硙。而如欧美水利硕计，尚无所闻。然则方之古史，且相形见绌，较之五十年前，宁有增进？然数十年来，水利发展，固所未有，而其地位关系，则远非前代所可比拟，故犹有可论者焉。”[12]这可以说是字字珠玑，将中国传统水利的衰退说得十分透彻。

第四章　传统农业水利的特点与不足

在古代4000年治水活动中，中国传统水利取得了光辉的成就和在世界水利史上长时间的先进地位。在特定的地理环境和以农业为主要生产方式的古代，中国不仅形成了不同于其他文明古国的独具一格的政治、经济、思想和文化传统，也形成了独具一格的农业水利科学技术体系和哲学体系。

第一节　传统农业水利的科技体系

中国水利的起源晚于古巴比伦、古埃及等文明古国，比起奴隶制高度发达的古希腊也略逊一筹。但中国却较早地完成了向封建社会的过渡，生产关系的变革有力地推动了水利工程的建设，以致从春秋战国开始，大规模的水利工程建设，如芍陂、引漳十二渠、都江堰、郑国渠等大型灌溉工程相继完成，都已显示出中国水利科学技术在世界的领先地位，这种领先的势头一直持续到15世纪。

一、农田水利工程建设方面

先秦时期兴建的都江堰、引漳十一渠、芍陂，秦汉时期的郑国渠、鉴湖以及唐宋时期的江南圩田、它山堰，明清时期的长江中游垸田，珠江三角洲地区的基围水利、河套灌区建设等，无一不对当时的社会、政治、经济发挥过重要的推进作用。

二、灌溉提水器具方面

1. 早期灌溉提水工具

灌溉提水器具方面可以追溯到距今约7000～3000多年。考古发现距今7000年前，中原已经开始使用陶罐进行人工取水灌溉作物（从河里一罐一罐地抱到田里）。距今约3000年前，人们发现了戽斗。春秋时期，出现了一种利用杠杆原理制成的简单取水机械，称之为桔槔。汉代，出现了人工提取井水的工具辘轳。明清时，出现了畜力辘轳。

2. 翻车

翻车是一种由轮转动的提水机械，明清以来称为龙骨车。有人认为早在秦汉时期就有了翻车的雏形，但这种说法没有确凿的证据。一个名叫毕岚的人于186年做过翻车，这是首次见诸史书记载的。若据此推算，翻车在中国的历史至少有1800多年。而在西方，类似的提水工具直到300多年前才出现。

三国时，魏国一位名叫马均的发明家曾对翻车进行过改进。据说，当时魏国京城洛阳城内有一片坡地，地势较高，无法引水灌溉，因而始终荒废着。深感可惜的马均遂想方设

法寻求解决该地引水问题的办法，经过努力，最终造出了一种新式翻车，该翻车的效率很高，连儿童都可以转动，可见其结构之精巧。

3. 水车

水车历史悠久，外形奇特，起源于明朝，是兰州市古代黄河沿岸最古老的提灌工具。兰州水车，又叫“天车”、“翻车”、“灌车”、“老虎车”。旺水季利用自然水流助推转动；枯水季则以围堰分流聚水，通过堰间小渠，河水自流助推。当水流自然冲动车轮叶板时，推动水车转动，水斗便舀满河水，等转至顶空后再倾入木槽，源源不断流入园地，以利灌溉。

三、田间灌溉技术方面

唐代已在灌区内各支渠之间和支渠控制范围内各斗渠之间，根据各种作物需水迫切程度的不同，实行轮流灌溉；还根据作物生长需水的不同阶段以及当地气候的季节变化订立灌溉制度等。

四、农田水利法规和专著方面

唐代前期制定的《水部式》，是中国现存最早的全国性水利法规，其中对农田灌溉用水制度、灌溉管理的行政组织以及处理灌溉、航运、水利机械和城市供水之间的用水矛盾等，都作了规定。除全国性法规外，各灌区还有各自的管理制度。北宋于熙宁二年（1069年）颁布《农田水利约束》，把政府农田水利政策公布于众。熙宁三年又规定司农寺主管全国农田水利事务，要求各地区每年年底上报本年当地水利兴修的工程数量和用工情况，每旬上报降水情况，并将农田水利作为政府官吏考绩的重要内容。灌区管理也有法规。如丽水通济堰根据范成大制定的堰规，全堰设堰首一人，主管全堰工作，下设甲头、概头、堰匠、堰工等负责下级渠系管理和专业施工，另从受益户中选择若干“田户”，组成管理机构，对各级渠道的尺寸和轮灌办法等也都有统一规定，违犯者按堰规断处。这些灌溉法规的制订和实施，对于减少水利纠纷，合理利用水资源，保证灌区的长期运用，都起了重大作用。

在农田水利专著方面，宋代有单锷的《吴中水利书》和魏岘的《四明它山水利备览》等农田水利专著先后问世。记载今晋南地区引浑水放淤经验的专著有《水利图经》，可惜已失传。元代王祯《农书》、明代著名科学家徐光启所著《农政全书》均为农水巨著。

第二节　传统农业水利的哲学体系

由于治水与中国人民生产生活关系紧密，因此从一开始起，它就与人们的思想互动影响，前者是人们的生产实践，后者是行为上的理论概括，后来渐渐上升为中国的传统哲学，哲学再进一步应用到水利开发中去验证提高，二者紧密关联，环环相扣，互动影响。本节主要讨论与农业水利实践活动关系密切的系统思想、天人合一思想、阴阳学说等。

一、系统思想在古代水利工程建设中的引用

系统科学是20世纪40年代诞生的一门具有综合性、横断性和功能性的新学科。它是指“一种认为组织应当按照系统框架来分析的思路获得了很多人的认同”，认为人们应当将所研究的系统看成为“一组相互联系和相互制约的要素按一定的方式形成的，具有特定功能的整体”，对自然界和社会的各种复杂事物要进行整体综合的研究和布置。令人深思的是，在西方科学与文化的土壤中产生的系统科学却与东方中国的传统农业文明具有诸多的相通之处。夏代历书《夏小正》首先把天文、气象、物候和农事诸种知识融于一体，它把一年划分为12个月，又把每个月的天象变化、气候情况、物候特征、农事活动作为一个整体来考察，视人的活动与自然界的运动为一个有机协调的统一体。形成了天、地、人物相统一的生态观。

中国的这种思想在春秋战国时期更被进一步细化，尤其是中国传统水利中的许多工程建设思想与观点不仅与系统科学的原理不谋而合，而且它们二者之间互动影响，共同发展，在理论建设和生产实践中都达到了一个全新的高度。战国末期著作《吕氏春秋》中对系统论思想作了小结和提高，认为：整个宇宙是一个由天、地、人三大要素有机结合而成的大系统。天、地、人又是三个各有其结构与功能，而又相互联系与配合的子系统。宇宙大系统的整体性，正是通过天、地、人各子系统之间的相互作用，相互联结而呈现出来的。《吕氏春秋》中还进一步认为，只有注意各子系统的稳定，才能保证整个大系统的稳定。但是，这种稳定性并非静止不动，凝固不变，而是按照一定的节律运动变化，保持运动的一致与和谐。用现代系统科学的术语，就是天地系统是一个动态平衡的系统。

《吕氏春秋·大乐》指出：“天地车轮，终则复始，极则复反，莫不咸当。”这就是说，天地就像车轮那样，循环往复地不断运动着。正是这种周期性的运动中，各子系统保持了一致与和谐，保证了宇宙大系统的稳定性，这与都江堰水利工程中重视选址，注重鱼嘴、飞沙堰的协调配合和芍陂中独特的地形选择、水门的设置调节来达到整体功能的显著和持续发挥作用等水利开发的实践不谋而合。

下面以都江堰水利工程为例，阐述其设计和施工体现的中国古代系统思想。都江堰的系统思想主要体现在以下三个方面。

1. 部分间相互依仗，关系协调，总体功能得到提高

都江堰水利工程由多个水利部分组成，各部分间相互依仗、彼此支持，关系协调，使得总体功能大于简单的各部分工程功能之和，深得系统论思想精髓，显示了中国古人对系统思想理解的深度和工程布局之巧妙。

鱼嘴将岷江一分为二，为了保证一定量的水，即冬季六成或七成岷江水入内江、夏季四成或三成入内江，在鱼嘴前江面上附设着竹笼杩搓。三角架的木桩撑住装卵石的大竹笼，一组一组相互联结向东岸（西岸）延伸排列构成挡水建筑物，以其增减来控制内外江的江水流量。入内江的水，在东岸天然山崖、西边人工竹笼卵石的金刚堤束逼下奔流。夏季涌入内江的洪水，从飞沙堰溢洪道、平水槽、人字堤等缺口湃去外江。宝瓶口是个狭窄的出口，不容许过多的江水进入以下灌渠，暂[illegible]留于伏龙潭，随即从飞沙堰湃出。飞沙堰是用竹笼盛卵石砌成的矮堤，江水过多即漫出，洪水暴发被冲掉，便于泄洪。这些设施，

保障了内江水位不致剧升，洪水突出宝瓶口危害农田。

关于排沙，古今有很多水利工程的自然衰落和埋废，并非洪水的冲击，而是由于泥沙的淤塞。岷江含沙石如此严重，如果照分水的比例带入内江，内江又无排沙设施，工程早就报废了。都江堰对泥沙问题的解决办法是：分沙、排沙、挖沙。分沙，分水即分沙，另外由于鱼嘴的位置使大部分泥沙排向外江，鱼嘴前的杩槎挡水设施，拦江壅水，在上游形成一个回水区，流速减缓，推移质卵石在这个区域内沉积，待汛期洪水时冲去外江。排沙，进入内江的泥沙，主要随着洪水从飞沙堰、平水槽、人字堤等排去外江。一般情况，内江中的泥沙75%从这里排出。经过飞沙堰、平水槽、人字堤等设施的漂流湃出和一部分在凤栖窝处沉积，进入宝瓶口的泥沙，占岷江中泥沙总量不到8%。挖沙，每年岁修时将沉积于凤栖窝和飞沙堰口处的一部分泥沙进行人工挖淘。进入宝瓶口的泥沙沉积在下流各灌渠中，由各地农民岁修时清除。

都江堰渠首工程的设施，设计奇特，布局合理，符合系统思想原理，效能巨大，而且还相互配合，形成一个有机的整体。

2. 每项工程都不是单一功能，而是具有两种以上效能

在系统理论中，结构的各部分之间相互协调，彼此联系，构成一个有机整体，同时各部分具有多功能，合并起来，才使得整体功能大于各部分功能的简单相加。都江堰的各部分都具有两种以上的效能，彼此关联、密不可分，共同作用，形成一个组织严密的系统，实现了整体功能的最大化。具体见表4-1。

表4-1　　都江堰各部分水利设施功能表

名称	主要功能	辅助其他设施的次要功能
鱼嘴	分水	分洪、逼水、保证内江水量
金刚堤	分水	分泥沙
飞沙堰	排沙	抑洪、节制内江水量
溢洪道	溢洪	排沙、节制内江水量
人字堤	溢洪	排沙、节制内江水量
平水潜	溢洪	排沙、节制内江水量
宝瓶口	限洪	节制内江水量、限泥沙
伏龙潭	蓄水	沉沙、溢洪、分水
百丈堤	逼水	护岸，使洪水、泥沙趋向外江
杩槎	节制内江水量	保护鱼嘴、沉沙、排沙、分水

3. 不同水情下都能维持动态平衡，持续发挥最大效益

系统存续运行中表现出来的状况或态势，称为系统的状态。系统的行为是通过状态的取得、保持和改变来体现的。系统理论研究系统，主要关心的是它所处的状态、状态的可能变化、不同状态之间的转移等。

在都江堰的运作过程中，针对不同的水情，通过一系列的工程调节，可使系统在任何水情状态下都能保持功能的稳定发挥。除了本书第一章第二节所论述飞砂堰对泥沙的调节

外，杩搓、水则也具有调节功能。

总之，都江堰充分利用系统思想，对洪水进行导流，既排洪、排沙，又利于灌溉，通过一系列的工程设施来调节不同期间截流和放水，规定经常性的一系列协调措施来管理都江堰，既强调空间结构的协调，又突出过程结构的协调，所以都江堰堪称古代水利工程中运用系统思想的典范。

二、天人合一思想与古代治水实践

天人关系是中国传统哲学的基本问题或最高问题。“天人合一”是天人关系中的主流思想，具体是指以天、地、人的统一为基本点，主张天与人、自然界与人是相通的，是可以感应而达到和谐统一的，它是中国传统哲学中占主导地位的思维形式，其内容包括很多方面，既有充满神秘迷信色彩的谶纬之说，也包括含有和谐统一的科学精神。其中的科学核心可用三个关键词“自然”、“和谐”、“可持续”来概括。“自然”即上遵天道，循自然之性，因势利导，顺其自然；“和谐”是指注重与自然界的完美统一；“可持续”是个今天的新词，在传统的天人合一思想里面虽没有明确提到，但它强调和谐统一，已初步具有今日可持续发展理念的雏形。

天人合一思想在中国传统哲学中有着重要地位，因此对中国古代治水实践的建设影响很大，而随着治水事业的不断向前发展，天人合一的哲学思想也在实践中获得提升而日臻完善。

（一）远古治水实践与天人合一思想的产生

中国水利开发利用的历史悠久，最早可以上溯到原始社会末期的尧舜禹时期。在尧舜为氏族部落联盟首领时，洪水肆虐，据《尚书·尧典》云：“汤汤洪水方割，荡荡怀山襄陵，浩浩滔天。”因此，解除水害，平治水土，成为中国农业发展史上首先面临的一个重大课题。

首先被氏族首领任命负责治水的是鲧。据说鲸的居地在崇，大约为今河南嵩山一带。传说鲧采取修堤防洪的方法。但是，筑土障水，以堤防水，在当时的技术条件和客观洪水大灾害下抵御不了洪流的冲击。《尚书·尧典》说：鲧治水“九载，绩用弗成”。鲧治水九年失败，随后被尧处死，任命他的儿子禹即位继续治水。

大禹治水的活动区域，主要在黄河中下游一带。在治水措施上，吸取了先辈的经验，并有所创新。《尚书·益程》载：禹“决九川，距四海；浚畎绘，距川”；《孟子·滕文公》称：“禹疏九河，沦济源，而东注东海。”从这些记载来看，禹客观分析了当时的形势，按照水性向下的自然趋势，“因水之性”，“疏川导滞”将弥漫泛溢于茫茫平野的洪水，因势利导，疏排出海。疏导是禹治水的主要方法，但并非单纯的“疏川导滞”，在实际运用中，禹也吸收了先辈“限水”的经验，结合了“变防”的措施。《礼记·祭法》说“禹能修鲧之功”，《国语·鲁语上》也有同样的记载。何谓“修鲧之功”？三国时人韦阳解释说：“鲧功虽不成，禹亦有所因，故曰修鲧之功。”就是说，禹在疏导的同时，也吸收其父的经验，以陛障作为辅助的手段。史载禹“湮洪水”、“阪障九泽”，就是将一部分洪水引入湖沼洼地，利用湖泊的天然水库功能，蓄水滞洪，以减轻其危害。这就是大禹“修鲧之功”的具体反映。大禹治水前后花了十多年时间，经过坚持不懈的艰苦奋斗，终于水患平治，于是

"水由地中行，然后人得平土而居之"。

大禹治水，开创了中华民族和水患作斗争的胜利历程，受到后世人们的热情称颂，春秋时人刘夏说："美哉禹功，明德远矣。微禹，吾其鱼矣！"《荀子》中则称颂说："禹有功，抑下鸿，辟除民害。"世界上许多古老民族都有远古时代洪水为害的传说，惟独在中国，洪水被大禹治得"地平天成"。这一方面说明，我们中华民族自古以来就有战胜灾害，改造自然的伟大气魄。当然仅有气魄是不够的，另一方面也说明当时可能有了较为先进的哲学思想作为指导。对比鲧和禹治水的异同，我们发现重视疏导，顺水之性，引流入海，是大禹治水成功的关键，这种治水思想为中国以后古代治水活动中的自然观哲学观奠定了基础，正如《国语·周语下》中所认为：水土流失则山泽之气不通，川谷不能导气，水旱灾害因之而发。

大禹治水的成功，也为中国"天人合一"思想的诞生奠定了实践和物质基础。夏商之季，具有宗教神学意义的"天人合一"观出现，主张崇拜自然，遵循自然的所谓启示。此后随着水利、农业生产实践的发展，基本剔除神学意味的、成形的具有哲学意义的"天人合一"观出现，它始于西周时代，明确提出"天人协调"思想的则是儒家的经典著作《周易》。

（二）春秋战国治水中天人和谐统一思想的发展

《周易》的"天人合德"思想深深地影响了儒家。作为儒家创始人孔子，从一开始便对"天"有一种深深的敬意。子曰："吾十有五而志于学，三十而立，四十而不惑，五十而知天命，六十而耳顺，七十而从心所欲不逾矩。"孔子所阐明的"知天畏命"的天命观，强调贤明的君子不违背时宿，不逆日月而行，不依靠卜辞掌握吉凶，只是顺应着天地自然变化的规律而决定自己的行为。这应该就是孔子"知天命"的真谛，体现着孔子的伦理精神，不仅贯穿其人生之道，也贯穿其天命之道，亦即孔子不仅仅是对人类讲伦理，亦对天地讲伦理，这正是孔子生态伦理意识的天人合一思想的自然流露。

由于孔子等人的巨大影响力，这种思想在本时期的水利开发中也大量得以体现。修建于春秋战国时期的水利工程大都能"参天地之造化"，自觉不自觉地遵循着生态关系的和谐原则，根据当地独特的地理环境和水流态势，审时度势，因地制宜发展农田水利，不仅有效地改变了当地的恶劣环境，而且实现了人水的和谐统一。具体而言，主要体现在以下3个方面。

1. 选址准确、匠心独运

本时期水利工程非常重视工程选址，施工前工程技术人员往往要踏遍整个流域，寻找最为适当的地点开渠筑坝。以著名的都江堰水利工程为例，渠首枢纽恰当的布置在岷江出山口处，这里群山环抱，大江中行，形成了环状的地势和环流的水势，其730米的海拔，相对于海拔450～500米的成都平原和川中丘陵区具有居高临下之势，渠首置于此就为修建既能消弭洪涝，又能无坝引水、自流灌溉的水利工程提供了得天独厚的自然条件。都江堰渠首位置选址科学，工程与地形条件配合巧妙，因时制宜，相辅相成。除此之外，芍陂、艾山渠在工程选址上都有独到之处，即使以现在的工程眼光来看，这些地方也是首选之地。

中国古代劳动人民建设水利工程的过程中，随着对水性的逐渐熟悉，还掌握了一些水流规律为工程所用，如环流理论、渠道比降，倒虹吸现象等，其中对弯道环流理论的掌握与运用最为突出。都江堰的渠口就利用“凹岸取水”、“凸岸排沙”的原理以“鱼嘴”分流分沙，以“飞砂堰”泄洪排沙。中国另一个大型水利工程郑国渠渠首选则在凹岸稍偏下游的地方，此处位于渭北平原二级阶梯的最高线上，不仅能够最大限度的控制淤灌面积，自流灌溉，而且可以保证引入的渠水含沙量较低，有助于减少渠道淤积，从而延长使用寿命。以后的许多水利工程大多注意到此。

2. 就地取材，简便可靠

春秋战国时期“道法自然”、“人水和谐”的治水理念在具体实施中被表现为“乘势利导，因时制宜”的治水原则和“三字经”、“六字诀”、“八字格言”等丰富的治水经验，被物化为杩搓、竹笼、羊圈、干砌卵石等传统工程技术。

在钢筋混凝土技术没有出现的古代，如何保证水利工程坚固耐久，价廉物美，我国先民做出了很多了不起的创造，这其中以北方灌区的草土工程（俗称“埽坝”、“卷埽”）和南方灌区的杩搓、竹笼、干砌卵石等工程最具代表性。埽工在我国已有两三千年的历史，主要用于黄河等多沙河流上，是我国水工技术的一个创造，它是用树枝、竹藤、草和土石等卷制捆扎而成的水工构件，主要用于构筑护岸工程或抢险堵口。一般认为汉武帝主持瓠子堵口时“下淇园之竹以为楗”用的就是埽工技术。但汉武帝时埽工技术已相当完善，所以才被用于黄河决口堵塞这样的重大水利工程中。千百年来在黄河灌区，草土工程一直应用于各种渠道工程，它具有就地取材，造价低，技术简便，施工快和防渗漏性好，抗震性强，以及对基础清理要求不高，拆除容易等优点。

在都江堰等南方灌区，由于山区多竹，河中卵石来源比较丰富，杩搓、竹笼、干砌卵石、羊圈等应用广泛。它们具有就地取材，技术简易，施工方便，投资节省等诸多优点，所以被普遍应用于截流分水、筑堰护岸、整治河道、保护桥闸堤堰等工程。目前都江堰灌区岁修截流工程仍用传统的截流方法，用的是杩搓、竹笼、卵石和黄泥。岁修时内江架设杩搓后，截流合龙只需 40 多分钟。这种截流方法被认为是一种生态型的截流技术，无机械的嘈杂声，体现了人与自然的和谐相处，而且更加经济、合理、安全。

3. 工程与环境和谐一体

作为中国乃至世界古代优秀水利工程的杰出代表，春秋时期楚国尹孙叔敖主持兴修的安丰塘（芍陂）蕴含着丰富的和谐哲学思想，是“天人合一”、“师法自然”的水利工程物质表现形式。孙叔敖施教于民，因地制宜，在安丰塘始建之初，便成功解决了人与自然的和谐问题，它选址科学，布局合理，遵循了天地大道的运行法则，实现了与周围环境的相互协调。芍陂引大别山区充沛水源，下控 1300 多平方公里的淠东平原，自古至今一直是当地良田基地的主动脉。它集蓄水、灌溉、分洪、航运、水产为一体，充分做到物尽其利。所以，自此以往两千多年来，安丰塘虽历经沧桑，却能够稳稳当当、始终不殆地造福于人民，正所谓“先天而天弗违，后天而顺天时”。体现了中国古代劳动人民的高度智慧，展示了中华民族的灿烂文明，安丰塘今日所在地寿县甚至因此成为国家历史文化名城。

安丰塘与周围环境浑然一体，不露痕迹，有“神州第一塘”之誉。当地俗语有云：不似西湖胜似西湖，号称“芍陂归来不看塘”。由于安丰塘深得自然和谐之妙，合乎中国传统哲学和谐自然的审美情趣和哲学意味，除了与周围山川河流浑然天成外，还有“蓬莱仙

境”塘中岛，又有红樱似火的合欢堤和绿柳掩映的亭台水榭，以及雕梁画栋、充满动人传说的古建筑群——孙公祠，让前来寻幽探古的人们叹为观止，物我两忘！由此可见“天人合一”对我国传统治水观的深刻影响还体现在它们大多注重人文意蕴和工程效用的双重建设，一个水利工程的修建就是一个充满人文意蕴的风景名胜之处的起点。

中国新疆地区的坎儿井水利工程则另辟蹊径，它是通过对地下水的巧妙利用来实现农业生产环境的改善与提高。新疆吐鲁番地区几乎成年烈日灼空，大地流火，水气蒸发量是降雨量的200倍之多，对于人类，不要说从事农业生产，生存都是不可能的。但是当地居民巧妙利用地处盆地，背靠天山的独特地势，开竖井相间，在地下相连，利用天山融雪的地下水实行暗渠流水，自流到各居民点和田间地头来满足生活生产所需。坎儿井利用地下水，它无蒸发，无污染，水量稳定，自流灌溉，永续利用，显著改善了当地生产生活环境，创造了举世著名的吐鲁番坎儿井文明奇迹。

“人法地，地法天，天法道，道法自然。”春秋时期一系列水利工程的建成和成功投入使用，正是天人合一和谐哲学思想的具体运用形式。

三、阴阳学说与农田用水

“阴阳”是中国传统哲学中最重要的范畴之一，它是指客观存在的质料或要素，是一切客观事物的属性，它是具有对立、统一、变化功能的客观实体。阴阳始终处于不断的运动变化之中，它把运动变化作为自己的存在方式，它处于事物的深层，作为事物变化的根据，用以解释系统的纵向演进的规律。它的产生和发展是伴随着春秋战国思想、经济和水利认识的发展而提高的。

（一）战国时期阴阳学说的生发和农田用水思想的提出

中国的田间灌溉技术探索、利用很早。其目的是按照作物生长的生理阶段，适时调节自然降雨不能满足作物需要的水分。由于水的特殊性质以及在农田耕作中的重要作用，春秋战国时期，阴阳学说的思想被应用在蓬勃发展的农田水利事业中，尤其是在农作物用水、土壤燥湿等具体耕种实施阶段。其中成书于战国末期的《吕氏春秋》一书用阴阳理论对当时的田间作物、土壤合理用水的技术方法作了精彩的解释和小结，达到了新的高度，堪称这一阶段阴阳学说和农田用水相结合的典范。

《吕氏春秋》在讲到当时先进的“甽亩法”时说：“故亩欲广以平，甽欲小以深，下得阴，上得阳，然后咸生。”这就是说，要把垄台做得宽而平，阳光充足；垄沟做得窄而深，排水顺畅，这样才能下得阴气，上得阳气，农作物才会生长发育良好。这里的“下得阴”指的是农作物生长发育所需的外部环境中的水、肥；“上得阳”是指农作物所需的光、热等，正所谓“生之者地也，养之者天也”。当然，当时的人们还不可能深入认识水、光、热等因素对农作物生长发育的重要性，而只能以“下得阴，上得阳”这样的笼统概念和范畴来给以理论上的解释。

《吕氏春秋·十二纪》则根据农田合理用水的实践又把阴阳理论作了进一步的发展。作者把阴阳、五行、天文、律历、农事等组合成为一个大系统，使天地人的各个方面普遍联系，互相搭配，依据阴阳的消长而发展、变化。例如，孟春之月“阳气始生，草木繁动，令农发土，无或失时”；孟冬之月“阴阳不通，闭而成冬”。它以华北地区的天象、物候和农事为参照系，以阴阳消长的理论为核心，构造出一个完整的世界运行图式，这是阴阳学说在农田水利实践基础上对理论体系的新发展。此后，阴阳学说在中国传统哲学思想史上发展为解释包括医学、生产甚至政治生活中的诸多现象的主要理论，可以说都是在此基础上的发挥和补充完善。

（二）秦至唐阴阳学说的进步与农田用水技术的提高

汉代以建，海内一统。西汉大儒董仲舒在其著作《春秋繁露》中发展了阴阳学说。他说：“阴与阳，相反之物也。”这是董仲舒对阴阳范畴性质的规定，在这种规定的基础上，他用阴阳来阐述自然和社会的各种关系。其中，在自然方面，他说：“阳，天气也；阴，地气也”。认为阳气暖而阴气寒，……阳气生而阴气杀。后来的《汜胜之书》中汜胜之在阐述耕田所要注意的水热关系时所用的就是“天气”和“地气”的概念；同时也使用了“阴气”和“和气”的概念，强调天气和地气的和谐统一，也就是注重阴阳、水热的协调联系。例如在耕田中，他格外强调“阴阳调和”，特别强调水分对于耕作的重要因素。中国北方地区冬天寒冷，土壤有深浅不等的冻土层，因此汜胜之认为掌握春耕适耕期时，必须在春天耕层土壤解冻以后，“地气”通达以后才能耕田。在这里，“地气”通达与否所指的关键就是土壤中所含的水分和温度。也就是说，他认为春耕的适耕期要根据土壤的水分和温度来决定，因此，他把“春冻解，地气始通，土一和解”作为春耕适耕的评判标准。至于秋耕，汜胜之把秋分（夏至后九十日）作为秋耕的适耕期，是因为这个时期昼夜的长短相等（昼夜分），“天地气和”，也就是天气和地气，阴气和阳气都很和谐，水分和温度都达到了最佳的状态。凡是在“天地气和”时耕田的就能“一而当五”，耕一次就抵得上耕五次的功效。反之，在“和气去”时再耕田，就会“四不当一”，也就是说耕四次还抵不上耕一次。

《汜胜之书》还认为在引河水或井水灌溉时，也要注意阴阳协调，进行必要的水温调节。《汜胜之书》中不仅总结了“曝井水杀其寒气以浇之”的经验，而且还总结了水田灌溉时，调节水温的方法：“始种，稻欲温，温者缺其塍，令水道相直。夏至后，大热，令水道相错。”春天种稻时，气温尚低，“阳气”不足，为了能保持稻田水温在较高的水平上，就要使灌溉水道直线通过灌区；夏至后，天气大热，为了使水田维持较低的水温，就要使灌溉水道相错（由于水道相错，就能使新灌入水田的水温较低的水影响到整个灌区，从而使得阴阳协调，利于水稻生长发育）。

东汉的大思想家王充在《论衡》中认为：“阳气自出，物自生长；阴气自起，物自成藏。”自出、自起、自生长、自成藏，强调了辩证唯物主义的自然无为品性。王充认为：天地、四时、寒暑、生死等对立，都具有阴阳的性质，“物生统于阳，物死系于阴也……寒暑之气，系于天地，而统于阴阳”。王充是中国历史上著名的唯物主义思想家，对继承和发展阴阳学说起到了重要作用。

成书于魏晋南北朝时期的中国著名农书《齐民要术》不仅保存了许多前代的农业典籍，而且进一步发展了中国北方旱作农业用水的阴阳理论。《齐民要术》在卷三十的“杂说”中引用了《四民月令》中的阴阳说。其中包括：正月的“地气上腾”；二月的“阴冻

毕泽”；三月的“顺阳布德”，“暖气将盛”；五月的“暖气始盛”，“阴气入藏”；八月的“凉风戒寒”；九月的“以备寒冻”等。这里的阴阳说，主要包括：天气、地气、阳气、阴气、暖气、寒气等范畴，大多和农田水分有很强联系，其实就是在提醒人们在农业生产中必须遵循阴阳盛衰和消长的规律，必须注意土壤中水分的变化来安排农事活动，从而争取农业生产的丰收。

隋唐时期，在阴阳学说中，韩愈认为，物坏虫生，元气阴阳坏，便生人。柳宗元发展了韩愈的阴阳元气说，但他反对韩愈的天有人格说，他把天解释为自然。“彼上而玄者，世谓之天；下而黄者，世谓之地；浑然而中处者，世谓之元气；寒而暑者，世谓之阴阳”。

在此基础上，唐代韩鄂撰《四时纂要》继承了本时期阴阳理论发展的精髓，发展了传统的月令体农书，对农田中水的阐发达到新高度。书中涉及阴阳学说的内容主要包括：正月的“阳气不应”；二月的“顺阳气也”；……六月的季夏行冬令“寒气不时”，十月的孟冬行春令“地气上泄”等，总的来看，还是通过阳气和阴气，暖气和寒气，天气和地气，这三组对立统一的概念和范畴来提醒注意气温和水分对农田耕作的影响。

（三）宋以后阴阳学说的完善与农田用水理论的发展

宋明时期，理学家将阴阳、五行和气化理论结合起来，开创了新局面。周敦颐的《太极图说》就是将阴阳、五行和气化理论结合的典型。他认为，阴和阳是既对立又统一、相互依存的有机体。由于阴阳的变化合和，才产生了“水火木金土”五行（又称五气）。由于五行之气的顺畅分布，于是春夏秋冬四时能循环往复的正常运行。在阴阳二气的交感合和之下，化生出万物。

元代王祯《农书》成书于元仁宗皇庆二年，它既是兼论南北的农学巨著，也是用宋代产生的理学阴阳说原理来阐释农学原理的重要农学著作。他在《农桑通诀·垦耕篇》中就强调“天气有阴阳寒澳之异”，所以要注意田间水分的变化，在农业生产中必须“顺天之时”。王祯对水利机具的运动也用阴阳理论来解释，他在《农器图谱·水磨》中解释“水磨”的机械运动原理时，写了一首五言诗：“动静法阴阳，造化出精粹。造化动静间，乾坤具兹器。”他认为，借助水力推动的水磨，其运动的动和静时效法阴阳对立统一原理的，机械运动的结果是“造化”出精致的米或面，而这些米或面就出自这阴阳和动静之间，大而言之，宇宙的运动变化也是来自阴阳和动静的对立和统一。

（四）明清农田用水与阴阳学说发展的完善

明初的思想家刘基，在解释社会中的祸福现象时，继续发挥了阴阳的气化理论，提出了阴阳交错互胜的思想。他认为，阴阳既分别又交错，影响邪正亦有分别和互胜，这是自然而然的现象，而非人为。天地万物既各种自然现象的产生都与阴阳相关联。

本时期阴阳学和五行、气化的相结合，深深地影响了农学典籍中相关理论的探索，在农田用水中也多有体现，其中以明代马一龙《农说》中体现最为典型。《农说》书以阴阳说为核心，是全面系统用阴阳学说来解释农学原理的代表作。

《农说》写道：“繁殖之道，维欲阳含土中，运而不息；阴乘其外，谨毖而不出。若阳泄于外，而阴实其中，生机转为杀机矣”。又说：“农家者有云：冬耕宜早，春耕宜迟。云早，其在冬至之前；云迟，其在春分之后。冬至前者，地中阳气未生也；春分后者，阳气半于土之上下也，其意皆在阳荣阴卫，欲使微阳之气不泄，求其壮盛而已”。在这里，虽言阴阳，其实说的就是耕作中需要关注的土壤中的水分和温度。如前所说，《农说》认为“生物之功，全在于阳”，因此，最大的希望就是“阳含土中”“阴乘其外”，土壤开始融解，所含水分刚刚开始蒸发，达到所谓的“阳荣阴卫”，这是确定耕作的最佳时宜，此时播种就能获得丰收。

清代，由于在田间用水和作物耕作中的大量实践体验，为阴阳学说的理论发展提供了丰富的物质资料，这一时期阴阳学说继续向着气化理论和五行学说相结合的道路前进，并达到了中国封建社会所能达到的最高点。

清代出现了用阴阳学说解释传统农学理论的最重要著作《知本提纲》，其正文部分由陕西农学家杨双山所著，详细解释是由他的学生郑世铎写的，其中大量涉及农田用水的问题。《知本提纲》首先对农学原理进行了融合气化理论和五行的阴阳说解释。《知本提纲》在修业章农业之部中对阴阳说多有论述，主要体现在以下几个方面。

其一，用阴阳联系转化的观点，解释了农田耕作的基本原理。《知本提纲·农则耕稼》中说：“土音水寒，犁破秒拨，藉日阳之暄而后变；日烈风燥，雨则井灌，得水阴丈润而后化。”郑世铎注解道：“土为少阴而气音，水为太阴而气寒，必得阳火蒸发，始育生物。故犁破秒拨，翻其结块，上承日阳之照，消烁音寒之气，自然转阴为阳，而弓其本体，物生有资矣。……阳变阴化，阳生阴成，包含融结，以大发育之功也。”

其二，用阴阳对立统一的原理，阐释了水分在作物生长发育中的重要作用。《知本提纲·农则树艺》中指出：“头根向下，吸乎地阴；枝梢向上，接乎天阳，天阳摄其头根，地阴滋其枝梢。上下对待，根梢并长。”郑注解释说：“上统下曰摄，下养上曰滋。草木依土倒生，故天阳摄于上而贯于下；地阴滋于下而达于上。阴阳工济于上下，而头根枝梢一时并长，实有对待之势矣。”在这里，天阳所代表的是光和气、地阴所代表的其实就是水分，草木之生长，上靠天阳、下靠地阴，阴阳协调外热水汽和谐，则草木繁茂，反之则凋敝。

其三，用阴阳对立统一的原理，论述了耕作中时宜和地宜把握时需注意的田间水分问题。就稻、麦二者耕作的异同，杨氏说：“耕稻田以春，假其外助；耕麦田以夏，藏其内荣。”《知本提纲》中认为：“山原土燥而阴少，加重犁以接其地阴，隰泽水盛而阳亏，轻锄褥以就其天阳。”否则，浅启地肤，亢阳过泄，地阴未出而无所收敛，何以生物乎？《知本提纲》还用阴阳对立统一的原理阐发了频锄的道理，“锄频则浮根去，气旺则中根深，下达吸乎地阴，上接济于天阳。”其实这正如我们今天农谚所说“锄头底下有水又有火”。也就是说，锄地可以保墒防旱，又可以收到散墒防涝的作用。

此外，《知本提纲》还谈到了农作物适时灌溉的重要性。“地贵早浇，自然阴阳相和，籽粒繁实而有益。若固水之余剩而频浇之，则苗多空叶，子多批核，阴盛而反毁也，可不防哉。”并进一步指出：“禾畏深水受淹，腐心堪忧。”强调指出，谷子抗旱能力强，虽然也需要灌溉，但灌水次数不能多，每次灌水量也不能大，否则茎叶疯长，对结实不利。此外，谷子抗涝能力低，不耐淹渍，茎叶易腐烂。

《知本提纲》是中国古农书中用阴阳学说阐发农学原理的巅峰之作，对于农作物需水和调节的原理也解剖很深，达到了前所未有的高度，标志着当时中国对包含农田用水等农

学原理在内的认识最高峰。由于《知本提纲》在理论和实践上的巨大成功，也为本时期阴阳理论的继续发展提供了可供借鉴的基础。

总而言之，由于水和热（主要由太阳提供）在农作物生产中的特殊意义，以及它们二者在阴阳学说中的独特地位，水代表阴，而日代表阳。因此阴阳学说和农耕中的水分问题，是一个理论和实践的关系问题，前者为后者提供理论支撑，而后者认识和实践的不断深化与成功实践又为前者提供了物质基础，二者互相影响，互为促进，共同达到了中国传统社会那个技术视野条件下所能达到的最高点。

第三节　传统农业水利的不足

中国传统农业水利的显著特点首先表现在重视解决实际问题，重视实践经验，而疏于理论概括。明末清初著名的历算学家王锡阐曾指出："古人立一法必有一理，详于法而不著其理，理具法中。[47]"即专讲怎样去做，而不解释为什么这样做，理论隐含于方法之中。经学家阮元在编写古代科学家传记时也认为，传统科学"但言其当然，而不言其所以然"。[48]

中国传统水利科学技术的弱点（理论概括不够，定量分析不多和实验观测少[49]），对农业水利科技的持续发展史极为不利的。实验观测是科学发展的基本研究方法之一。爱因斯坦认为西方科学发展是以两个伟大成就为基础，即希腊哲学家发明的形式逻辑体系和文艺复兴以来所提倡的为探寻自然现象发生的因果关系而进行的系统实验。而在中国古代进行实验观测的事例十分罕见。由于没有科学实验的鉴定，既不能对工程实践的结果进行预测和总结，也不能通过实验归纳上升为理论认识。

中国古代的水利著述甚丰，仅水利专著就有500种以上。但这些著作多为建设实录，缺乏抽象概括，未能上升为具有普遍意义的理论认识，类似战国时代的《管子·度地》对水流运动规律和土壤特性的归纳，宋元时期的《河防通议》对河流水势、水汛以及防洪工程规范之类的理论著作屈指可数。

定量分析较少，即使类似潘季驯《河防一览》、靳辅《治河方略》这样的大家著述，对传统水利的认识也停留在对现象的直接观察上，也多局限于定性分析和趋势的描述，未能应用当时已有较高水平的数学进行量化并进而上升到理论公式。明末著名科学家徐光启对于水利工作中不重视数学和测量的应用曾有中肯的批评[13]。徐光启在《勾股义序》一文中说到，大禹平治水土时曾应用数学勾股计算，此后历代制定历法无不依赖数学，但"独水学久废，即有专门名家，代不一二人，亦绝不闻以勾股从事"。

由于存在这些弱点，使得中国传统水利技术虽然在唐宋时期已发展到最高水平，但此后就停滞不前。元明清时期，虽然水利建设进一步普及，但技术水平一般并未超越唐宋；建设规模和速度更难以与秦汉时期相比。明清水利著述虽然丰富，但资料性居多，理论概括较少。

另一方面，农业水利工程的开发缺少约束性，对其他部门的要求考虑不够，存在着一定的盲目性。例如，明清时期垸田的盲目滥行开发，带来极其复杂的水利矛盾。垸田的不断增加，必然是湖体的逐步缩小，严重影响了其调蓄洪水的作用。以洞庭湖为例来说明，洞庭湖本是长江中游上的一大天然水库，对长江洪水起良好的调蓄作用。清代前期洞庭湖水面约为6000平方公里，至1949年只剩下4350平方公里了。湖体的不断萎缩，从根本上说是长江泥沙淤积的结果，不宜片面归咎于垸田；但垸田的盲目扩展，无疑导致了汛期滞洪能力的相应削减，增加了长江中下游的防洪压力，从而加重了这一地区的洪涝灾害。据统计，洞庭湖地区明代以前水灾稀少，明代平均18年1次，清代平均16年1次，民国至新中国成立前平均5年1次。每次水灾，圩垸溃决，汪洋一片，损失不可胜计。频繁而严重的灾害，引起人们对洞庭湖区垸田水利的关注。

而中国到了封建社会后期，其农业水利建设，既没有战国秦汉时期那种生机勃勃的宏大气势，也没有唐宋时代的技术先进和管理规范，尤其是与同时期在欧洲崛起的近代科学技术相比，逐渐相形见绌，这种停滞状态酝酿着新的变革与突破。总之，中国传统水利科学技术体系的发生、发展和停滞，基本是同封建社会的总进程相联系的。

中篇　中国近、现代农业水利工程发展

第五章　近代农业水利工程的起源和发展

农业水利事业，关系国计民生，且在中国有悠久的发展历史和丰厚的文化底蕴。然而，在近代内忧外患的情况下，农业水利事业一蹶不振，水旱灾害十分频繁，民生凋敝。令人可喜的是，在近代思想大变革的时代，以李仪祉等为代表的近代水利先驱成长在这样的环境下，作为浸润着传统文化“治水兴邦”思想的知识分子，将西方水利科技引入中国并与中国传统水利技术、理论相整合，开辟了中国近代水利的道路，并为中国现代农业水利事业的发展奠定了基础。

第一节　吸收西方先进的科技思想及科技理论

中国古代（传统）农业水利在其发展过程中表现出明显的弱点：一是理论概括不够；二是定量分析少；三是实验观测太少。由于没有理论、技术和材料科学上的突破，传统农业水利在明清时期开始了长时间停滞不前。

民国时期，新的科学技术的逐步传入，给中国水利科学领域带来了活力。涌现出了李仪祉、郑肇经等一批水利专家，打破了旧有的封闭式水利系统，改变了以往官僚治水的局面，开始了民国时期专家治水的新时代，从而使治水步入科学轨道。

一、测量技术的运用

测量是水利工程规划设计的基础，到民国初年这一技术由配合河套疏浚转向为防洪、农田水利、水电、航运规划前期工程服务。1923 年以来，黄河流域先后完成了河南、山东境内 1∶5000，1∶10000 流域局部地形图及主要支流河道地形图；李仪祉在 1922 年 8 月至 1924 年 8 月，历时两年领导测量队完成泾河河谷、灌区地形及渠道定线测量。随着测量技术的普及，农田灌溉工程等方面也开始采用这一技术。1929 年太湖流域芙蓉圩、扬家圩等农田水利工程测量，1933 年的引洛工程的测量，导淮委员会在四川、贵州等地开展的农田水利测量等都属这类性质。1948 年全国有 44 个测量队，主要任务转向为农业生产及水力发电服务。

二、水文测验技术的进步和水文站的建立

水文测验为治水必要的基本工作。民国时期水文测验技术有了根本的变化。表现为：测验工具、手段、内容及计算方法的更新，现代的流量、流速概念引进中国。先进的测量仪器和设备被推广使用。20 世纪 20 年代，水文测验开始由水位、雨量观测向综合测验发展。

水文测量的内容有水位、流速、横断面、流量、泥沙等。水文站的设置，说明了水文测验的发展。只有普遍设立水文站，长期进行观察，才能得到精确的水文记载。随着海河、淮河、黄河、长江等流域水利机构的设立，水位站布点不断增加。1934 年，全国经济委员会统一水利行政事业以后，首先整理全国水文方面的设备，“于原有雨量站 781 处，水位站 413 处，流量站 156 处外，增设雨量站 188 处，水位站 81 处，流量站 31 处，所有各站测验成果，按期汇集编印，以资参考。”① 据 1948 年国民政府行政院新闻局《水文测验》的统计，全国有水文总站 18 处，水文站 191 处，水位站 245 处[1]。

三、水利发展规划的制定

水利规划对于水利工程的科学修建是十分重要的。在中国古代，通常只是凭经验作定性的分析。在近代，由于有了定量的测量和水文测验，规划工作日渐科学化。民国初年，在张謇主持下，制定了四种治淮规划。在对泾河段勘测的基础上，1923 年李仪祉发表了《陕西渭北水利工程局引泾第一期报告书》，初步确定引泾工事“可分作二期进行：第一期，为恢复白渠，灌溉清、渭两河间各县地亩，共计一万四千余顷；第二期恢复郑渠，灌溉清、洛、渭三河间地亩，凡二万九千余万亩，共溉田四万三千九百余万亩”。次年，李仪祉又提出《陕西渭北水利工程局引泾第二期报告书》，对引泾灌溉渠首工程提出了甲、乙两种总规划，由工程师须恺负责设计。1933 年，李仪祉组织了大型测量队，赶测（引洛万分之一地形图，由张平之工程师负责，陈靖和傅建分别负责控制与地形两队，李奎顺主持设计。1934 年，南京国民政府同意拨款成立引洛工程局，引洛工程终于开始动工。初步计划工款 121 万元，灌溉面积 50 万亩，定名“洛惠渠”。这是“关中八惠”中第二个由图纸走向实体的灌溉工程。1933 年，李仪祉亲自查勘、测量、审定洛惠渠工程计划后，又草拟了《陕西水利十年计划》，接着提出了“关中八惠”的远景规划。

四、水泥、钢材等新型材料的引进

水泥和钢材是水利工程中很关键的材料，中国古代由于水泥和钢材的缺乏制约着水利工程的兴建。近代以来，水泥在水利工程中广泛使用，民国时期已具备了水泥灌浆技术，还从德国引进了水泥灌浆机全套设备，采用钢筋混凝土结构的水工建筑已逐渐普遍。新型材料的运用大大提高了农田水利的效益。例如，1937 年 12 月全部竣工的陕西省渭惠渠，为灌溉面积仅次于泾惠渠的陕西第二大渠，工程技术完善，所有建筑物多采用钢筋混凝土结构，工程极其坚固，近代化程度也相当高。

五、开展水工试验

水之变化，错综复杂，而各河流的性质也多不同，如果水利建设仅凭测验结果进行设计，仍难完善，于是近代世界各国多依靠水工试验为水利建设服务。1932 年及 1934 年，为研究黄河治导原理，国民政府邀请德国水工专家从事试验，试验对于黄河治本计划具有十分重要的作用。全国经济委员会为规划各河流治本方案，1935 年在南京创设中央水工试验所。为适应工程建设的需要，又建起了临时水工试验所，从事各项试验，如导淮入海杨庄活动坝试验、扬子江马当水道试验、三河活动坝试验，都取得了圆满的结果。

1935 年武汉大学兴建了华中水工试验的试验厅，到 1937 年建成长 76 米、宽 21 米的厅房建筑及高压水箱、循环水道等。总之，民国时期，随着现代水利科学技术的应用，历代水利工作仅凭实践经验的古老传统发生转变，开始进入了用先进的水利科学技术指导建设的新阶段。水利科技的传播和社会经济的发展，增强了人类抗御自然灾害的能力。

第二节　对农业水利实行现代式的经营管理

民国时期，随着资本主义商品经济的发展，中国封建社会货币资本投向土地的传统发生了改变，金融资本与工商业资本把资金投向了农业水利，促进了商品经济水利的发展。农田水利与工业、商业、科技的关系越来越密切。李仪祉认为，近世以来大型水利瓦解废弛，小农遍布，北方半干旱地区灌溉，“规模之大，独家不能经营，政府治理弗能普及，非大规模使人民合作举办不可。[2]”因而提出合资经营的农田水利合作，目的在于“水利作为一种企业以求增加生产，可使利益均沾，可以免除危害，可以免除纠纷”[3]。

到近代特别是民国时期，由于辛亥革命增强了商人的政治自信心，他们希望通过举办社会公共事业如兴修水利来提高政治威望，商人开始治水。1912 年至 1948 年浙江宁波商人捐资、组织了大规模的治水工程，商人们利用其在经济界的信誉，向受益地区征集社会捐款，从而取代了过去地方政府的职能，结束了以往农村水利共同体的使命。民国时期，水利经营方式发生了重大改变，出现了经营水利的公司，取代了传统的以治河、漕运、营田为纲的体制。如在湖南汉寿成立了龙阳商会水利公司，其《集股章程》指出“西人致富，由于商可济农；中国之贫，由于商只病农。农商不通，即国家贫富强弱之关键”[4]。地方水利与金融资本开始结合，水利逐渐走向企业化经营。

20 世纪 30 年代，广西开展了农田水利建设，因计划过于庞大，工程浩繁，所需经费非地方财政所能承担，于是向中央农本局商洽贷款，作为举办农田水利的经费。1931 年由农本局贷款，与广西政府联合成立农田水利贷款委员会，负责办理农田水利工程经费的贷款和工程业务。在广西各县还成立了地方水利协会，协会的组成不是按行政区域，而是以受益区或以历史习惯具有协作利益的区域组成。这种地方水利协会利用民间力量集资建设农田水利工程，提高了各地方进行水利建设的积极性。

1939 年，国民政府行政院经济部农本局同云南省政府合组了农田水利贷款委员会，不久，改由中央信托局和中国、交通、农民等三行同省政府合组。农贷会设立工程处，实施了一批水利工程。如改扩建和新建文公渠、龙公渠、华惠渠和甸惠渠。1943 年 3—4 月间这四条渠竣工，灌溉效益均在 1.0 万亩以上，共贷款 4370 万元[5]。

民国期间在水利开发与建设中，水利工程招标承包制已广泛推广。招标承包水利工程项目范围广泛，华北水利委员会招标承包的工程有“建设永定河屈家店涵洞工程”、“建筑龙凤河节制闸工程”、“金门闸南岸放淤工程”、“洋河淤灌渠首工程”、“永定河卢沟桥导水工程”。

加强对水利行政的统一，是这一时期水利建设中值得一提的转变。1932 年 7 月，内政部部长黄绍竑，会同蒋介石，提案中央政治会议，请改组全国水利行政机关。“水利行政，关系民生，至为重要”系统既形庞杂，职权自难专一，水利经费，多糜于机关开支，水利

设施，更无从通盘计划。历年以来，日言兴水利，而利卒未兴，日言防水灾，而灾迄未减者，职此之故。必须“将现有水政机关，改弦更张，彻底整理”①。

1933年全国经济委员会成立后，政府就着手在三个等级统一水利行政：全国经济委员会为中央级水利行政机构，省建设厅指挥各省水利工作，县政府负责各县水利工作，省、县政府受全国经济委员会指导。此外，在四个重要区域，各设一个水利委员会，即华北水利委员会、黄河水利委员会、扬子江水利委员会和淮河水利委员会。这些委员会受全国经济委员会监督领导，具体负责防洪的治标、治本工作。1934年7月通过了《统一水利行政事业进行办法》，规定以全国经济委员会为全国水利总机关。9月颁布全国水利委员会组织条例，12月1日，接收导淮委员会等，全部移交全国水利委员会。“水利行政统一乃告实现”。[6]

1942年，国民政府颁布了中国近代第一部《水利法》，从而使水利事业走向法制的轨道，保护了水资源及水利工程，也减少了长期困扰人们的水利纠纷。《水利法》是中国第一部建立在近代水利科学基础上的国家级法规。特别是水权部分既具有该时代的特点，又继承了传统，借鉴了西方水权概念。第一次明确提出了水权的概念。认为水权是指依法对于地面水或地下水取得使用或收益之权。在《水利法》中规定了水利行政系统，即水资源的权属管理体制。《水利法》将中国水权法制化向前推进一步。

第三节　培养水利科技人才，注重科学研究

中国兴办水利教育时间并不久远，明代徐光启与外来传教士利玛窦合译《测量河工及测量地势法》水利论著，但未能以此设校立教，因此流传不广。1895年，英国传教士董傅兰雅（John fryer）为成立于1874年的上海格致书院拟写《格致书院会讲西学章程》，章程中明确书院开设水学课目“水重学”，分为静水学与动水学课，并制定课程大纲。从此以后，水利逐渐为许多有识之士重视，其他一些学堂也在课程中设置水学课目：1911年，上海高等实业学堂（交通大学前身）又在设学章程中规定：航海专科修习“水面测量学”与“水力学” （每周3学时），铁路专科修习《水力学》 （每周4学时）。1913年，遵照教育部指示，改铁路专科为土木科，开设“水力学”、“河海工学”。1916年，同济医工学堂（同济大学前身）工科也开设水学课目。然而专门的水利院校尚未出现。

正值此时，北洋政府农商总长兼水利局总裁张謇由于对中国传统的“官僚治水”状况有清醒的认识，欲主动地改变这一状况。不过，张謇培育水利人才，直接而现实的原因，是导淮的迫切需要。所以，张謇的导淮，实际上成就了新型治水主体——近代水利专业人才的批量出现。当时，为了避免“水利”一词被各方人士误会，会局限于农田水利，所以用“河海”冠名。

1915年3月，河海工程专门学校正式开学，时有特科40人、正科40人入学，是为辛亥革命后南京地区第一所招生开课的高等学府，开学典礼甚为隆重。学校建设初期，人才“求过于供，南通尤甚”。从此，中国进入了专业水利人才成为治水主体的时代。

河海工程专门学校（现河海大学前身），这是中国第一个水利高等教育学校，水利专

家李仪祉担任教务部主任。河海工程专门学校的创办，对中国现代水利工程和科学研究事业，起到了开拓和推动作用，为 20 世纪 30 年代兴建的许多水利工程和新中国的水利事业做出了重大贡献。李仪祉认为，要靠水利兴国，必须有大量的水利人才。因此，他非常重视水利人才的培养。1925 年，他在陕西创办了水利道路工程专门学校。1931 年，又创办陕西省水利专修班。随后，很多综合性大学开始设立水利工程系。1934 年，北洋工学院、清华大学土木工程系分设水利工程组。40 年代，内迁西南地区的大学，如同济大学、武汉大学、湖南大学、西南联大等都设立了水利系或组。此外，还开办了多层次的水利专科、中等和初等职业教育。通过学习，培养了水利建设急需的技术人员。

与此同时，为了促进水利科学研究，全国水利科学研究的学术组织相继建立。1931 年 4 月 22 日，李仪祉与著名水利科技工作者李书田、张含英、须恺、沈百先、孙辅世等倡议创办了“中国水利工程学会”。学会的宗旨是：联络水利工程统治，研究水利学术，促进水利建设，集合全国水利人才之精力，求解全国之水利问题，期有贡献于国家。这是中国历史上出现的第一个群众性水利学术团体。学会注重水利期刊的创办和水利书籍的出版。学会成立的十几年中，出版《水利》月刊，共 15 卷，82 期。该刊大量介绍了水利科学的基本理论、试验方法、治水方略、国外水利技术等内容，对中国水利科学的形成和发展起到了很重要的作用。学会编印了中国水利珍本丛书和中国水利工程丛书。

这一时期，还非常重视对水利文献的整理。全国经济委员会对水利古籍进行了大规模的搜集、整理和刊印等工作。并将有关水利历史的资料及档案加以编辑，着手整理编辑的有《再续行水金鉴》、《民国水利志》等书。

综上所述，民国时期在治水上突破了沿袭几千年的传统束缚，在水利科学技术、水利经营管理和水利科学研究等方面有所创新，取得了一定的成绩。“没有这个过渡阶段，没有近代水利科学技术人才的培养，没有有关资料的收集，亦难以在新中国成立后立即大兴水利，并取得突飞猛进的成绩”[7]。

第四节　近代农业水利工程的发展

国民政府时期，农田水利事业得到了一定的发展，对于提高全国农业水平，保障抗战期间的军粮民食以及开发西部都起到了一定的作用。国民政府时期的农田水利建设，按其目的、规模、水平，可分为三个阶段。

一、抗日战争前农田水利事业受到重视

抗日战争前几年，为了复兴农村，国民政府开始加强农田水利建设。全国经济委员会成立伊始，致力兴办西北灌溉事业。如陕西省的泾惠渠、洛惠渠，绥远的民生渠以及甘肃、宁夏两省重要水渠均于年内分别进行。泾惠渠的前身是战国时的秦郑国渠，据称当时溉田四万五千顷，以后，年久失修，至清末因渠身罅漏，仅溉田二百顷。1928 年，陕西省政府与华洋义赈会合力筹备，将原拟第一期计划分为两部，上部筑堤河坝，凿引水洞，及拓宽旧石渠、土渠、修建跨渠桥梁等工程，由华洋义赈会担任，于 1930 年冬开工；其下部修总干渠、南北干渠、中白渠及其桥梁、涵洞、跌水、渡槽、分水闸、斗门等工程，

由陕西省政府担任。至1932年夏，各项工程大部告一段落，约计用费140万元。据统计，1932年实灌地亩为8万亩，1934年增至42万亩。本渠农民因水利而得的利益，据1938年统计，已增加至600万元以上[8]。

绥远省民生渠于1928年冬以工代赈兴修，旋以赈款不敷，又由省政府向中国华洋义赈救灾总会贷借巨款，并担任工程事宜。1931年，动用驻绥官兵4000余人协助工作，历时三载告成，用款70余万元，救济灾黎十余万口，全渠计长195里，可灌田25000余顷，每年生产粮食250余万担[9]。

甘肃省各县开渠成绩以临洮县为最著，计开渠12道，可灌田57700亩；其余则皋兰等32县，计开渠213道，可灌田3602460亩；黄河沿岸设置水车者，有永靖等四县，车数达254辆，可灌田50440亩[10]。

宁夏自治区境内水渠，计有云亭渠、汉渠、天水渠等十余条，已成工程长约1600里，灌田71万余亩，拟办工程尚有720里，溉田约可120万亩，需款约150万元，其中以云亭渠工程最为重要，该渠共长150余里，两旁灌溉区域约30余里或十五六里不等，可灌田20万亩，约需工费37万余元。1934年，经济委员会拨款20万元，其余由宁夏省政府自筹。经宁夏建设厅派员测量后，即由省政府于11月1日派15路军士兵11700名前往开挖。全部工程分上下两大段，上段于1934年11月竣工，下段工程因地冻改于1934年4月动工，旋亦完全告竣，举行放水典礼[11]。

华北的水利灌溉也有进展。1934年，华北水利委员会与河北省民政、财政、实业、建设四厅合组滹沱河灌溉工程委员会，计划筑堰开渠，兼用机械吸引滹沱河水灌溉农田。1933年10月20日开工以后，除1934年大汛期间停止工程外，进行顺利。1935年6月，工程全部告竣，并于6月15日举行放水典礼，计工程先后用款60万元。据统计，约可灌田38万亩②。

山东农田水利事业的特点是规模大、效益好、技术水平高。如疏浚徒骇河、万福河、洙水河、赵牛河、马颊河和东西泗河，土方共达58262568立方米，统共增加农业收入3341万元。山东还修建了王家梨行、齐河红庙、青城齐东马闸、蒲台王旺庄等四个虹吸淤田工程，使用抽水机从黄河中抽水进行灌溉，灌溉面积达80000亩③，这在当时恐怕称得上是先进的水利设施。凿井也有较大开展。如齐东县全县原有灌溉井不过一百余眼，车井更属罕见。自1928年成立建设局，将凿井列入要政。1931年奉建设厅令由本县建设特捐下拨4500元作为凿井贷款额度。至1935年，新凿井达1052眼，其中使用水车的达160眼，④占15.21%。

河南农田水利的重点是开渠和凿井。伊、洛二河，在洛阳偃师境内，辅夹并流，成为夹河区，东西长50里，南北广10里，中部低洼，河水倒灌，以致无岁不涝。1933年10月，两县征用义务劳工，自洛阳东西马庄起迄偃师岳滩伊河止，排挖泄水渠一道，长22公里，于1934年冬挖成。此渠完成后，左右一里以内之地，往岁被淹者4万亩，皆成沃壤，“每亩收获以八元计，年可出产三十二万元，即离渠一里以外之地，往年因土壤卑湿收成减色者，亦可年增十余万元”。⑤河南第一行政督察区督饬各县于临河地带开挖沟渠，引水灌田，全区共计开渠32道，可灌田地37035亩，“此于生产防灾工作，尤著成效”。⑥

河南地属高亢，人民多凿井灌田，惟墨守旧法，水源不旺，为提倡新式凿井，河南省政府于1933年10月开办了凿井训练班，并由农林水利各机关及农村合作委员会长期组织凿井队，先后代农民凿成灌溉水井1621口，每井可灌田30亩。凿井费用，凡派至各县所需旅费、运费、工资、工具，均由公家供给。人民仅出井内所用材料。每井约十余元至二十余元。并由农村合作委员会介绍银行贷放凿井贷款，以利贫农。至1935年7月，全省各县已凿成模范井220口，普通井95722口[12-13]。

"灌溉事业，有以机器吸水灌田者，有以筑坝设闸蓄水灌田者，河南均已举办"。如洛阳白马寺附近农田，地势高亢，不能引水灌溉。为了唤起民众注意水利科学，河南省政府于1931年设立灌田场，所有吸水机、引水渠、进水池等工程，于1932年已完成，并于1932年4月建筑水闸桥梁，添购水管机件，装有24匹马力柴油机一部，14匹马力柴油机二部，同时抽吸，每日可灌田220亩。铁道以南之地5000亩，每22天可灌遍一次。若加开夜工则半月可灌遍一次，征收水费，每亩年仅7角5分[14]。

固始大港口紧临淮河两岸，良田常因淮水暴涨，由港口倒灌，致遭淹没，遇旱又苦无水灌溉，1935年5月，该县设计就该处建筑石闸一座。同年10月招工建筑，1936年3月始告完成，计费工程费17000余元，"从此十余万顷良田，尽得灌溉之利"[14]。

其他省、县也纷纷行动起来，江苏省六塘河淤塞不通，年年泛滥成灾，江苏省建设厅征工开浚。1933年12月开工，1934年8月竣工，"开浚后，不独水灾可免，且获灌溉变通之利，两岸受益田亩有四百余万亩"⑦。全省各县从1934年2月至6月共浚河道348条，共长2247公里，共做土方2300万立方米，受益田亩约1334903余亩⑦。各县旧有的水利设施得到了恢复，并修建了新的水利设施。浙江省温岭县旧有金清、玉洁二闸，因年久失修，河道淤塞，闸基损坏，因另勘地址，修筑新金清闸，并开河以利农田，金清港流域684.8平方公里均赖此闸灌溉。黄岩县西江流域均属平原，因潮水冲入，不宜种植，新建了西江闸，西江流域面积18420平方公里，均赖此闸蓄淡御碱，种植均便⑧。

在全国经济委员会统一规划下，各省修建大型水利枢纽成为可能。湖北省的金水建闸工程即为其一。1932年，全国经济委员会接管湖北水利堤工后，为堵闭金水，将坝顶筑至海平面以上31.5米，坝底平均宽120米；并就禹观山开凿泄水洞三道，装置治轴闸门三座，以调节湖水外泄；另又从禹观山至赤矶山，筑造横堤一道，以防阻江水泛滥。工程至1935年3月已全部告竣，4月28日举行落成典礼。该工程全部经费仅80余万元，但经济效益却异常明显。据前扬子江水道整理委员会测量，可以增垦田亩面积为614平方公里，约合915000亩。"农品产量之激增，土地价格之涨高，尤难以数计"⑨。

二、抗日战争时期农田水利事业持续发展

抗日战争时期，大后方的农田水利事业继续有所发展。四川省灌溉方面，1943年，设堰工管理处10处，统灌田5000万亩。并增设大型灌溉工程17处，增灌田210900亩。同时，在10县筑堵水坝，增灌田10000亩。工程费贷款，总计1.7亿元，完成大型灌溉工程11处，增灌田367580亩；完成计划增建小型堵水坝灌溉工程72座，增灌田124148亩[15]，共712628亩。西康省贷款兴办水利，雅安青衣裳渠，已完成放水，可灌田2800亩[16]，以及从雅安周公河开渠引灌，于1943年6月试行放水，预计收益田亩7500亩[17]。1943年动工的天全渠于1944年7月完成放水，计灌溉农田4800亩[18]。云南省与经济部

合作，成立农田水利贷款委员会。1943 年将原办之弥勒竹园坝、宜良龙公渠、文公渠、沾益松林坝四处如期完成，计灌田 92760 亩[19]。贵州省也设有农田水利贷款委员会，主持各县农田水利工程建设，1943 年已竣工 20 余处，受益田亩约 15760 亩。并另行举办惠水、涟江、贵筑、乌当、中曹司及安龙陂塘海子第二期工程，共可灌田 35300 亩[19]。陕西省兴修各渠至 1941 年年终，先后完工放水者，有渭、梅、汉三惠渠；1942 年内完工放水者，有黑、褒两惠渠。另有洛、定、沣、胥四惠渠，于 1943 年终完工放水。"全省农田总计蒙灌溉之惠者，将及三百万亩。常年每亩平均增益食粮以五斗计，则每年增益总数，最低限度，当在一百五十万石"[20]。甘肃水利分河东、河西两部，河东水利，湟惠、洮惠、纳丰、溥济四渠于 1943 年完成，共可灌田 10 万亩以上；河西水利，1943 年成立酒泉工作总站，及武威、张掖、敦煌各工作站。除兴筑肃丰（包括鸳鸯池蓄水库）、登丰两渠外，并已完成旧渠整理工程 49 处，受益田亩已达 110 万亩[21]。宁夏灌溉工程自 1942 年后，续有改善，共增加灌地 91000 余亩[22]。1943 年整理旧渠道 11 处，业已完工，共灌田 233.9 万亩[23]。青海省地多山谷，灌溉困难，省政府积极进行水利事业，1942 年度完成贵德县一、三两区下格河水渠。西宁县属镇海堡至杨家寨，东营子至杨起堡，韵家口至曹家堡各渠，亦均于 1942 年度勘测完竣，开始挖掘[24]。

三、内战时期农田水利事业受到重大挫折

抗战末期，国民政府原本制定了胜利后恢复和发展农田水利事业的计划，但其后由于国民党反动派发动了反共反人民的内战，把大量经费用于内战军事，致使贷款发展农田水利的计划大部搁浅。如陕西省，1947 年度原计划修建第二渭惠渠、清惠渠、冷惠渠、党惠渠及渭惠第六渠等五项灌溉工程，"惟本年度农行未予核准贷款，经费无着，均未能兴工"[25]，未收尾的工程也被迫下马。如涝惠渠已完成 67%，清惠渠已完成 85%，定惠渠完成 57%，"以工款不继，物价屡涨，未能按照计划完工"[25]。贵州省的情况也如出一辙，"至于新办工程，原有桐梓等县十一处，因本年度农行对于新办工程不再贷款，只得一律缓办"[26]。

由于国民政府内部腐败的加剧，在此时期，一些水利工程因质量低下而发生重大事故。如广东惠阳马鞍围工程是抗战复员以来全国最大的水利工程之一。该工程由农民银行贷款 8.6 亿余元，中央水利委员会贷放 9000 万元，广东粮食救济协会拨助 1.4 亿余元，广东救济分会拨助工粮 1270 吨，另由地方自筹 3.7 亿余元，并由省内各乡镇征雇民工，负责人力的供应，于 1946 年 12 月 8 日正式兴工，历时 5 个月竣工。1947 年 5 月 11 日，由省政府主席罗卓英亲临主持竣工典礼。不意此项盛典刚刚完成，雨季即临。因该年雨水较多，此一徒有虚名的马鞍围，即告崩溃。围内田地约共 150 万亩，皆遭水淹。马鞍围人口共 5 万，无家可归者约 2500 人，横沙村灾情最惨，房屋尽被冲毁，片瓦无存[27]。

当然，在此期间，也有一些成功的水利工程，但如凤毛麟角。如新疆迪化和平渠水利工程，包括 31 公里长的总干渠一条，蓄水量 5000 余万平方米的蓄水库一座，长 5000 米引水渠一条，以及共长数十公里的分、支、农等渠十余条，大小闸口门数十个。全年灌水总量可达 3000 余万立方米，至少可灌溉农田 10 万亩。"这么一项艰巨浩大的工程，以我国一切水利工程的进度之前例而言，至少需两三年时间始能完成，但新疆省水利局却只用

三个月时间便把它大部完成，而且开始放水。工程界人士都认为这简直是一个奇迹”[27]。据估计，每年可因此项水利工程而增产米 6 万担，小麦 4 万担，杂粮 3.5 万担[27]。

四、农田水利的成效及其意义

国民政府大力发展农田水利事业，具有重要的历史意义。

1. 保证了抗日战争时期的军粮民食，有利于抗战的胜利

如四川省“新办已完工之各项大小型工程，实际已灌田亩而有增益者，计达三十三万五千市亩，每市亩平均增产稻谷二市石，计收获六十七万市石，增产量约为本年征实一千七百六十万石之百分之四”，“对大后方农业增产确具贡献”[28]。广西至 1943 年 10 月，大型工程已完成 7 处，小型工程已完成 386 处，灌溉面积达 399566 亩。每年增收稻谷约 753213 担[29]。1943 年，广西征实征购稻谷，核定各为 160 万担，增产稻谷占征实征购稻谷 23.54%。

2. 减轻了日伪破坏农田水利造成的损失

如浙东沿浙赣铁路各县于 1942 年春，先经日军窜扰，继遭洪水为患，灌溉渠堰大部损毁，灾情惨重。冬间，日军溃退金华，失地收复，经浙江省政府商请中国农民银行，采取紧急贷款方式，派员驻县指导监放。共贷放农田水利贷款 174 万元，修复缙云、丽水等 13 县农田水利工程 89 处，受益农田 159358 亩。“劫后灾黎，均免流离失所，获益甚巨”⑩。

3. 促进了西部开发

国民政府对兴办西北的农田水利，采取中央拨款的方式，有力地支援了西北的农业建设。如甘肃省湟惠渠灌溉面积达 25000 亩，其灌溉区以土质关系，需水灌溉至为迫切，每垧旱地（合二亩半）每年只收谷一担，改水田后，每亩年可收麦八斗，谷五斗，按 1941 年 4 月物价计算，每亩年增益 200 元。全灌溉区共增益 500 万元，地价也增加了一倍；溥济渠灌溉面积 35000 亩，其灌溉区原为旱地，每垧年产量约为 300 斤，大旱之年，经常颗粒不收。灌水之后，收获有了保障，每亩年增益为 300 元，每年共增益 700 万元，地价增加了数倍。陕西省农田水利工程规模较大。如黑惠渠，灌溉面积 14 万亩，每亩年增益 200 元，共增益 2800 万元，且开渠后“黑水就范，两岸可免泛滥，为利尤溥”。再如褒惠渠，灌溉面积 13 万亩，每亩增益 200 元，每年共增益 2600 万元[16]。

五、存在的问题

但是，我们也要看到，国民政府发展农田水利尽管取得了一定的成绩，但其成果毕竟是有限的，远未能改变中国农业“靠天吃饭”的落后面貌。如四川省，1938 年以来的 6 年间，已完成大型灌溉工程 15 处，灌田 3 万亩，堵水坝 227 座，灌田 95895 亩，凿塘 2826 口，灌田 125849 亩，各项工程共灌田 521744 亩。然而仅及全省耕地面积的 5‰[30]。即使算上整修都江堰增加的灌溉面积 260 余万亩[31]，也只占全省耕地面积的 3%。因此，其抗灾能力仍然是非常薄弱的，故抗战时期四川省水旱灾歉仍绵延不断，如 1940 年天旱，全省稻麦产量只够十足年的五成五，次年和 1943 年也因干旱和水灾引起农作物大幅减产[32]。而且，因为国民政府基层政权的腐败，地方上土豪劣绅横行，也使农田水利的成果和贷款

的效用大打折扣，如江西省“小型农田水利工程，如塘坝、水井、沟圳、水库等，多未能切实兴修”。如中国自己修渠灌溉农民王同春，他以自己力量督率开挖了义河渠、沙河渠、丰济渠等，与人合开之渠不计其数。但是王同春晚年受到封建官僚和天主教会的迫害，田产和水利工程被垦局以欺诈手段大量吞没[⑪]。

“雩都各地水利协会，组织俱欠健全，往往为地方恶势力利用贷款为营商之工具。譬如仙霞乡县示范水库，三十四年六月曾由当地水利协会向农行贷款二十七万元，但迄今为止只筑竣基脚，已形停顿。此外，城厢、三贯、黎村、岭背、银坑、车头、候屋等处，皆有类似情形”[⑪]。这就说明，国民政府如不进行彻底的政治改革，遏制政治上的腐败，其经济建设也是难有大的作为的。其后的政治、经济形势的发展也证实了这一点。

第六章　新中国成立后计划经济下农业水利工程建设

新中国成立以来，中国政府十分重视农田水利建设，60 多年来，对农田水利建设投入了大量人力、物力和财力。中国农田水利建设取得了十分瞩目的成就，有力地推动了农业以及社会经济的发展。

第一节　恢复时期的农田水利（1949—1952 年）

新中国成立初期，经济基础十分薄弱，但毛泽东等国家领导人将水利建设当做国民经济恢复和国家发展的首要问题，从关系到国家生死存亡大事上加以谋划。1949 年 10 月中华人民共和国成立伊始，就在农业部中下设了农田水利局，主管全国的农田水利工作。同时根据中国水利任务繁重的特点，组建了中华人民共和国水利部，统管全国水资源的开发、管理和防洪除涝工作。1952 年农田水利局划归水利部建制，农田水利业务由水利部管理。各大行政区和各省（自治区、直辖市）也都相继组建了大区水利部和省（自治区、直辖市）水利厅（局）。

1949 年 11 月，新中国成立后的第一次全国水利工作会议在北京召开，会议提出了当时水利建设的方针："防止水患，兴修水利"，并要求"依照国家经济建设计划和人民的需要，根据不同的情况和人力、物力、财力和技术条件，分清轻重缓急，有计划有步骤地恢复发展防洪、灌溉、排水等项水利事业"[33]。

在负担政策上，首次提出"公款举办、群众自办和政府贷款扶助三种。"1950 年，农业部召开了农田水利工作会议，指出"要广泛发动群众，大力恢复兴修和整理农田水利工程，有计划有重点地运用国家投资、贷款，大力组织群众资金和吸收私人资本投入农田水利事业，帮助改善原有管理机构，加强灌溉管理，逐步达到合理使用，并建立健全各种制度"[33]。1951 年农业部指示开展以为提高粮食的爱国丰产运动，提出了多项防旱防涝措施，"利用一切沟渠水井，组织群众，浇灌冬水。南方休整塘坝应及早动手，力求扩大蓄水量；北方筹运砖木器材等，为明年打井、修渠等工作进行必要的准备"[33]。即便在发动群众进行兴修水利保证农田灌溉时，国家对灾害的预防上也做到了"未雨绸缪"。

据统计，仅在 1950 年，全国总计恢复和修建大型渠道 70 余处，小型渠道塘坝 156780 处，打井 80263 口，完成水车制造 10 万辆，添置及改装抽水机 2000 余部，总计恢复和扩大灌溉面积 682900 万亩[33]。

在这一时期整修、扩建、续建和新建的较大灌溉排水工程有黄河下游第一个引黄灌溉工程——河南引黄灌溉济卫工程（即后来的人民胜利渠），江苏的苏北灌溉总渠，新疆的红雁池、八一水库灌区，陕西的洛惠渠以及经过整修扩建的四川都江堰，宁夏唐徕渠等大

型灌区。在此期间，还结合淮河、海河的治理，修建了官厅、佛子岭等一些大中型水库，不但减轻了下游地区的洪涝灾害，而且为发展灌溉提供了水源。在兴修水利工程的同时，各地还结合剿匪反霸、土地改革等政治运动，进行灌区管理的民主改革，废除了封建把头和封建水规制度，召开了灌区受益户代表会议，建立了民主管理组织和民主管理制度，推行合理用水方法，使灌溉效益得到逐步提高。

在这一时期，尽管中国的水利工作者工作经验不足，技术人员缺乏，基本情况不清，但由于工作比较谨慎，一般能够按照科学规律办事，因此这一时期所修建的工程，不论从质量上或效益上来看都是比较好的。

第二节　第一个五年计划期间的农田水利（1953—1957 年）

1953 年，党中央提出了过渡时期总路线。同时，国家经济建设进入第一个五年计划时期，农田水利建设的重点也由恢复整顿原有灌溉排水工程为主，转变为按国家经济发展的要求有计划、有步骤地兴修新的工程设施，以逐步提高和扩大抗御水旱灾害的能力，更有效地发挥水资源的效益。

1954 年 9 月，在第一届第一次全国人民代表大会上，周恩来总理在《政府工作报告》中强调指出“对自然灾害的斗争是中国人民一个长期的艰苦任务，我们在水利方面必须作更多更大的努力”。“今后必须积极从流域规划入手，采取治标治本相结合，防洪排涝并重的方针，继续治理危害严重的河流。同时积极兴修农田水利，以逐渐减免各种水旱灾害，保证农业生产的增长”。

在 1953 年水利部召开的农田水利工作会议上，强调农田水利工作“必须在群众自愿的基础上，在群众需要与可能的条件下进行。……决不能凭主观愿望及为完成任务而强迫群众去做”。在当年冬修期间，水利部还专门派工作组下乡调查强迫命令打井和水车平调等问题，及时予以纠正。1953 年底召开的全国水利会议上，再次强调“在开展群众性的水利工程时，必须因地制宜，根据群众需要与可能，并贯彻群众自愿的原则”，“对于群众性各种小型水利的指导，应与大江大河的治理同样重视”。“兴修农田水利出工，应当贯彻互助互利、合理负担政策。对于不受益出工和受益少出工多的应当记工还工或给予合理报酬。贯彻旱地改水地三年至五年不增加农业税的奖励政策”。“灌区征收水费，应本减轻群众负担及为增产服务的精神，只用作本灌区管理人员及岁修养护等必要开支，不应有营利思想，也不必过早计算折旧费”。1954 年 3 月，政务院第 210 次会议通过批准水利部《四年水利工作总结与今后工作任务》，提出“水利建设必须为总路线服务，防止离开总路线的单纯工程观点”。“农田水利必须与改造小农经济这个总任务联系起来”。在群众自办工程的负担上，第一次提出“受益多的多负担，受益少的少负担，不受益的不负担原则”。

在第一个五年计划期间，在过渡时期总路线的指引下，组织起来的广大农民群众，以集体的智慧和力量投身于水利建设中去，农田水利建设得到比较顺利的发展。虽然其中曾出现过小的起伏，所谓“马鞍型”，但总的来说，发展还是平稳的。五年共完成土石方 17.8 亿立方米，灌溉面积增长近 1 亿亩。到 1957 年全国用于排灌的动力设备已达 1800 多万千瓦，比 1952 年增长了 4 倍。在此期间结合淮河、海河的治理，修建了上百座的大中型水库及骨干排水河道、农村小水电，黄河中上游地区的水土保持以及北方灌区的盐碱地治理都已提到工作日程上来，经过试点总结经验，逐步在面上推广。晋、冀、鲁、豫等省的地下水开发利用得到进一步发展，井灌面积已占这一地区灌溉面积的一半左右，一些新式的人力、畜力提水工具得到普遍推广。国家管理的大中型灌区普遍建立了专管机构，充实了人员，加强了管理。很多灌区已开始改变大水漫灌和水田深水串灌的旧习，逐步推行了沟灌、畦灌和计划配水的灌溉制度。第一个五年计划的前三年累计共增加灌溉面积 4100 万亩，相当于原定五年计划扩大灌溉面积 7200 万亩的 57%。

1955 年 10 月，中共中央通过了《关于农业合作化问题的决议》，在短短几个月时间，农业合作化运动得到迅速发展，这种新的生产关系，进一步提高了农民发展生产的积极性，显示了组织起来进行大规模农田水利建设的优越性。根据农业合作化的形式，中共中央又提出了编制《1956 年到 1962 年全国农业发展纲要》（以下简称《纲要》）的要求，这就大大促进了五年计划后两年农田水利建设发展的速度。在这两年中，不但小型农田水利建设在全国普遍开展，而且很多大型蓄水、引水工程也相继开工。但是由于前几年计划执行比较顺利，加之农业合作化以后，农业生产力得到进一步解放，在水利建设中，“左”的指导思想已开始抬头，在发展速度上脱离客观实际，急于求成。如在 1956 年全国水利会议上，根据《纲要》提出的“七到十二年内基本上消灭普通的水灾和旱灾”[34]的要求，修改了原定的发展灌溉指标，提出了后两年扩大灌溉面积 4.5 亿亩的过高要求，助长了各地盲目冒进、强迫命令和浮夸风的滋长。

尽管在 1957 年 1 月全国水利会议上，提出了“在现有基础上，接受成功的经验和失败的教训，既要避免盲目冒进，又要防止右倾保守，积极稳步地继续前进”的水利建设方针。邓子恢副总理也在大会上指出：“兴建水利工程根据需要，要考虑可能，要看是不是最有利，不要根据主观愿望办事。”但在农业合作化高潮下，兴起的群众性的农田水利运动势不可挡，到了 1957 年下半年，农田水利建设实际上已失去计划控制，开始进入“大跃进”时期。

第三节　“大跃进”时期的农田水利（1958—1961 年）

1958 年党的八大二次会议通过了社会主义建设总路线，随后又发动了“大跃进”和人民公社运动。农田水利建设在“大跃进”中更是一马当先，中共中央 1958 年 8 月 29 日关于水利工作指示中说：“水利建设和防汛抗旱斗争的巨大胜利，不仅坚定了广大农民人定胜天的信念，而且在打破社界、乡界、县界以至省界的大力协作中，发扬了伟大的共产主义精神。自带工具口粮无偿地进入山区进行水土保持，到处去兴修水库、打机井、修渠道、开运河、挑水抗旱，等等，这些都是伟大共产主义风格的具体表现。”并提出：“只要再苦战两冬两春，全国现有耕地，基本上完成水利化是完全可能的。”

1958 年初，水利、电力两部合并，农田水利局又成建制地划到农业部。1958 年下半年，农业部在分别召开的南、北方农田水利会议上，更进一步提出“大干一冬春，基本实现水利化”和“争取在一两年内根本消灭水旱灾害，全面完成水利化”。1959 年，水利电力部召开的全国水利会议上，在题为《反右倾、鼓干劲、掀起更大的水利高潮，为在较短

时间内实现水利化而斗争》的报告中，认为“农业合作化运动推动了1956年的水利高潮，农业合作化的巩固发展，掀起了1958年的“大跃进”，在“大跃进”中出现了一大二公的人民公社，人民公社又推动了1959年的继续大跃进，并且孕育着比过去两年更大的跃进。”

在农田水利建设中，推出了不少不切合实际，甚至于违背科学常识的口号。例如，要求“在两三年内基本消灭水旱灾害”；在华北平原提出“一块地对一块天”大搞平原蓄水工程；在群众性农田水利运动中，片面提倡“共产主义协作”、“大兵团作战”等口号，使得瞎指挥、浮夸风和一平二调的“共产风”在水利运动中愈演愈烈，严重的挫伤了群众兴修水利的积极性，造成了人力物力上的大量浪费，并给以后的水利工作遗留下了很多难以解决的问题和大量的维修、配套、加固、保安工作量、由于不少工程不按基建程序办事，缺乏前期工作，仓促上马，违反自然规律和人力物力的可能条件，造成很大损失。

例如在黄河下游修建花园口等大型拦河引黄枢纽，在缺乏排水设施的情况下发展引黄灌溉，大引大灌，引起了大面积的土地盐碱化，结果是“一年增产，二年平产，三年减产，四年绝产”，最后不得不毁闸平渠，被迫停灌，造成大面积的农业减产。又如甘肃省“引洮上山”跨流域引水工程，不顾当时物力、财力和技术可能条件，在缺乏认真调查研究、勘测设计和论证的情况下，仓促上马，搞“人海”战术，终因力不从心被迫下马，造成人力、物力的很大浪费，严重挫伤了群众兴修水利发展生产的积极性[35]。这些教训都是极其深刻的。

“大跃进”运动中的农田水利建设，不论从开工处数之多和完成土石方数量之巨，都是空前未有的（当然，其中也有一些浮夸数），全国很多大型水库和大型灌区都是在这一时期开工兴建的，至于中小型工程更是遍地开花，数不胜数。这些工程除其中一小部分由于质量太差或缺乏水源等原因被废弃外，大部分经过以后几年的整修加固、续建配套，还是可以陆续发挥作用的。像安徽的淠史杭、内蒙古的三盛公、北京的密云水库等大型枢纽工程都是这一时期建成的，为这些地区灌溉事业的发展提供了基本条件。但也有一批像河南驻马店地区的板桥等水库，设计时片面重视蓄水，忽视防洪，且疏于维护，在溃坝前，板桥水库的17个泄洪闸只有5座能开启，最终造成了目前世界上破坏程度最大的水库溃坝“75·8”灾难[36]。

第四节 调整巩固时期的农田水利（1962—1965年）

由于“大跃进”和人民公社化运动中“左”倾错误的一再发展，加上1959年开始的3年严重自然灾害，使中国的农业生产遭到极大的破坏，1960年全国粮食产量跌到1951年的水平。农民发展生产的积极性受到严重打击。从1960年起农田水利建设已经陷入到十分困难的境地。很多工程，特别是一些在建的大型水库、灌区实际上已处于停工半停工状态。中共中央从1960年冬开始纠正农村工作中“左”的错误，1961年1月党的八届九中全会上正式通过了国民经济调整、巩固、充实、提高的八字方针，随后又制定了《农村人民公社工作条例（修正草案）》，简称《农业六十条》。农田水利工作也随之进入整顿、巩固、续建、配套阶段。1961年12月，中央在批转农业部和水利电力部《关于加强水利管理工作的十条意见》中指出，"当前水利问题不是再新建多少工程，而是如何巩固已得成就，完成尾工配套（包括平整土地）等工作，使它们充分发挥效益"[37]。

在1962年的全国水利会议上，提出了"巩固提高，加强管理，积极配套，重点兴建，并为进一步发展创造条件"的水利工作近期方针，在同年的全国农业会议上，也提出"1962年的农田水利冬修应以小型为主，配套为主，群众自办为主。必须根据当前农业生产的需要，大力开展群众性的农田水利和水土保持工作；对现有工程，应当加强管理，并分别进行必要的续建、配套和调整，确保安全，充分发挥效益"。到1965年8月水电部召开的全国水利工作会议上提出"大寨精神，小型为主，全面配套，狠抓管理，更好地为农业增产服务"的水利方针以后，才统一了思想，一些错误做法也随之得到纠正[37]。

在此期间，各级水利部门都对前一阶段工作进行了认真的总结，加强了勘测、规划、设计工作，为以后的发展准备了必要的条件。经过两年的努力，到1963年农田水利建设基本上恢复了正常秩序。1963—1965年平均每年增加灌溉面积都在1000万亩左右，到1965年底全国有效灌溉面积达到4.8亿亩。在"大跃进"中开工兴建的大量大中型水库和灌区，80%左右都是在这一时期经过续建配套逐步发挥供水和灌排效益的。如湖北省，在这一时期经过续建配套开始发挥防洪、灌溉效益的就有大型水库38座、中型水库126座，分别占全省现有大中型水库的88%和58%。其他像海河、淮河上游一些大型水库也都是在这一时期进行续建配套发挥效益的。黄河下游的河南、山东两省在这一时期大力开展排水河道、沟渠的开挖疏通和洼涝盐碱地的治理，在完成排水治涝工程的基础上，黄河两岸的引黄灌溉逐步得到了恢复，次生盐碱化逐步得到控制。在这一时期，华北地区的机电井，南方沿江滨湖地区的机电排灌站，东北松辽平原的洪涝地治理，西北黄土沟壑区的水体保持，以及南方山丘区的农田小水电都有较大的进展。到1965年，全国排灌机械动力拥有量达到667万千瓦，其中电动机326万千瓦，分别比1960年增长88%和4.2倍。1965年全国机电井达到19.42万眼，仅河北、山西、山东、河南、陕西五省就达17.17万眼，比1960年增加近一倍。

在这期间，为解决黄河下游引黄灌溉而带来大面积次生盐碱化，以及黄淮海平原地区水利纠纷问题，在中共中央、国务院的重视和支持下，水利电力部做了大量调查研究，并与有关省市反复磋商，在1961年6月中央批准了水利电力部党组《关于解决冀鲁豫三省边界地区水利问题的初步意见》，同意报告中提出的这一地区的水利问题，主要是没有处理好蓄与泄、灌与排、自流灌溉与提水灌溉、农业生产与航运发电、黄河泥沙利与害、地区之间等六个方面的关系，以及12条对策措施。同年6月，水利电力部党组进一步提出《关于解决冀鲁豫三省边界地区水利纠纷的意见》。1962年3月，中共中央批转了水利电力部《关于五省一市平原地区水利问题的处理原则的报告》。随后，谭震林副总理在山东范县召开了关于引黄问题的会议，确定黄河下游涵闸，除个别有特殊需要，经中央主管部门批准外，一律暂停使用。会后，水利电力部会同有关各省市，做了大量具体落实工作。河南、山东两省，1960年共引用黄河水169.2亿m^3，最大引黄灌溉面积曾达到6794.1万亩（河南1041.8万亩，山东5752.3万亩），由于重灌轻排，使新增次生盐碱化面积增加到991.82万亩。暂停引黄灌溉以后，由于废除了大量阻水工程，加大排水出路，引黄灌区农业生产逐步得到恢复。

第五节 “文化大革命”时期的农田水利（1966—1976 年）

1966 年下半年“文化大革命”开始席卷全国，农田水利建设事业遇到了极大的困难，从中央到地方，很多从事灌溉管理工作的单位工作人员被下放，管理便处于瘫痪状态，有的还能勉强进行用水管理。而有的则使得农村用水秩序极其混乱，纷争众多，给中国农田水利管理带来巨大的损失。在这十年中，农田水利工作可以分为两个阶段。1966—1970 年是全面停顿并遭受严重破坏阶段；1970—1976 年是恢复整顿但仍遭“左”倾路线严重干扰阶段。

1966 年是中国开始执行第三个五年计划的第一年，经过三年来国民经济的调整，已出现全面好转的可喜形式，农田水利正处在一个新的发展阶段。但“文化大革命”使形势发生逆转，1966 年夏季以后，随着动乱在全国范围内愈演愈烈，从中央到地方各级水利行政部门的生产业务工作实际上已陷于停顿状态，大批领导干部和业务技术骨干被批斗，关进“牛棚”和下放劳动，大部分水利规划、设计和研究院、所被裁撤，设备被分散或封存。农田水利建设和管理陷入无政府状态。

1970 年 9 月，在周恩来总理的支持下，国务院召开了北方地区农业会议，从而推动了整个农村工作，并第一次提出了要重视开展农田基本建设，使停顿数年的农田水利建设有了起色。1971 年林彪反革命集团被粉碎后，“文化大革命”进入后期阶段。水利工作在周恩来、李先念以及以后邓小平等中央领导的关怀和支持下，排除“四人帮”的干扰和破坏，逐步得到恢复。

1972 年 12 月，水利电力部召开了全国水利管理工作会议。在会上表扬了韶山灌区第一批在“文化大革命”动乱中坚守工作岗位、认真做好工程养护管理，取得显著成绩的工程管理单位，这对摸清工程及管理单位现状，恢复和加强管理机构、整修工程设施和提高工程效益起到了较好的作用。

1972 年华北大旱，为了解决北方地区的长期干旱问题，国务院决定成立打井抗旱办公室。从 1973 年起每年拨出专款和设备支持北方 17 省、自治区、直辖市（原定 14 省、自治区、直辖市，后增加黑龙江、吉林、新疆）打井工作。到 1976 年全国机井数量已达到 240 万眼，比 1965 年增加了 10 倍，对提高华北地区的粮食产量、改变“南粮北调”的局面起到重要作用。与此同时，全国机电排灌泵站也有很大发展，1976 年机电排灌动力拥有量达到 5400 多万千瓦，比 1965 年增加了 5 倍，原来的人力、畜力简易提水工具基本上被机电泵替代。

在这一时期，还陆续建成了一些大中型灌溉排水工程，如江苏江都排灌站、陕西宝鸡峡引渭上塬工程、四川都江堰扩建工程、湖北引丹灌溉工程、甘肃景泰川高扬程提水一期工程等，都是在这一时期完成的。黄河下游的引黄灌溉，经过几年停灌以后，在大规模开挖排水系统，地下水位显著下降的情况下，从 1965 年开始，又逐渐恢复引水。从 1976 年山东、河南两省的引黄灌溉面积达到 1600 万亩，对改变这一地区低产贫困面貌起到重要作用。1974 年和 1975 年，水利电力部又两次召开农田基本建设会议，进一步推动了全国农田水利建设。在这一期间，以治水改土为中心的山水田林路综合治理的农田基本建设有较大发展。每年冬春全国有上亿劳力投入农田基本建设，许多县、社、队组织农田基本建设队常年施工。把农田基本建设当作一项伟大的社会主义事业来办，由单项治理发展到山、水、林、田、路综合治理；打破社队界限，按地区、按流域统一规划，统一治理。到1976年全国有效灌溉面积达到6.8亿亩，排水除涝面积达到2.4亿亩。

但这一时期仍处于“文化大革命”动乱之中，由于“四人帮”的破坏和极“左”思想的严重干扰，有些地方主观主义瞎指挥，投入了许多无效劳动，造成严重的浪费损失。如有的山区盲目提倡与河争地，打坝淤地，束小河床断面；有一些湖网地区，片面搞围湖造田，降低了滞洪调洪能力。不少地方，中小型工程失去控制，战线拉的太长，占用劳动力过多，又造成一批新的半拉子工程。这个时期水库被冲垮，渠道、抽水机站被迫坏的情况也比较严重。“文化大革命”期间，大、中、小型水库垮坝的达2250座，占新中国成立以来垮坝总数的3/4。当然有些是由于特大暴雨洪水超过水库设计能力，是人力无法挽救的。但也有不少是由于忽视前期工作，规划设计不周，工程质量不好或管理养护不善，抢险措施不当等原因造成的。

图6-1　溃坝后的板桥水库

如河南“75·8”溃坝事件，1975年8月8日凌晨因“75·8”特大暴雨致板桥、石漫滩两座大型水库，竹沟、田岗两座中型水库，以及58座小型水库在短短数小时内相继垮坝溃决。图6-1为溃坝后的板桥水库。

板桥、石漫滩等系列水库是大跃进时期的产物，工程片面重视蓄水，忽视防洪，板桥水库比规定蓄水量超蓄3200万立方米，且疏于维护，在溃坝前，板桥水库的17个泄洪闸只有5座能开启[38]。

第七章　改革开放后农田水利建设及管理

1978 年召开的党的十一届三中全会，明确提出了中国改革开放的新方针政策，标志着中国社会主义事业进入了一个新的阶段。随着改革开放的不断深入，改革前的组织、体制均发生了不同程度的变化，在农村水利方面，国家也不得不采取与之相适应的以市场化改革为取向的新的政策改革措施，其总体趋势便是推进农田水利的市场化，不断提高农业用水的市场化程度。

第一节　改革开始时的农田水利（1977—1979 年）

1976 年 10 月粉碎了“四人帮”反革命集团，标志着“文化大革命”的结束，全国人民欢欣鼓舞，从而将巨大热情投入到各项建设中去。1977 年 8 月，在党中央、国务院的直接领导下，由水利电力部会同国家计委、国家建委、农林部、第一机械工业部、商业部、财政部、石油化学工业部、第五机械工业部、物资管理部、全国供销合作总社等 11 个部委联合召开了农田基本建设会议。参加会议的有各省、自治区、直辖市主管农业的领导、261 个地市和 426 个县的负责同志，以及有关部门的代表。会议的主要任务是学习大寨、昔阳，交流各地农田基本建设的经验，具体落实全国第二次农业学大寨会议提出的到 1980 年建成一人一亩旱涝保收高产稳产田的要求。会上，各省、自治区、直辖市分别制定了三年规划。

1978 年 7 月，由李先念副主席提议并主持，召开了全国农田基本建设会议，参加会议的有各省、自治区、直辖市和地、市负责同志，以及北方一些县的负责同志。会议期间，南方代表先到江苏苏州地区参观学习，然后又会同北方地区代表到山东济宁、泰安地区参观学习，最后在北京集中听取李先念副主席的报告和交流经验。会议确定了农田基本建设要抓好现有工程的配套挖潜和当年受益的小型水利；搞好平田整地、低产田改造、水库除险加固、渠道防渗、喷灌、牧区草原水利、小水电和综合利用、植树造林，并加快步伐解决人畜饮水问题。会议期间，国家还确定在经费、物资上给予农田基本建设以支持。

1979 年 7 月，党中央、国务院再次召开农田基本会议，李先念副主席作了报告。强调“农业要上去，其中重要一条，就是要继续开展农田基本建设，提高抗御自然灾害的能力；要搞好农田基本建设，要依靠艰苦奋斗、自力更生这个传家宝，同时，要尊重客观规律，坚持科学态度，因地制宜，讲究实效”。三次农田基本建设会议，使全国农田基本建设得到了迅速发展。

1977—1979 年，三年时间完成土石方 510 亿立方米，平整土地 2.5 亿亩，增加灌溉面积 3000 万亩，除涝面积 1600 万亩，增加机电排灌动力 1500 多万千瓦，同时对大量的中小型水利进行维修、加固和配套，以及修建了大量田间工程。70年代的农田基本建设的成果，为80年代农业丰收奠定了重要物质基础。

但在这段时期内，由于“左”的主导思想继续发挥作用，加上各地改变面貌心情迫切，也提出了一些不切实际的高指标。如1976年第二次全国农业学大寨会议上，要求到1980年在全国实现一人一亩旱涝保收高产稳产农田；1978年农田基本建设会议上，提出每年增加灌溉面积6000万～9000万亩，以及大搞喷灌等口号。在群众性的农田基本建设中，有的地方，也存在着过多动用农村劳力，农民负担过重，以及一平二调、形式主义等错误做法，造成了一些损失。

在这一时期，在抓农田基本建设的同时，水利管理也提上了日程。经过“文化大革命”，不少地方管理机构解散，规章制度废弛，有的中小型工程处于无人负责的状态，工程效益下降。1978年3月，水利电力部在湖南桃源县召开了全国水利管理会议，学习桃源县和交流了各地水利管理的经验。会议确定要端正思想路线，肃清“四人帮”的流毒和影响，整顿经营管理，充分挖掘现有工程潜力。当年6月国务院批转了这次会议的《关于整顿和加强水利管理迎接新跃进的报告》。通过这次会议，推动了全国水利管理工作，使农田水利管理得到了恢复和加强。

第二节　农村改革适应改革期的农田水利（1980—1985年）

党的十一届三中全会以后，各级水利部门认真总结了中华人民共和国成立以来工作的经验教训，清理了水利工作中“左”的错误，把水利工作的重点逐步转移到以提高经济效益为中心的轨道上来。1979年全国水利会议提出了在三年调整时期中，要集中力量解决好两个问题：一是要充分管好用好现有水利设施，搞好现有工程的续建配套和病险水库的加固处理，大力发展小型水利；二是积极做好基本工作，为以后的更大发展做好准备。1980年水利电力部向国务院作了《关于三十年来水利工作的基本经验和今后意见报告》，比较深刻地、系统地清算了“左”的指导思想对水利事业的影响，提出了今后的努力方向。在1983年全国水利会议上，更明确地把“加强经营管理，讲究经济效益”定位为今后水利建设的方针。

第一，国家对水利工程单位进行企业化改制。伴随着农村经济体制改革工作的全面展开，针对家庭承包制开始的初期，一些地方出现的填井、破坏渠道私分变卖机电设备等一系列破坏水利工程的行为，水利部强调要加强责任制，1981年7月国家农委批转水利部《关于在全国加强农田水利工作责任制的报告》中要求，“在农田水利管理上根据工程类别、规模和基层管理体制的不同，实行综合承包、单项承包、定户定人承包等不同形式的责任制，在建设上，实行合同制、承包制等办法”[12]。

1984年水利电力部召开了全国水利改革座谈会，在总结近几年各地实践经验的基础上，提出了“全面服务，转轨变形”。要求水利工作进行三个转变，即：从以为农业服务为主转到为社会经济全面服务为主的思想；从不讲投入产出转到以提高经济效益为中心的轨道；从单一生产型转到综合经营型。并把“两个支柱（调整水费和开展多种经营）、一把钥匙（实行多种不同形式的经济责任制）”作为搞好水利管理、提高工程经济效益的中

心环节来抓。1985年国务院颁发了《水利工程水费核定、计收和管理办法》和批转了水利电力部《关于改革水利工程管理体制和管理办法》、《关于加强农田水利设施管理工作报告》两个文件。1985年，国务院办公厅转发水利电力部《关于改革工程管理体制和开展综合经营报告的通知中》指出，"在改革水利管理体制上，全国大、中、小型水利工程管理单位都要实行经营承包责任制"，同时通知中还强调"各水利部门应当把开展综合经营当做重要任务，加强经营管理，就求经济实效，逐步创造条件，向生产经营型发展，由事业单位向企业化过渡"。⑬这项政策的出台，对中国水利工程管理单位的发展产生了巨大的影响，企业化的转制目标，将其推向市场化改革的大潮。

第二，农田水利收费制度的改革政策。1985年，国务院颁发了《水利工程水费核定、计收和管理办法》，其中第一条规定"为合理利用水资源，促进节约用水，保证水利工程的运行、管理、大修和更新改造费用，以充分发挥经济效益，凡水利工程都应实行有偿供水，在水费的计收上，水利工程管理单位实行计划用水，按照供水量计收水费，水费收入是水利工程管理单位的主要经费来源，同时水利工程管理单位要实行经济核算，加强经营管理，逐步向企业化、社会化过渡"⑭。这项政策强调水利工程的供水具有商品属性，在一定程度上规范水利工程单位的水费征收，为其进一步向企业经营创造条件。然而，在后来的实践过程中也出现了不小的问题。

第三，以工代赈和农业综合开发政策。自20世纪80年代国家全面展开农村经济体制改革之后，市场机制发挥作用的范围越来越大，东西部地区差距也越来越大，为了协调全国范围内的均衡发展，党中央、国务院在80年代中期制定了全面的反贫困战略，那就是"增加中央政府的财政投入和低息信贷资金供给，激发地区经济和农户的生产活动；实行以工代赈政策，改善贫困地区的道路、饮水、农田等基础设施建设"[39]。

自1987年起，国家每年从收取的耕地占用金中拿出一定的比例用于土地开垦和中低田改造，提高农业综合生产能力，称之为农业综合开发，农发资金中大约有60%～70%用于小型农田水利设施建设和配套改造。

第三节　深入改革时期的农田水利（1986—1999年）

深入改革期是指20世纪80年代中后期至90年代末期这段时期，这一时期，为解决影响农村水利发展的投入和管理两大问题，应对水资源紧缺的挑战，农村水利改革向纵深发展。

1988年11月，国务院在批转水利部《关于依靠群众合作兴修农村水利的通知》中提出了"今后兴修水利，仍应贯彻自力更生为主，国家支援为辅的方针，实行劳动积累多层次、多渠道地兴修农村水利，国家提倡和鼓励农户或者联户按照统一规划兴修农村水利，坚持'谁建设、谁经营、谁受益'的原则；地方各级部门则是需要做好相关的服务支持，加强技术指导"，这进一步将农田水利推向市场。1989年10月，国务院作出《关于大力开展农田水利基本建设的决定》，要求"充分认识农业的基础地位和水利的命脉作用，把农田水利基本建设作为一项长期的任务来抓，继续贯彻完善劳动积累工制度，规定每个农村劳动投于农田水利基本设施建设的，每年平均十至二十个工日，有条件的地方可以多搞"；与此同时还规定贯彻"巩固改造，适当发展的方针，提高水利工程的设施的效益，农田水利基本建设的重点要放在维修、恢复和配套建设上”。[64]这是改革开放以来，国家就农田水利作出的一个专项决定，其意义重大，标志着农田水利建设进入到一个新的阶段。90年代以来，国家在探索和深化农田水利发展机制、管理体制的改革中，全国各地围绕农田水利工程产权制度，进行了承包、股份合作、拍卖等多种形式的改革。1996年，国务院颁布《关于进一步加强农田水利基本建设的通知》，通知规定要依法积极引导、鼓励农民群众集资投劳兴建小型水利工程；鼓励单位和个人按照“谁投资、谁建设、谁所有、谁受益”的原则采取独资、合资、股份合作等多种形式，建设农田水利设施。⑮

在90年代末期，国家开始通过各种投资渠道加强灌区的工程配套工作，对农田水利建设也更加重视，1997年1月国务院设立了水利建设基金，同年10月我国基础设施建设领域的一项产业政策《水利产业政策》颁布施行，国家也从此开始将水利列入国家基础产业领域，这是一个重大的突破。1998年在党的十五届三中全会通过的《中共中央关于农业和农村工作若干重大问题的决定》中指出“要大力发展节水农业，把推广节水灌溉作为一项革命性的措施来抓，大幅度提高对水资源的利用效率”，此后国家每年安排专项资金开展对大中型灌区续建配套、节水改造工程和节水增效示范项目的建设，这是农村水利工作指导思想的重大调整。然而这一时期国家投入整体上还是严重不足的，在1980年以前，平均每年国家对水利投入占全国基本建设的投资比例可以达到6.7%，而“八五”以来，中国农村农田水利建设投资，其投入资金的规模远远低于80年代的总体水平，已不能满足潜在的需求。从表7-1可以看出，在“八五”、“九五”期间，虽然中国用于水利建设的投资总额有所上升，但是其占全国基建投资总额的比例的变化却是停滞不前的，与“一五”至“五五”期间的相对的高水平投资相差甚远。

表7-1　　水利建设投资与全国基本建设投资情况　　单位：亿元

时间	水利建设投资总额	全国基建投资总额	所占比重（%）
“八五”（1991—1995）	440.74	21825.94	2.02
“九五”（1996—2000）	2026.6	56114.95	3.61
其中：1996	206.6	8591.89	2.40
1997	258.8	9826.19	2.63
1998	411.7	1178.15	3.49
1999	536.5	1247015	4.30
2000	613	13428.57	4.56
“十五”（2001—2005）	3777.7	113940.7	3.32
其中：2001	560	14608.82	3.83
2002	787	17666.62	4.45
2003	813	22908.6	3.55
2004	790.3	24630.1	3.21
2005	827.4	34126.6	2.42
“十一五”（2006）	932.7	41514.2	2.25

注　表中数据根据《中国农村统计年鉴》（1992—2002）和《全国水利发展统计公报》数据整理而得。

综合看来，农村改革时期的农田水利政策，其取向是十分清晰的：国家逐渐从水利建设中退出；水利工程管理单位由事业单位转变为自收自支的企业单位；水资源从之前的公益品变为商品，水是商品的概念日渐深入人心；水费征收由行政性收费变为经营性收费。很明显，这是一条由国家主导的市场化道路[40]。

政策方面，1988 年全国人大常委会通过了《中华人民共和国水法》。同年 11 月，国务院批转了水利部《关于依靠群众合作兴修农村水利的意见》，提出："今后兴修农村水利仍应贯彻自力更生为主，国家支援为辅的方针，实行劳动积累，多层次多渠道集资，兴修农村水利，并逐步做到常年化、制度化。"

1989 年 9 月间，水利部分南北两片召开了农村水利建设现场会，表彰了全国 100 个水利建设先进县。接着，国务院作出了《关于大力开展农田水利基本建设的决定》，要求"各级政府的主要领导要亲自负责，将农田水利基本建设纳入农村的中心工作，抓紧抓好。要将农田水利基本建设搞得好坏、水利固定资产的增减，作为各级地方政府政绩考核的重要内容"。这使农田水利建设高潮再次兴起。同时，上述有关水利方针、政策和法规的制定和贯彻执行，逐步把农田水利推进到一个改革搞活、讲求效益和依法治水的新阶段。

在这一时期，各地根据"调整、整顿、提高"的方针，加强了对现有灌排工程的维修配套和技术改造。诸如都江堰、淠史杭和宁夏引黄等大型灌区的扩建配套和技术改造，陆浑、陈村等大型水库下游灌溉渠系的修建。黄河下游河南、山东两省引黄灌区经扩建，到 80 年代末两省的引黄灌区和引黄补水灌溉面积已达到 3000 万亩，经过引黄淤灌改造的盐碱低产田达 300 万亩。在华北机井灌区经过机泵配套和技术改造，灌溉效率有明显提高，低压管道输水在井灌区得到大面积推广，到 1989 年累计埋设地下暗管 3.8 万公里，控制面积 870 万亩，布设地面移动式软管 11 万公里，控制面积 2300 万亩，节水效果十分显著。与此同时，在西北黄土高原上修建了东雷、景泰二期、固海等高扬程提灌工程。

在东北地区通过排灌工程配套和机井建设，水稻种植面积发展到 3000 多万亩。所有这些对提高当地的粮食作物产量，改善自然环境和经济状况，从根本上解决中国长期存在的部分地区缺粮问题都起到决定性作用。农村人畜饮水和乡镇供水工程在这一时期也有较大发展，到 1990 年的统计，全国共修建人畜饮水工程 220 万处，解决了 1.32 亿人口和 7900 万头牲畜的饮用水困难，达到应解决人数的 80%以上。乡镇供水是这一时期新发展起来的一项新兴事业，到 1990 年，由水利部门修建的乡镇供水工程约 7000 多处，可供应 1500 万人的生活和生产用水。

第四节　农村改革时期的农田水利的绩效

一、改革时期农村水利之成效

20 世纪 80 年代初期国家就把水利工作的重点转移到管理上来。推行经济责任制，在一定程度上调动了管理单位和职工的积极性，充分发挥工程经济社会效益。同时各地水利工程管理单位也陆续依照国家相关政策的指示，利用已有的自己管辖范围内的有限资源开展综合经营，实现单位增收，改善职工生活，最终达到提高管理单位经费自给率。据统计，至1982年底，全国已有60%以上的农田水利工程实行了不同形式的管理责任制。实行管理责任制的成效是：从根本上解决了无人管理的问题，促进了水利工程的维修和养护；管理人员的责、权、利的结合，提高了积极性，增强了责任感；与此同时，在农田水利建设中还普遍推行了以合同制、承包制和按受益面积分摊任务到户的农田水利建设责任制，改变了过去吃“大锅饭”的做法[41]。总体来说，农田水利的市场化改革在一定程度上是解决了一些问题的，它明确了水利供给者的利益，加强了水利基础设施的资金投入和管理。

二、农村改革时期农田水利之困境

由于20世纪80年代初期，国家就开始对财政体制进行改革，这使得国家在水利上的投入开始大幅度减少。因此在国家农村经济体制体制改革开始取得一些成效的同时，国家水利改革却是相对滞后的，加上过去水利建设遗留下的工程设计标准低、质量比较差，又缺乏一定的经营管理，以致水利设施老化失修、效益衰减、抗灾能力下降的问题越来越严重，直接导致了农田灌溉面积出现了十年徘徊的局面[37]。例如，1981—1990年10年间，共新增灌溉面积1.19亿亩，增减相抵还净减700万亩。在灌溉面积减少的同时，各地中小河道和农田排水沟渠的排水能力也有不同程度的下降。如海河、淮河流域中下游一些排水河道和沟渠淤积严重，排水能力不足原设计能力的40%，以致使一些地区的洪涝灾害有所加剧。农田灌排效益的衰减，严重影响中国农业的顺利发展。

这一时期，国家将市场化的概念引入水利建设中来，所谓市场化，简而言之就是让市场机制在资源配置中发挥基础性的作用。现代经济学最重要的结论就是一个完全竞争的、一般均衡的市场体系会显示资源配置效率，此时市场机制一定能够在允许每个市场主体追求自身利益最大化的同时实现稀缺资源的最优配置，这就是亚当·斯密著名的福利经济学第一定理。在实际操作上，国家一方面将水管单位进行企业化的改制，实行企业化管理，实行了有偿供水，水费收入是水利工程管理单位最主要的经费来源，由于水价的偏低，同时由于自然因素的影响，最终使之逐步陷入困境；另一方面则是通过各种形式来变更水利设施的产权，以此来缓和水利经费短缺的现状，而水利设施作为一种准公共产品，政府在其中没有发挥应有的作用，将市场化、私有化作为甩包袱的手段。据统计，截至1998年底，在全国现有的1600万处小型水利工程中，已经有264万处进行了产权制度的变革[42]。

第五节　农村税费改革后的农田水利建设

农村税费改革是中央政府为减轻农民负担所实行的一项重大举措，它给农村带来极大的变化，给农田水利政策的实施也带来了新的问题。

一、税费改革后农田水利政策变迁

2000年初，中共中央决定在安徽省进行试点为开始，中共中央国务院正式下发《关于进行农村税费改革试点工作的通知》，明确了以“三个取消，一个逐步取消，两个调整和一项改革”为主要内容的农村税费改革：“取消乡村统筹和农村教育集资等专门面向农民的收费和集资，取消除屠宰税和除烟草特产税以外的农业特产税；取消统一规定的劳动

积累工和义务工（可以一步到位，也可逐步取消）；改革村提留征收使用方法；调整农业税和农业特产税政策。”[43]

2002年，国家将试点扩大到20个省份，据国家统计，在试点地区进行的改革，无论是省、县还是村，从总体上来讲，改革后的农民负担与未改革之前农民负担相比，减轻了很多，2003年初在全国推广开来。2004年起，逐步降低农业税的税率，在5年左右时间里彻底取消农业税。到此为止，税费改革及农业税的取消政策在理论上彻底将农业负担降为零，在中国历史上，农民第一次可以合法的不再缴纳“皇粮国税”。

税费改革政策虽然没有直接针对农田水利，但是逐步取消劳动积累工的做法，以及随后纷纷启动的以乡村管理体制改革为核心的配套措施，如乡村撤并与机构改革、基层财政管理体制改革、乡村教育体制改革等，在很大的程度上影响了农田水利的发展。

2002年，国务院办公厅印发《水利工程管理体制改革实施意见》，这是继中国《水法》颁布以后，水利改革中的又一件大事，该政策要求“对现行水利工程管理机构的设置和职能配置进行相关的调整，积极推行管养分离，划分水管单位类别和性质，严格定编定岗；同时还要求要探索建立以各种形式农村用水合作组织为主的管理体制”[44]。

随后财政部、水利部又编制了《水利工程管理单位定岗标准》和《水利工程管理单位维修养护标准》两个文件，要求“试点单位要在认真测算的基础上做好水管单位的分类定性工作，岗位设置和岗位定员按照因事设岗、以岗定责、以工作量定员的原则确定”[45]。

同年，水利部党组还提出了从传统水利向现代水利、可持续的水利转变，以可持续利用支撑国家经济社会可持续发展的新思路。在对水管单位提出改革措施后，2003年水利部发出《小型农村水利工程管理体制改革实施意见》，针对农村小型水利工程的政策，与20世纪90年代末期进行的小型水利工程改革相比，这次的政策则是进一步明确了改革的目标、原则和程序，通过明晰工程所有权，进一步转换运行机制，这对于吸引农民和社会力量并增加农田水利的投入起到了重要的作用。

二、税费改革后农田水利绩效分析

围绕着服务于三农这一工作大局，新的世纪以来，国家关注着农田水利的建设发展，在21世纪初的5年时间里，国家累计投资2720亿元，治理了水土流失面积26万平方公里，农村水利技术水平也有了较大的提高，尤其是在内涵式改革——农业节水灌溉技术得到推广后，使近20年来全国农田灌溉面积在灌溉总量不变的情况下新增加了约8000万亩[46]。

初步形成了多元化的农村水利工程投资、建设与管理格局。到2007年底，全国农田有效灌溉面积从1978年的7.3亿亩增加到8.67亿亩，在占全国耕地面积46％的灌溉面积上生产了全国总量75％的粮食、80％的商品粮和90％以上的经济作物；全国节水灌溉工程面积达到3.5亿亩。

但是在税费改革这一大的背景下，农村水利建设管理也面临着诸多的困难，这与21世纪中国农业和国民经济发展的总体战略目标不相适应，目前的灌溉水平还远远达不到旱涝保收的要求。总体看来，中国一半以上的耕地还是延续着“靠天吃饭”的传统，全国现有耕地19.5亿亩，其中缺乏灌溉条件的就高达11.1亿亩，超过半数之多，灌溉面积仅仅占耕地面积的43％[46]。

农村税费改革后，在全国众多粮食主产区都掀起了轰轰烈烈的群众投资兴修小水利的高潮，众多的大型水利设施更多的则是陷入了困境，举步维艰，全国400多座大型灌区骨干建筑物损毁高达40%，配套设备老化失修现象极其严重[47]。这与中国农村水利基础设施的建设使用管理，与国家政策导向是息息相关的。农村两工的取消和集体经济的衰弱，加上近些年农村外出务工人员的增多，给农村基础设施的建设带来了严峻的考验，2004—2005年底，全国农村水利建设农民投工比1998—1999年下降70%，按照国家税费改革后的相关规定：农村税费改革后，取消统一规定的农村劳动积累工和义务工，如果需农民投劳进行农村公益建设，必须要进行“一事一议”，希望通过村级民主方式解决诸如农田水利等村庄公共产品的供给问题。一方面借此堵住乡村乱收费，减轻农民负担，另一方面改变农村传统筹资酬劳的决策方式，赋予农民确定村内公共事务负担的参与权、选择权，以自我管理方式解决农村公共服务供应问题，然而在现实中，一事一议在很多地区并没有取得预期的效果，致使许多本应开展的村内生产公益事业出现了停滞局面。

离开了强有力的乡村组织，即使国家可以投资建设新的及维护旧的大中型水利设施，却没有办法解决大中型水利设施与分散农户的衔接问题。与此同时，当前地方政府对待灌溉面积在千亩左右的中型水利设施，基本态度是进行市场化取向的改革，即希望通过拍卖、租赁和承包，将水利设施变成市场中的一极，而由分散农户组成的农户用水协会作为市场的另外一极，来完成农田灌溉上的交易。这种市场取向的改革，在不能克服用水协会内部搭便车难题的情况下，谈不上水利设施与用水协会的交易问题。此外，国家对小微型水利设施的补助，将进一步引发农民兴建小水利的热潮。脱离大中型水利设施的小水利自然无法抗大旱，更为严重的是，小水利建设将进一步切割已有的大中型水利系统，并最终终结大中型水利设施的效用。

同样，“农民用水者协会”组织情况也不容乐观。从20世纪90年代初，农民用水者协会在中国经历了探索、试点之后，现在已全面进入推广阶段。但是如何充分发挥农民用水户协会的作用成为摆在我们面前的首要问题，在全国有相当一部分地区因为工程严重老化影响着用水协会的发展，而且在农民用水者协会的运作中无法惩戒违规者的行为也是影响协会正常运作的一个重要因素[48]。时任灌区协会会长的冯广志还认为缺乏稳定可靠经费来源威胁着许多协会的生存，在政策上没有确定其经费来源，对用水户的收费也太少，不足以维持协会正常运作；约1/3甚至一半以上协会组建不规范，部分地方政府用“群众运动”方法包办代替，强行推广。同时在目前推广的协会中，大约有1/3取得了比较规范，比较显著的成效；还有1/3的成效一般，发挥的作用比较有限，不是非常明显；还有1/3只是走个形式，挂个牌子没有实质内容。

针对水管系统目前存在的这些困难和问题，《水利工程管理体制改革实施意见》提出了一些解决措施，如分类定性、管养分离，建立稳定的投资渠道，将公益性事业列入财政预算等。从2005年开始，连续多年国家支持农业发展，关注农田水利建设。中央2005年一号文件提出“在中央财政建立农田水利建设专项资金，把农田水利建设资金纳入各级政府公共财政计划”，要求“在继续搞好大中型农田水利设施建设的同时，不断加大对小型农田水利的投入力度”。同年，国务院办公厅转发《关于建立农田水利建设新机制的意见》，再次指出“鼓励和扶持农民用水者协会等专业合作组织的发展，充分发挥其在工程

建设、使用维修、水费计收等方面的作用”。水利部、国家发改委、民政部联合则下发了《关于加强农民用水户协会建设的意见》，全面系统地阐述了加强用水户协会建设的重要性、发展的指导思想和原则，将组织农户用水协会置于十分重要的位置。2007年则要求“加快大型灌区续建配套和节水改造，搞好末级渠系建设，扩大大型泵站技术改造实施范围和规模”。农村税费改革后的农田水利政策，进一步强调了市场化，同时着眼于中国水利的可持续发展，对农村水利业给予了诸多政策支持。

党的十七届五中全会鲜明指出，要下决心加快推进水利建设，农村基础设施建设要以水利为重点。胡锦涛总书记、温家宝总理多次强调，必须把水利摆上更加突出的位置，下决心增加水利投入，进一步夯实水利基础，从根本上提高防御洪涝干旱灾害能力和水利基础保障水平。为切实夯实农业稳定发展的农田水利基础，抓紧突破影响经济社会又好又快发展的水利薄弱环节，中央从党和国家事业全局出发，认真分析形势，广泛听取意见，经过慎重考虑，决定以中央2011年一号文件方式，出台《中共中央-国务院关于加快水利改革发展的决定》（以下简称《决定》）。《决定》中分析指出：“农田水利建设滞后仍然是影响农业稳定发展和国家粮食安全的最大硬伤，水利设施薄弱仍然是国家基础设施的明显短板。[49]”在分析新形势下水利的地位和作用时指出：“水利是现代农业建设不可或缺的首要条件，是经济社会发展不可替代的基础支撑，是生态环境改善不可分割的保障系统，具有很强的公益性、基础性、战略性。加快水利改革发展，不仅事关农业农村发展，而且事关经济社会发展全局；不仅关系到防洪安全、供水安全、粮食安全，而且关系到经济安全、生态安全、国家安全。要把水利工作摆上党和国家事业发展更加突出的位置，着力加快农田水利建设，推动水利实现跨越式发展”[49]。

《决定》的目标任务中强调：“力争通过5年到10年努力，从根本上扭转水利建设明显滞后的局面。到2020年，基本建成防洪抗旱减灾体系，重点城市和防洪保护区防洪能力明显提高，抗旱能力显著增强。[49]”《决定》强调“大兴农田水利建设”，到2020年，基本完成大型灌区、重点中型灌区续建配套和节水改造任务。结合全国新增千亿斤粮食生产能力规划实施，在水土资源条件具备的地区，新建一批灌区，增加农田有效灌溉面积。实施大中型灌溉排水泵站更新改造，加强重点涝区治理，完善灌排体系。健全农田水利建设新机制，中央和省级财政要大幅增加专项补助资金，市、县两级政府也要切实增加农田水利建设投入，引导农民自愿投工投劳。加快推进小型农田水利重点县建设，优先安排产粮大县，加强灌区末级渠系建设和田间工程配套，促进旱涝保收高标准农田建设。因地制宜兴建中小型水利设施，支持山丘区小水窖、小水池、小塘坝、小泵站、小水渠等“五小水利”工程建设，重点向革命老区、民族地区、边疆地区、贫困地区倾斜。大力发展节水灌溉，推广渠道防渗、管道输水、喷灌滴灌等技术，扩大节水、抗旱设备补贴范围。

《决定》科学界定了新形势下水资源的重要作用和水利的战略地位，首次提出水是生命之源、生产之要、生态之基，水利是现代农业建设不可或缺的首要条件，是经济社会发展不可替代的基础支撑，是生态环境改善不可分割的保障系统，具有很强的公益性、基础性、战略性。明确提出建立水利投入稳定增长机制，强调发挥政府在水利建设中的主导作用，制定出台最严格的水资源管理制度，强调建立水资源管理责任和考核制度。

中央2011年一号文件立足水利、着眼全局，主题鲜明、内容丰富，求真务实，是新中国成立以来中央发出的第一个关于水利改革发展的综合性文件，是指导当前和今后一个时期加快水利改革发展的纲领性文件，标志着中国水利改革发展步入了一个新的历史时期[50]。

第八章　新中国成立以来农业水利工程取得的成就

新中国成立之前，国贫民弱，山河破碎，水系紊乱，河道长期失治，堤防残破不堪，水利设施寥寥无几、残缺不全，频繁的水旱灾害使百姓处于水深火热之中。新中国就是在这样一个破烂摊子之上开始了她轰轰烈烈的治水实践，并取得了辉煌灿烂的成就。

第一节　灌溉工程成就

新中国成立以来，中国农田有效灌溉面积从1949年的1592.8万公顷（2.4亿亩）扩大到2011年的6033.3万公顷（9.05亿亩），见表8-1，年均增长率为4.5%。目前，中国灌溉面积占世界总数的1/5，居世界首位。而且占全国耕地面积一半的灌溉农田生产了全国75%的粮食和90%以上的经济作物。

表8-1　　灌溉面积统计表　　单位：万公顷

年份	1949	1952	1957	1962	1965	1978	1980	2000	2011
灌溉面积	1592.8	1995.9	2738.9	3054.5	3305.5	4496.5	4488.8	5500	6033.3

目前，中国已经建成设计灌溉面积超过30万亩的大型灌区447个，1万～30万亩的中型灌区5967个。现有塘坝、小型泵站、机井、水池、水窖等独立运行的小型农田水利工程2000多万处，大中型灌区末级渠道、小型灌区固定渠道近300万公里，固定灌溉管道约180万公里，相应的配套建筑物近700万座。

1952年9月，新中国第一个大型电力灌溉工程——珥陵灌区正式开工建设，标志着大面积电力灌溉的开始。自1996年开始，中国先后对393处大型灌区进行续建配套和节水改造，年新增粮食生产能力92亿公斤，增加节水能力105亿立方米，灌溉水利用系数由改革开放初期的0.35提高到0.475。

与此同时，灌区灌溉方式、管理模式发生了根本性变化。大水漫灌、土渠灌溉等粗放的灌溉模式得到有效遏止，新型、高效的节水灌溉技术、渠道硬化防渗技术得到广泛推广。“农民用水户协会”应运而生，“参与式管理”让灌区水工程走上了良性发展轨道。供水设施越来越多，水资源利用效率越来越高。灌区成为支撑中国粮食安全的主要支柱。

第二节　农民饮水安全成就

吃水问题自古以来就是老百姓的头等大事。新中国成立后，党和政府为保障人民群众饮水安全进行了不懈努力。新中国成立之初到“十五”期间，主要以解决饮水困难为主，

结合农田建设，采取以工代赈和专项补助、八七扶贫攻坚计划等措施支持农村饮水工程建设。进入新世纪，国家加大投入力度，“十五”期间共投入资金223亿元，解决了6700万人的饮水问题，基本结束了中国农村严重缺乏饮用水的历史。2006年开始，农村饮水工作进入了以保障饮水安全为中心的新的历史阶段，农村饮水安全工程全面实施，2006——2009年三年安排中央投资238亿元，地方自筹配套资金226亿元，累计解决1.09亿农村人口的饮水安全问题。

农村饮水安全工程建设让老百姓真正得到了实惠，被广大农民群众誉为“德政工程”、“民心工程”。受益区农民群众身体健康水平明显提高，血吸虫病重疫区的疾病传播得到有效遏制。大量劳动力从找水、拉水、背水中解放出来，促进了农民增收和脱贫致富。显著改善了农村环境卫生条件，促进了社会主义新农村建设。通过优先安排解决“老少边穷”地区饮水问题，促进了社会和谐和稳定。在2008年成功解决4824万人饮水安全的基础上，2009年，中国成功解决了6000万人安全饮水问题，提前6年实现联合国千年宣言确定的饮水不安全人口比例降低一半的目标。同时，党的十七届三中全会明确提出，2013年年底前解决农村饮水安全问题。届时，城乡居民普遍享有安全清洁饮用水的宏伟目标将基本实现。

第三节 灌溉技术研究成就

新中国成立以来，不同历史时期，灌溉技术的发展重点不同。20世纪50年代以兴修水库、塘坝等蓄水工程和河道引水工程为主。20世纪60—70年代，随着国家工业化进程的加快，电网和柴油供应在农村逐步普及，泵站提水灌溉发展迅速。从20世纪70年代起，由于各方面用水量增加，北方地表水日益紧张，打井开发地下水成为灌溉发展的重点。20世纪80年代，灌溉面积增长一度出现停滞，工作重点转向“加强经济管理，提高经济效益”。20世纪90年代以后，国家强调把节水灌溉作为革命性措施抓，明确了新时期灌溉发展的方向和工作重点，并且增加投入，使灌溉面积和效益重新走上稳步发展的轨道。

20世纪80年代以后节水灌溉主要有三方面的工作。①灌溉输配水系统的节水，如灌区渠系调整、建筑物配套改造、渠道防渗、管道输水等；②田间灌溉过程的节水，如采用喷灌、滴灌、畦灌、沟灌、膜上灌、膜下灌、坐水点种、土地平整等；③加强用水管理，如制定科学的管理制度，健全节水政策法规，加强计划用水、计量用水、科学调度。

“九五”期间国家加大了对节水灌溉的扶持力度，并利用国债资金、政策性贴息贷款，启动了“以节水为中心的大中型灌区续建配套与技术改造”、节水灌溉示范项目、300个节水增产（增效）重点县建设及节水型井灌区建设；水利部先后启动了18个农业节水改造试点项目；在资源节约和高效利用方面，开展了灌溉用水“总量控制、定额管理”等基础性研究工作，恢复建设了100多个灌溉试验站，节水灌溉的技术支撑体系开始建立。全国节水灌溉在规模、质量、效益上都呈跨越式发展态势，形成了骨干工程与田间工程、典型试点示范与区域节水示范相结合，同时注重从节水灌溉技术、节水机理、节水灌溉制度、水资源合理利用、节水灌溉设备、配套农艺措施、管理措施等全方位进行深入研究，初步形成了符合国情的节水灌溉技术体系与综合发展模式。具体见图 8－1。

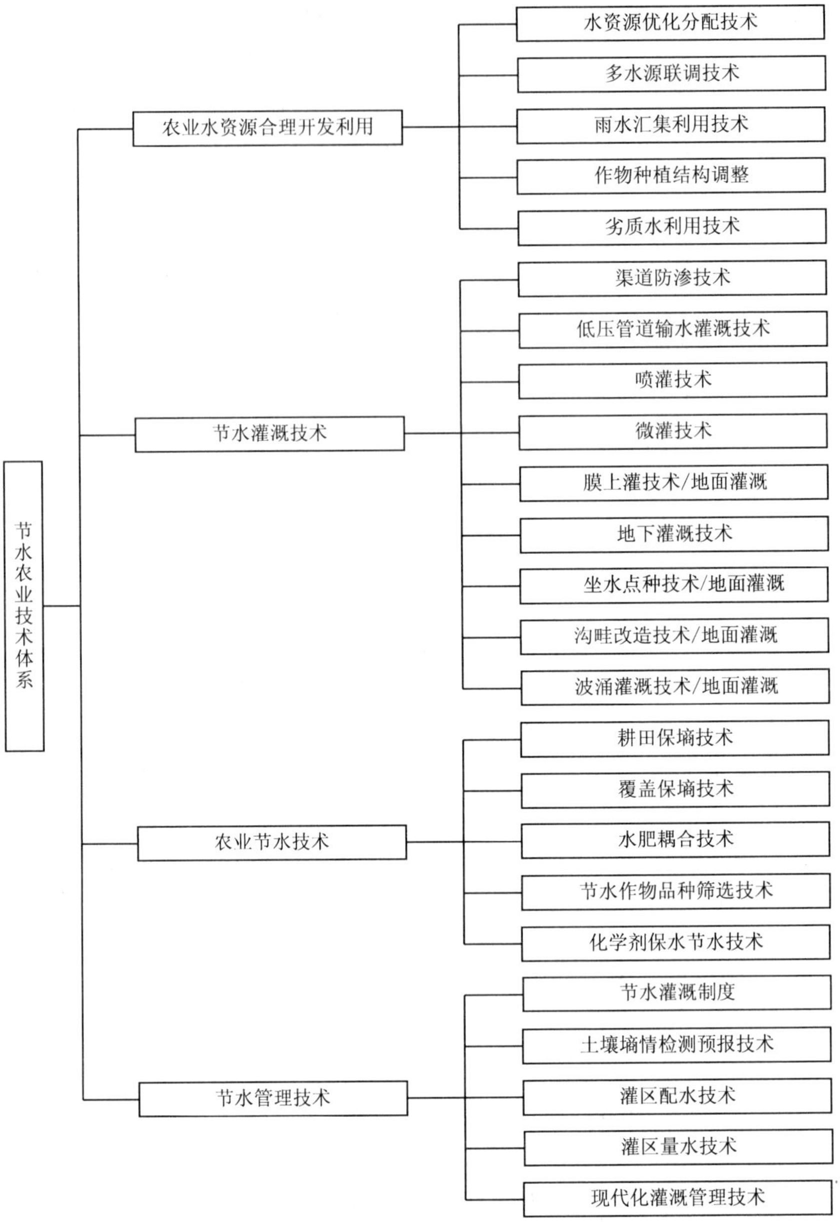

- 节水农业技术体系
  - 农业水资源合理开发利用
    - 水资源优化分配技术
    - 多水源联调技术
    - 雨水汇集利用技术
    - 作物种植结构调整
    - 劣质水利用技术
  - 节水灌溉技术
    - 渠道防渗技术
    - 低压管道输水灌溉技术
    - 喷灌技术
    - 微灌技术
    - 膜上灌技术/地面灌溉
    - 地下灌溉技术
    - 坐水点种技术/地面灌溉
    - 沟畦改造技术/地面灌溉
    - 波涌灌溉技术/地面灌溉
  - 农业节水技术
    - 耕田保墒技术
    - 覆盖保墒技术
    - 水肥耦合技术
    - 节水作物品种筛选技术
    - 化学剂保水节水技术
  - 节水管理技术
    - 节水灌溉制度
    - 土壤墒情检测预报技术
    - 灌区配水技术
    - 灌区量水技术
    - 现代化灌溉管理技术

图 8－1　节水农业技术体系

一、农业节水技术体系

1. 农艺（业）节水技术

利用耕作覆盖措施和化学制剂调控农田水分状况、蓄水保墒是提高农田水利用率和作物水分生产率的有效途径。国内已提出许多行之有效的技术和方法，如保护性耕作技术、田间覆盖技术、节水生化制剂（保水剂、吸水剂、种衣剂）和旱地专用肥等技术和产品正

得到广泛的应用。

节水农作制度主要是研究适宜当地自然条件的节水高效型作物种植结构，提出相应的节水高效间作套种与轮作种植模式。例如，采用粮草轮作制度，实施豆科牧草与作物轮作会避免土壤有机质下降，保持土壤基础肥力，提高土壤蓄水保墒能力。

在抗旱节水作物品种的选育方面，国家已选育出一系列的抗旱、节水、优质的作物品种。这些品种不仅具备节水抗旱性能，还具有稳定的产量性状和优良的品质特性。特别是近年来，在植物抗旱基因的挖掘和分离、水分高效利用相关的基因定位以及分子辅助标记技术、转基因技术、基因聚合技术等在抗旱节水作物品种的选育上取得了一些极富开发潜力的成果。

近年来，水肥耦合高效利用技术的研究已将提高水分养分耦合利用效率的灌水方式、灌溉制度、根区湿润方式和范围等与水分养分的有效性、根系的吸收功能调节等有机地结合起来。通过改变灌水方式、灌溉制度和作物根区的湿润方式达到有效调节根区水分养分的有效性和根系微生态系统的目的，从而最大限度地提高水分养分耦合的利用效率。将作物水分养分的需求规律和农田水分养分的实时状况相结合，利用自控的滴灌系统向作物同步精确供给水分和养分，既提高了水分和养分的利用率，最大限度地降低了水分养分的流失和污染的危险，也优化了水肥耦合关系，从而提高了农作物的产量和品质。

将作物水分生理调控机制与作物高效用水技术紧密结合开发出诸如调亏灌溉（RDI）、分根区交替灌溉（ARDI）和部分根干燥（PRD）等作物生理节水技术，可明显地提高作物和果树的水分利用效率。与传统灌水方法追求田间作物根系活动层的充分和均匀湿润的想法不同，ARDI 和 PRD 技术强调在土壤垂直剖面或水平面的某个区域保持土壤干燥，仅让一部分土壤区域灌水湿润，交替控制部分根系区域干燥、部分根系区域湿润，以利于使不同区域的根系交替经受一定程度的水分胁迫锻炼，刺激根系的吸收补偿功能，使根源信号 ABA 向上传输至叶片，调节气孔保持在适宜的开度，达到不牺牲作物光合物质积累而又大量减少其奢侈的蒸腾耗水的目的，与此同时，还可减少作物棵间的土壤湿润面积，降低棵间蒸发损失和因水分从湿润区向干燥区侧向运动带来的深层渗漏损失。RDI 是基于作物生理生化过程受遗传特性或生长激素的影响，在作物生长发育的某些阶段主动施加一定的水分胁迫（即人为地让作物经受适度的缺水锻炼）来影响其光合产物向不同组织器官的分配，进而提高其经济产量而舍弃营养器官的生长量及有机合成物的总量。因营养生长减少还可提高作物的种植密度，提高总产量，减少棉花、果树等作物的剪枝工作量，改善产品品质。

近年来，国内相继开展了对作物需水量计算方法的大量研究，目前的重点是将单点的单一作物耗水估算模型的研究扩展到区域尺度多种作物组合下的耗水估算方法与模型研究上，根据作物及其不同生育期的需水估算，使有限的水最优分配到作物的不同生育期内，为研究适合不同地区的非充分灌溉制度提供基础数据和支撑。随着遥感技术的应用使得采用能量平衡法估算区域作物耗水量成为可能，通过遥感获得的作物冠层温度来估算区域耗水量分布的研究变得十分活跃，并在一些发达国家得到了一定的应用。

2. 水管理节水技术

为实现灌溉用水管理手段的现代化与自动化，满足对灌溉系统管理的灵活、准确和快捷的要求，发达国家的灌溉水管理技术正趋朝着信息化、自动化、智能化的方向发展。在减少灌溉输水调蓄工程的数量、降低工程造价费用的同时，既满足用户的需求，又有效地减少弃水，提高灌溉系统的运行性能与效率。

建立灌区用水决策支持系统来模拟作物产量和作物需水过程，预测农田土壤盐分及水分胁迫对产量的影响，基于Internet技术和RS、GIS、GPS等技术完成信息的采集交换与传输，根据实时灌溉预报模型，为用户提供不同类型灌区的动态配水计划，达到优化配置灌溉用水的目标。为适应灌区用水灵活多变的特点，做到适时、适量地供水，需对灌溉输配水系统的运行模式和相应的自控技术开展研究。目前，国内采用基于下游控制模式的自控运行方式，利用中央自动监控（即遥测、遥讯、遥调）系统对大型供水渠道进行自动化管理，开展灌区输配水系统的自控技术研究。在明渠自控系统运行软件方面，着重开展对供水系统的优化调度计划的研究，采用明渠非恒定流计算机模拟方法结合闸门运行规律编制系统运行的实时控制软件。

中国已开始探索使用热脉冲技术测定作物茎杆的液流和蒸腾，用于监测作物水分状态，并提出土壤墒情监测与预报的理论和方法，将空间信息技术和计算机模拟技术用于监测土壤墒情。根据土壤和作物水分状态开展的实时灌溉预报的研究进展也很快，一些国家已提出几种具有代表性的节水灌溉预报模型。在此基础开展的适合不同地区的非充分灌溉模式的研究是干旱缺水条件下灌溉用水管理的基础，随着水资源短缺的不断加剧，其研究在国内外得到普遍重视。

多采用系统分析理论和随机优化技术，开展灌区多种水源联合利用的研究，以网络技术支持的智能化配水决策支持系统为基础，建立起多水源优化配置的专家系统，提出不同水源组合条件下的优化灌溉与管理模式，合理利用和配置灌区的地表水、地下水和土壤水，对其进行统一规划和管理。在最大限度地满足作物对水分需求的同时，改善灌区的农田生态环境条件。

3. 工程节水技术

随着现代化规模经营农业的发展，由传统的地面灌溉技术向现代地面灌溉技术的转变是大势所趋。在采用高精度的土地平整技术基础上，采用水平畦田灌和波涌灌等先进的地面灌溉方法无疑是实现这一转变的重要标志之一。精细地面灌溉方法的应用可明显改进地面畦（沟）灌溉系统的性能，具有节水、增产的显著效益。随着计算机技术的发展，在采用地面灌溉实时反馈控制技术的基础上，利用数学模型对地面灌溉全过程进行分析已成为研究地面灌溉性能的重要手段。应用地面灌溉控制参数反求法可有效地克服田间土壤性能的空间变异性，获得最佳的灌水控制参数，有效地提高地面灌溉技术的评价精度和制定地面灌溉实施方案的准确性。

除地面灌溉技术外，中国十分重视对喷、微灌技术的研究和应用。微灌技术是所有田间灌水技术中能够做到对作物进行精量灌溉的高效方法之一。在中国特别是最近10年，其发展速度之快居世界前列，推广面积从90年代初、中期的数十万亩发展到2005年底的600万亩左右，是1991年的30倍。据不完全统计，中国大陆目前喷微灌面积分别达到266.67万hm^2和120万hm^2，分别占有效灌溉面积的4.8%和2.1%，占节水灌溉工程面积的12.5%和5.6%。[51]

滴灌是中国节水灌溉市场上推广速度最快、销售量最大的节水器材，低成本、效能高、适应性强等优势。随着滴灌面积的大面积、大规模发展，滴灌产品的市场需求急剧增加、迅速扩大，刺激和带动了国内节水设备制造业的发展。从 20 世纪六七十年代少数企业和科研院所的仿制、试制开始，到目前已达到 500 多家，企业迅速发展，数量激增，生产规模、技术水平、产品质量以及产品品种等均达到前所未有的高度，为中国节水灌溉事业的发展作出了很大贡献。

目前，国内已形成了甘肃大禹节水股份有限公司（是国内滴灌销售量增长速度最快、最具竞争潜力的企业，目前的市场份额已超过天业。大禹节水股份的目标是要成为中国节水器材市场上的领导者）、新疆天业（集团）有限公司（是新疆兵团农八师的大型国有企业，组建于 1996 年 7 月，以新疆天业股份公司为代表的农垦节水企业，具有先发的优势）、甘肃瑞盛·亚美特高科技农业公司、北京绿源塑料联合公司、杨陵秦川节水灌溉设备工程公司等企业等公司相互竞争的滴灌等微灌设备的研发、生产制造、施工安装等市场格局。

近年来，中国将高分子材料应用在渠道防渗方面，开发出高性能、低成本的新型土壤固化剂和固化土复合材料，研究具有防渗、抗冻胀性能的复合衬砌工程结构型式。此外，管道输水技术因成本低、节水明显、管理方便等特点，已作为开展灌区节水改造的必要措施，开展渠道和管网相结合的高效输水技术研究和大口径复合管材的研制是渠灌区发展输水灌溉中亟待解决的关键问题。

二、现代节水农业技术研究发展趋势

现代节水农业技术是在传统的节水农业技术中融入了生物、计算机模拟、电子信息、高分子材料等一系列高新技术，具有多学科相互交叉、各种单项技术互相渗透的明显特征。现代节水农业技术涉及的既不是简单的工程节水和水管理节水问题，也不是简单的农艺节水和生物节水问题。从支撑现代节水农业技术的基础理论而言，需将水利工程学、土壤学、作物学、生物学、遗传学、材料学、数学和化学等学科有机地结合在一起，以降水（灌溉）—土壤水—作物水—光合作用—干物质量—经济产量的转化循环过程作为研究主线，从水分调控、水肥耦合、作物生理与遗传改良等方面出发，探索提高各个环节中水的转化效率与生产效率的机理。另一方面，现代节水农业技术又需要生物、水利、农艺、材料、信息、计算机、化工等多方面的技术支持，来建立适合国情的技术体系。

随着 20 世纪中叶以来科学技术出现的重大突破，节水农业领域中大量借助于土壤水动力学、植物生理学的理论和现代数学方法及计算模拟手段，试图从整体上来考虑水—土—作物—大气间的互动作用与关系，定量描述土壤—植物—大气连续体中水分和养分运移的转化过程，据此制定科学的水、肥调控方案，这使得对节水农业的研究已由以往单纯的统计或实验性质变为一门有着较为严谨的理论基础与定量方法的科学。计算机技术、电子信息技术、红外遥感技术以及其他技术的应用，使得在土壤水分动态、土壤水盐动态、水沙动态、水污染状况、作物水分状况等方面的数据监测、采集和处理手段得到长足发展，促进了农业用水管理水平的提高，而高分子复合材料和纳米材料的研制创新正在促使渠道防渗、管道灌溉、覆膜灌溉、坡面集雨等方面孕育着技术上的重大突破。

在提高农业用水的利用率和水的生产效率的节水农业技术研究中，不仅涉及到与土壤—植物—大气系统中的界面过程，水分传输和系统反馈的机制，水分调控的途径以及大气水、地表水、地下水、土壤水转化关系等相关领域内的前沿技术，还与利用现代高新技术对水资源、土壤水分和作物水分进行监测调控，根据作物需水规律进行精量灌溉等关键技术有关。为此，必须以具有学科交叉性的重大前沿性技术研究为基础，研发与农业节水相关的重要关键技术，探索建立适合国情的现代节水农业技术体系。

三、现代节水农业前沿技术

围绕作物生理需水与用水、精量控制灌溉等领域，对现代节水农业前沿技术开展原创性研究。通过对水—土—植物关系、干旱条件下植物根信号传输和气孔反应的机制、干旱胁迫锻炼对植物超补偿功能的刺激等问题的研究，带来农业节水原理与技术的创新，促进节水农业新思路的问世和源头高技术的产生，为中国现代节水农业的发展提供基础理论和技术储备。

1. 作物高效用水与生理调控技术

（1）研究主要作物节水条件下产量形成及可视化的生产模型，获得维持农作物较高水分生产效率的生理和生态学过程参数，提出农作物根系微生态系统水分吸收功能调控模型和水分利用整体超补偿功能环境反应模型。

（2）研究不同生态区域内主要农作物（小麦、玉米、棉花、水稻）非充分灌溉条件下的需水量季节分布和计算模式和不同节水灌溉技术条件下的作物需水和耗水模型，提出作物水分生产函数与有限水量条件下的非充分灌溉制度，得到不同节水灌溉方式下实施非充分灌溉制度的技术。

（3）研究主要农作物（小麦、玉米、棉花、水稻、果树）调亏灌溉的指标体系（最佳调亏阶段和调亏程度），提出不同养分水平或施肥条件下调亏灌溉的模式及相应的指标，获得作物调亏灌溉的田间实施技术。

（4）研究主要农作物（小麦、玉米、棉花、水稻）控制性分根交替灌溉的指标体系，提出不同养分水平或施肥条件下控制性分根交替灌溉的模式及相应参数，获得不同土壤、作物下控制性分根交替灌溉的灌水技术要素最优组合设计方法及田间实施技术。

2. 作物需水信息采集与精量控制灌溉技术

（1）研究作物对水分亏缺信息的感受、传递与信号转导的过程，建立作物水分信号诊断指标体系，获得利用作物茎杆变形测量诊断作物缺水状况的新技术与新产品。

（2）研究作物水分区域分布监测技术和作物蒸腾过程快速监测技术，提出区域土壤水分空间变异性与最佳动态监测布点方式和区域土壤墒情监测预报技术，获得土壤水分动态快速测定与预报技术及新产品。

（3）以土壤墒情监测预报、作物水分动态监测信息与作物生长信息的结合为基础，研究运用模糊人工神经网络技术、数据通讯技术和网络技术建立具有监测、传输、诊断、决策功能的作物精量控制灌溉系统，研制开发智能化的灌溉信息采集装置和智能化的灌溉预报与决策支持软件。

3. 农田水肥调控利用与节水高效作物栽培技术

（1）以小麦、玉米、棉花等主要作物为对象，研究不同区域、种植制度、地力基础和

水资源状况下主要作物农田养分供应与利用模式，提出不同水分条件下获得最高水分利用效率的水分与养分最佳参数组合。

(2) 研究不同灌溉方式下作物根区水分养分迁移、转化和吸收的动力学过程，提出相应的作物根际水肥耦合循环与调控模型，获得以提高水肥耦合利用效率为目标的田间节水灌溉技术参数的最优组合。

(3) 以小麦、玉米、棉花等主要作物为对象，研究农田高效用水的作物群体时空分布特征，影响农田整体抗旱特性和水分利用效率的群体因素和调控技术；构建主要农作物高效用水群体优化结构的综合栽培技术体系。

第四节 中国水利专业教育成就

中国有组织地实施水利教育始于20世纪初。清光绪二十九年十一月二十六日（1904年1月13日）颁布的《奏定大学堂章程》中规定，大学堂内设农科、工科等分科大学。工科大学设9个工学门，各工学门设有主课水力学、水力机、水利工学、河海工、测量、施工法等。1908年成立的永定河道河工研究所，既研讨河工技术，又轮训河工职员，是中国早期水利职工教育的一种形式。1915年，北京政府农商总长张謇在南京创建了河海工程专门学校，这是中国第一所专门培养水利工程技术人才的学校。1928年河南省政府建设厅在开封创建河南水利专科学校；1932年经李仪祉倡议在西安设立了陕西省水利专科学校；1942年在河南镇平县成立国立黄河流域水利工程专科学校。上述学校陆续调整、停办，而在工科、农科及综合性大学中先后设立土木系水利组或水利系。截至1949年，全国有22所高等学校设立水利系（组）。

新中国成立以后，水利教育经历了曲折的发展道路。1951年，全国高等学校进行院系调整，成立了华东水利学院（1985年改名河海大学）和武汉水利学院（1959年改名武汉水利电力学院）。1952年前后相继建立了黄河水利学校、辽宁省水利学校等一批水利中等专业学校、水利技工学校和水利职工学校。1958—1960年，除部分高等学校增设水利专业，扩大招生外，又增加水利高等院校21所。与此同时，有些省、自治区又新成立一些水利学校、水利技工学校和水利职工学校。1959—1961年，各级各类水利院校先后进行调整、撤并。1978年以后，水利教育逐步形成了遍布全国27个省、自治区、直辖市（西藏、上海、海南无水利院校或水利专业。台湾未统计，以下同），有一定规模的高等教育、职业技术教育和成人教育的水利教育体系。

一、水利高等教育

水利高等教育分专科、本科和研究生三个层次。专科培养面向生产第一线的以技术应用为主的工程技术人才，招收具有高中毕业文化程度的学生，修业年限为2～3年。本科培养高级工程技术人才，招收具有高中毕业文化程度的学生，修业年限为4年，少数大学为5年，毕业生可获得学士学位。研究生分攻读硕士学位和博士学位两个独立培养阶段，修业年限各为2～3年。专科水利类专业与本科相近。本科设置的水利类专业有水利水电工程建筑、水利水电工程施工、水利水电动力工程、农田水利工程、河流泥沙及治河工程、港口及航道工程、水资源规划及利用、陆地水文、海洋工程水文、水土保持、给水排水工程等。研究生的学科、专业有水工结构工程、农田水利工程、水力发电工程、水力学及河流动力学、海岸工程学、工程水文及水资源学、港口及航道工程、流体机械及流体动力工程等。1985年，全国水利高等院校和设有水利专业的高等学校共76所，每年招生7800余人，在校学生约2.4万人。其中，水利高等院校计有河海大学、武汉水利电力学院、华北水利水电学院、葛洲坝水电工程学院、北京水利电力经济管理学院及东北水利水电专科学校、黑龙江水利专科学校、河北水利专科学校、江苏水利工程专科学校、江西水利专科学校、浙江水利水电专科学校、山东水利专科学校等12所。

二、职业技术教育

水利职业技术教育分水利中等专业教育和水利技工教育。水利中等专业教育培养中级工程技术人才，水利学校招收具有初中毕业文化程度的学生，修业年限一般为4年，设置的专业有农田水利工程等16种。1986年，全国有水利、水电学校41所，招生6700余人，在校学生约1.93万人。水利技工教育培养技术工人，技工学校招收具有初中毕业文化程度的学生，修业年限一般为3年，按照工种设置专业并组织教学和教育工作。1985年全国有技工学校43所，在校学生约1.06万人。

三、成人教育

水利成人教育分水利成人高等教育、水利成人中等专业教育和水利职工短期培训。实施水利成人高等教育的有职工大学、管理干部学院、干部专修科、函授学院（或函授部）。这些院校和专修科招收具有高中毕业文化程度且有一定工作年限的在职水利职工。根据国家规定和需要，除管理干部学院和函授学院（函授部）设本科外，均为专科；专科修业年限一般为2～3年，函授专科为4年，函授本科为6年；管理干部学院本科招收专科毕业文化程度学生。实施成人中等专业教育主要是举办水利成人中等专业学校。水利成人中等专业学校招收有初中毕业文化程度，有2年以上工龄的水利职工，修业年限为3年。水利职工短期培训是以工作岗位、职务所必需的理论知识和技能为主要学习内容，培训工人、专业技术人员、行政管理人员和领导干部，培训期多在一年以内。短期培训一般由职工所在单位或主管部门组织安排。

四、水利教育大事记

1886年，张之洞创办江南储才学堂，下设交涉、农政、工艺、商务四门，农政门设置有水利课程，是中国最早开展水利科学教育的地方中等学校。

1905年，清廷成立京师大学堂农科大学，下设有农学、农艺、森林等门系，设置有农业土木工程（农田测量、灌溉排水工程、堤防水利工程等）、土地改良（水利土壤改良、森林土壤改良、农业土壤改良）、森林理水与砂防工（水土保持、沙漠化防治）等课程，是中国最早开展水利科学教育的国立高等院校。

1915年，张謇创办南京河海工程专门学校，是中国第一所独立设置并开展水利专业教育的民办高等院校。

1935 年，国立重庆大学设立土木系水利组，是中国西南地区第一所开展水利专业教育的公办高等院校。

1944 年，晏阳初创办的中国乡村建设学院设立农田水利系，是中国第一个以服务农村为主要宗旨开设水利专业的民办高等院校。

1948 年，华北大学农学院成立农业机械系，下设农田水利组，是解放区第一所由共产党领导开展水利专业教育和设置农田水利专业的公办高等院校。

1949 年，北京大学农学院（辅仁大学农学院）、清华大学农学院、华北大学农学院合并成立北京农业大学，下设农学、农业机械等 11 个系，其中农业机械系下设农田水利组，筹建农田水利系，是新中国成立后最早设置农田水利专业的全国重点高等院校（1954 年 12 月，教育部在《关于重点高等学校和专家工作范围的决议》中，指定以中国人民大学、北京大学、清华大学、北京农业大学、北京医学院、哈尔滨工业大学 6 所学校为全国性重点大学）。

1951 年，水利部成立北京水利学校，是新中国成立后第一所独立设置的中等水利学校。

1952 年，华东水利学院成立，是新中国成立后独立设置的第一所水利高等院校。

1952 年，燃料工业部水电建设总局成立北京水力发电学校，是新中国成立后第一所独立设置的中等水力发电学校。

1956 年，电力工业部水电建设总局成立北京水力发电函授学院，是中国第一所独立设置函授高等水利院校。

1958 年，北京农业机械化学院成立农田水利系，与同年成立的水利部、中国农业科学院农田灌溉研究所合并，科研与教学结合，是新中国成立后我国最早开展“系所结合”的全国重点高等院校。

1960 年，全国水利类（含设有水利类专业）重点院校：清华大学、天津大学、华东水利学院、武汉水电学院、北京农业机械化学院、大连工学院、浙江大学（1963 年增设）、华中工学院。

1984 年，最早设立研究生院的涉水利专业高等院校有：清华大学、北京农业大学、天津大学、大连理工大学、华中理工大学。

截至 2011 年，正式设立研究生院的水利类（含设有水利类专业）高等院校有：清华大学、中国农业大学、四川大学、天津大学、武汉大学、大连理工大学、华南理工大学、华中科技大学。

截至 2011 年，试办研究生院的水利类（含设有水利类专业）高等院校有：河海大学、西北农林科技大学、山东大学、北京林业大学。

截至 2011 年，属于“全国 211 工程重点院校”的水利类（含设有水利类专业）高等院校有：清华大学、中国农业大学、北京林业大学、北京工业大学、华北电力大学、大连理工大学、东北农业大学、东北林业大学、同济大学、河海大学、浙江大学、福州大学、山东大学、郑州大学、合肥工业大学、武汉大学、华南理工大学、广西大学、重庆大学、四川大学、四川农业大学、贵州大学、西北农林科技大学、华中科技大学、青海大学、新疆石河子大学、宁夏大学等 27 所院校（以上未包含在地学学科中设置有水资源专业的师范类院校和综合性大学，如北京师范大学、北京大学、南京大学、厦门大学等）。

截至2011年，属于“全国985工程重点院校”的水利类（含设有水利类专业）高等院校有：清华大学、中国农业大学、天津大学、浙江大学、大连理工大学、武汉大学、华中科技大学、华南理工大学、四川大学、重庆大学、西北农林科技大学等11所。

截至2011年，属于教育部、水利部重点共建的八所水利类（含设有水利类专业）的高等院校：清华大学、中国农业大学、武汉大学、河海大学、天津大学、四川大学、大连理工大学、西北农林科技大学。

截至2011年，“国家建设高水平大学公派研究生项目”的水利类（含设有水利类专业）的全国重点院校有：清华大学、浙江大学、天津大学、武汉大学、华中科技大学、同济大学、山东大学、大连理工大学、重庆大学、四川大学、中山大学、西北农林科技大学、中国农业大学、四川农业大学、华南理工大学、北京林业大学、河海大学等17所大学。

除此之外，甘肃农业大学、内蒙古农业大学、沈阳农业大学、华南农业大学等省属农业类高校在20世纪70年代也都先后设立了农田水利工程专业。

第五节　水土保持与水库除险加固成就

一、水土保持成绩

水土资源是环境的核心要素和人类繁衍生息的根基。新中国成立以来，党和政府高度重视水土保持工作，并将其作为中国长期坚持的一项基本国策。

新中国成立之初，国家百业待兴，早在1952年，政务院就围绕发展山区生产和江河治理，发出大力推行水土保持工作的指示，并于1955年、1957年、1958年三次召开全国水土保持工作会议。水土保持是山区生产生命线、是江河治理重要措施的观念深入人心。在各地试点示范带动下，以黄土高原和黄河流域中游治理为先导，水土保持工作进入一个崭新的发展阶段。特别是20世纪70年代，在“农业学大寨”的热潮中，全国大力加强基本农田建设，进一步推动了水土保持工作。

20世纪80年代以来，国家开始大规模实施水土流失重点防治工程。近年来，在继续实施长江、黄河上中游等重点防治工程的基础上，又新启动实施了黄土高原淤地坝建设、东北黑土区水土流失重点治理、晋陕蒙础砂岩区沙棘生态工程、岩溶地区石漠化综合治理等一批重点生态建设工程。经测算，实施水土保持重点工程建设的区域，水土流失治理程度都达到70%以上，减沙率达到40%以上。长江上游嘉陵江流域土壤侵蚀量减少了1/3，黄河流域每年减少入黄河泥沙3亿吨左右，工程区生态环境得到明显改善。

1991年6月29日，《中华人民共和国水土保持法》正式颁布实施，标志着中国由此走上依法防治水土流失的轨道。此后，国务院相继出台了《水土保持法实施条例》、《关于加强水土保持工作的通知》，全国有29个省（自治区、直辖市）颁布了水土保持法实施办

法，共出台县级以上水土保持配套法规和规范性文件3000多个，形成比较完善的水土保持管理和监督执法机构，有力推动了生产建设项目水土保持“三同时”（水保工程与主体工程同时设计、同时施工、同时投入运行）制度的落实。

随着“保护母亲河”“中华环保世纪行”等大型宣传活动的深入开展，全社会水土流失忧患意识和生态与环境保护意识显著增强。

1997年，以江泽民同志发出加强生态建设、再造秀美山川伟大号召为标志，中国生态建设与保护进入全面发展的新时期，除继续实施八片国家水土流失重点治理工程、长江上中游水土流失重点防治工程、黄河上中游水土流失重点防治工程、农业综合开发水土保持项目等重点工程外，还相继实施了国债水土保持项目、京津风沙源治理水土保持工程、首都水资源水土保持项目、晋陕蒙砒砂岩区沙棘生态工程、东北黑土区水土流失综合防治试点工程、珠江上游南北盘江石灰岩地区水土流失综合治理试点工程、黄土高原地区淤地坝试点工程等一批国家重点生态建设工程，基本覆盖七大流域中上游地区，全国治理速度由原来的每年3万平方公里增加到5万平方公里，生态建设取得长足进展。

截至2009年，全国累计完成水土流失初步治理面积101.6万平方公里，在水土流失治理中建设基本农田1.95亿亩，营造水土保持林6.95亿亩，建成淤地坝、塘坝、蓄水池、谷坊等小型水利水保工程680多万座（处）。[52]通过水保措施，全国新增的基本农田已累计增产粮食3000亿公斤；工程与生物措施累计保水量6600亿立方米，相当于17个三峡水库的库容量；植被覆盖率提高11.46%，有效改善了生态与环境；全国年均减少土壤侵蚀15亿吨，相当于黄河一年的输沙量[52]。长江上游嘉陵江流域实施“长治”工程15年后，土壤侵蚀量减少1/3。[52]黄土高原长城沿线风沙区，通过综合治理，遏制了“沙进人退”的势头。

二、病险水库加固处理

新中国成立以来，中国累计兴建了8.7万座水库，发挥了巨大的防洪、灌溉、供水等综合效益。这些水库绝大多数建于20世纪50年代末到70年代初，限于当时的技术、施工和经济条件，有相当一部分建设质量存在先天缺陷，经年累月积病成险，不仅效益难以充分发挥，而且成为重大安全隐患。

党中央、国务院高度重视病险水库除险加固工作。20世纪70年代开始，全国陆续开展了三批病险水库加固整治。1998年大水灾以后，特别是2000年以来，中央将病险水库除险加固提升到了更加突出的位置加速推进。

2006年到2012年1月，中央财政已安排财政专项资金590亿元用于小型病险水库除险加固、安排中央基建投资252亿元用于大中型病险水库除险加固，年均增长都在50%以上。这些病险水库经除险加固后，工程安全隐患得以消除。2010年、2011年汛期，中国多个地区发生历史罕见的暴雨洪水，除险加固后的水库经受住了大洪水的考验，没有一座大中型水库垮坝，也没有一座除险加固后的小型水库垮坝。[53]

经过近年来大规模整治，中国水库安全状况得到较大程度改善，大中型水库的病险率明显下降。据统计，“十一五”期间已完成除险加固的水库，恢复防洪库容约35亿立方米，基本解除了637座县级以上城市、1.61亿亩农田以及大量国家重要基础设施的溃坝洪水威胁，有效保障了水库下游1.44亿人的生命财产安全。预计"十二五"期间实施的5400座全国小型病险水库和15891座重点小型病险水库在除险加固任务完成后，可恢复防洪库容14.74亿立方米，下游9000万人口、1000余座县级以上城市和7800万亩耕地可以得到有效保护。[53]

三、中小河流治理

加快推进中小河流治理，是党和国家从发展全局出发确定的一项重大历史任务，是"十二五"期间一项是十分重要的水利工作。中小河流治理是强化水利基础设施建设，加快民生水利发展的客观要求。中小河流项目的实施，能有效提高所在地防洪排涝标准，保障河流两岸人民群众生命财产安全，保障粮食生产安全。据财政部统计，2009年至2011年，中央财政已累计安排专项资金330亿元，用于2209条中小河流重点河段的治理。已完工项目在近年来的防汛抗洪中发挥了重要作用。保障了治理河段民众的生命财产安全。"十二五"时期，中国拟对5000多条中小河流重点河段进行治理，规划总投资1699亿元人民币。[53]

第六节　新中国成立后典型的农业水利工程

一、人民胜利渠

人民胜利渠是新中国成立以来在黄河下游兴建的第一个大型引黄灌溉工程，它结束龙王"黄河百害，唯富一套"的历史，揭开了开发利用黄河中下游水资源的序幕。兴建人民胜利渠是1949年提出的，1950年勘查、规划、设计，经中央批准，1951年3月开始施工，1952年4月举行开闸放水典礼，同年6月灌溉农田。1952年10月31日，毛泽东亲临视察了人民胜利渠，在这次视察途中，发出了"要把黄河的事情办好"的伟大号召。

人民胜利渠渠首位于黄河北岸京广铁路黄河大桥以西1500米处武陟嘉应观乡秦广大坝上，对岸桃花峪为黄河中游和下游的分解处。总干渠平行于京广铁路，灌区涉及新乡、获嘉、武陟、原阳、延津、汲县及新乡市郊区等六县一市的农田灌溉，并为新乡市工业及生活供水。

灌区工程主要由灌溉、排水、沉沙和机井四项工程组成。①灌溉工程系统：包括渠首闸，见图8-2，总干渠，见图8-3，和干渠、支渠、斗渠、农渠、毛渠五级渠道及附属建筑物，各级固定渠道共计2070条。渠首为无坝引水，渠首闸为框架式结构，设计正常流量60立方米每秒，加大流量85立方米每秒。②排水工程系统：由干排、支排和斗排三级组成，总计677条。干排为东、西孟姜女河，由天然河道开挖而成；承泄区为卫河。③沉沙池：共有9处，分布在渠首附近及灌区内部，总面积5万余亩。根据30多年观测统计，引入渠首闸的泥沙有36%淤积在沉沙池中，其余进入渠道、农田及泄至卫河。渠道及卫河均进行过清淤。④机井：灌区内有机井8000多眼，大部分灌区实现了井渠结合灌溉。

图 8-2　人民胜利渠渠首

图 8-3　人民胜利渠干渠

据统计，经过60年的建设发展，人民胜利渠设计灌溉面积达到184.84万亩，有效灌溉面积136万亩，主要承担焦作、新乡、安阳3市11个县（市、区）、57个乡镇的农田灌溉和新乡市城市供水任务，受益人口达500万人。

二、红旗渠

红旗渠是20世纪60年代，河南林州人民在极其艰难的条件下，从太行山腰修建的引漳入林工程，见图8-4。被世人称之为“人工天河”，在国际上被誉为“世界第八大奇迹”。

图 8-4　红旗渠

红旗渠工程于1960年2月动工，至1969年7月支渠配套工程全面完成，历时10年余。它以浊漳河为源，在山西省境内的平顺县石城镇侯壁断下设坝截流，将漳河水引入林州。在极其艰难的施工条件下，林州人民靠自力更生，艰苦创业的精神，克服重重困难，奋战于太行山悬崖绝壁之上，险滩峡谷之中，逢山凿洞，遇沟架桥，削平了1250座山头，架设151座渡槽，开凿211个隧洞，修建各种建筑物12408座，挖砌土石达2225万立方米。

红旗渠灌区共有干渠、分干渠10条，总长304.1公里；支渠51条，总长524.1公里；斗渠290条，总长697.3公里；农渠4281条，总长2488公里；沿渠兴建小型一、二型水库48座，塘堰346座，共有兴利库容2381万立方米，各种建筑物12408座，其中凿通隧洞211个，总长53.7公里，架渡槽151个，总长12.5公里，还建了水电站和提水站。红旗渠工程总投工5611万个，共完成土石砌方2225万立方米。总投资12504万元，其中国家投资4625万元，占37%，社队投资7878万元，占63%。

“引漳入林”是林县人民多年的愿望。20世纪60年代初，正是共和国遇到1959～1961年三年经济暂时困难时期，也正是在这种情况下，经过豫晋两省协商同意，后经国家计委委托水利电力部批准，在省、地各级领导和山西省平顺县干部群众的支持下，在各级水利部门及工程技术人员的帮助下，林县县委、县人大常委会组织数万民工，开始干祖辈人不敢想的事情，在太行山的悬崖绝壁上劈山修渠，要把浊漳河水引入林县，浇灌干渴的土地。从1960年2月开始动工，经过10年奋战，先后于1965年4月5日总干渠通水；终于建成"人造天河"红旗渠，结束了林县水贵如油的历史。

1966年4月三条干渠同时竣工；1969年7月完成干渠、支渠、斗渠配套建设。至此，以红旗渠为主体的灌溉体系基本形成。灌区有效灌溉面积达到54万亩。

三、湖南韶山灌区

韶山灌区位于湘中的双峰、湘乡、湘潭、宁乡、望城等县、市境内，通过湘江左岸支流涟水中游修建的蓄水、引水枢纽，见图8-5，引涟水灌溉涟水、涓水、靳水、紫云河四流域2500平方公里范围内的90万亩农田。

图8-5　韶山灌区工程

该灌区属跨流域工程，以自流灌溉为主体，由干渠、支渠、斗渠、农渠、毛渠等大小渠道组成完整的灌溉网。干渠总长240公里；支渠230条，总长1186公里；斗渠298条，总长920公里；通过9处共长4847米的隧洞和26处共长6243米的渡槽，并与120余处水库，5.29万多口山平塘连成一体，形成了以大型工程为骨干，以库塘坝为基础，"长藤结瓜"，蓄、引、提相结合的水利灌溉系统。

1965年6月28日，湖南省委、省人委作出《关于修建韶山灌区的决定》，并成立工程指挥部，省委书记处书记华国锋任指挥长兼政治委员。

1965年7月1日举行开工典礼。参加韶山灌区工程建设的共有10万劳动大军，他们凭着"愚公有移山之志，我们有穿山之志"的豪情，仅用了10个月时间，就胜利完成了总干渠和北干渠修建工程。1966年6月，长达174公里的总干渠和北干渠建成通水，6月2日举行了通水典礼。时任国务院副总理、中共中央中南局第一书记的陶铸在庆祝大会上讲话并剪彩，他说："韶山灌区工程对湖南农业面貌的改变将发生巨大的影响，这是湘潭、宁乡、湘乡等县、市广大人民群众用英雄的干劲、勤劳的双手，在10个月的时间内创造出来的一件大事，是毛泽东思想的又一次光辉成就。"湖南省委第一书记张平化、第二书记王延春以及华国锋都参加了剪彩，各级领导分别为韶山灌区工程的26座渡槽、9处隧洞题字。陶铸题写"韶山灌区洋潭引水坝"、谭震林题写"飞涟灌万顷"、王首道题写"三江分流"、张平化题写"英雄关"、华国锋题写"云湖天河"。

随后不久，南干渠于7月1日破土动工，1969年建成。整个工程总造价12112万元，其中国家投资4000万元，地方自筹8112万元。据1991年1月14日《湖南日报》报道，韶山灌区工程运行24个春秋，创造价值24亿元。截至1990年底，受益地区90万亩农

田，已净增粮食67亿公斤。

韶山灌区地处毛泽东、刘少奇、彭德怀的故乡，不仅人文景观较多，而且旅游资源丰富。灌区内工程巍然壮观，气势磅礴，渠道阡陌纵横，群峦叠翠，水如明镜，环境幽雅，空气清新，是旅游者理想的休闲场所。

四、三盛公水利枢纽

三盛公黄河水利枢纽工程坐落在巴彦淖尔市磴口县境内的总干渠的入口处。始建于1959年，是一座以灌溉为主，兼有航运、公路运输、发电及工业供水，渔业养殖综合利用的闸坝工程。拦河闸全长309多米，巍然屹立在波涛滚滚的黄河上，规模宏大，气势雄伟，见图8-6。

图8-6　三盛公黄河大闸

拦河闸及总干渠建设是北京水利设计院进行设计，经水利部审核批准，又经黄委设计院完成初设，经国务院73次会议通过的。该工程1958年做准备，1959年6月3日开工。首先开工的是总干渠进水闸，依次是乌沈（一干渠）进水闸、南干渠进水闸、上下游围堰、拦河闸，最后完工的是拦河土坝和上游左岸库区围堤及引水导流堤。1961年底，主体工程全部完工，历时两年半。在枢纽工程建设的同时，左岸总干渠边动工开挖，1958年11月第一次开工，1959年冬第二次开工，1960年5月初放水。当时因拦河闸未完工，开挖了南套子临时引水口为总干渠供水。1961年拦河闸基本完成，具备了给总干渠供水的条件，总干渠改由总干渠进水闸供水，同时废止临时引水口。又经四年时间，对总干渠延伸开挖至三湖河口，与三湖河干渠接通，同时完成渠首电站、一闸改造，二、三、四闸新建工程，至此，总干渠工程全部完工。总干渠建成后各干渠的扩建改造相继开始，河套灌区的灌溉面积扩大了一倍多。枢纽及总干渠工程的完工结束了河套灌区引水无保障的历史，是一次水利事业的大飞跃，为河套灌区成为全国乃至亚洲一首制特大灌区奠定了基础。

建成后的三盛公水利枢纽很好地发挥了调节水量的作用，根除了内蒙古河套地区的水旱灾害，还发挥了防汛作用，促进了农业生产的发展；在沟通黄河两岸交通、保障下游用水等方面也起到了重要作用，三盛公黄河大坝使黄河两岸天堑变通途；还保证了包头市的工业用水，不再因枯水季节水量小而影响生产。这也是世界上屈指可数的特大型自流区源头枢纽工程、国家水利建设的重点工程，堪称“万里黄河第一闸”。

河套地区南望秦川，北接大漠，这片黄河流经的水草丰美的土地，自夏桀的后代淳维赶着畜群避居北野，这里就成了逐水草而牧的北方游牧民族的家园，同时也成了中原王朝与游牧民族激烈争夺的战场。

秦始皇统一六国，建立了中央集权的封建王朝后，于公元前215年派大将蒙恬率三十万大军北击匈奴，夺取“河南地”（今河套地区），继而组织移民，在黄河沿岸开垦土地，

引水浇田，由此拉开了河套农业开发的序幕。

汉武帝时，汉军经过河南之战、河西之战、漠北之战三大战役击溃匈奴，实行了更大规模的移民实边，在河套地区进行农业开发和兴修水利，使河套一度出现“牛马布野，人民炽盛”的繁荣局面。

秦汉之后，及魏晋南北朝、唐王朝时期，伴随着连续不断的战争，河套历史上都有屯垦兴农的记载。

人民在创造着历史，书写着历史。此后北元时期的“雁行”农业和清朝的“地商水利”，民国年间的“屯垦”及抗日战争时期傅作义将军号召军队在河套兴修水利，都是河套农业和水利发展历史上的重要阶段。

新中国成立之后，在中国共产党的领导下，河套人民群众焕发出了空前的热情和干劲。从1950年开始，河套平原上掀起了新中国成立以来的第一次水利建设高潮，修筑了黄河防洪堤和黄杨闸；1958—1962年间又完成了黄河三盛公水利枢纽工程和黄河左岸总干渠开挖工程，由此揭开了河套水利建设史上崭新的一页。

但后来，由于大量引水和不科学、不合理的灌溉，又无排水，河套灌区在20世纪60年代末到80年代发生了严重的土地盐碱化，次生盐碱地面积逐年增加。1965—1975年间，河套灌区又掀起了以改土治碱为中心的排水工程建设高潮，沿阴山山麓开挖、疏浚了约400华里的总排水干沟，在河套水利史上写下了光辉的篇章。

五、淠史杭灌区

淠史杭灌区是新中国成立后兴建的最大灌区之一。这一庞大工程构架在岗峦起伏的皖豫丘陵大地上，横跨长江、淮河两大流域，由淠河、史河、杭埠河三个毗邻灌区组成，覆盖面积为14107平方公里，担负着皖豫两省14个县（区）的农业、工业和居民生活供水的重任。设计灌溉面积1124万亩，有效灌溉面积达1000万亩。提供灌区主要水源的佛子岭、磨子潭、响洪甸、梅山、龙河口五大水库群，汇集大别山区6352多平方公里的来水，总库容66.21亿立方米。淠河灌区的横排头、史河灌区的红石嘴和杭埠河灌区的梅岭、牛角冲为三大渠首枢纽工程，设计引水能力共605立方米每秒。灌区渠网纵横，七级固定渠道总长2.5万公里，各类水工建筑物6万余座，库塘堰坝21万多座，加上灌区的382座抽水站，39处外水补给站，众位一体联合运用，形成了蓄、引、提并举长藤结瓜式的灌溉网络，灌区80%以上农田实现自流灌溉。

淠史杭工程是一项投资省、能耗低、回报率高的基础产业。灌区工程规划设计荣获安徽省科技进步一等奖，其续建配套工程为安徽“八五”十大建设成就之一，灌区被中外专家学者誉为“中国水利建设史上一颗璀璨的明珠”。

六、甘肃引大入秦工程

引大入秦工程是为解决兰州市永登县秦王川地区干旱缺水问题，由甘肃省水利部门自1976年至1995年，勘测设计并建造的将流经青海、甘肃两省交界处的大通河水，调入100公里以外，跨流域调至兰州市以北60公里处秦王川地区的大型水利工程，简称为“引大入秦工程”。工程由总干渠、干渠和支渠组成，全长884.3公里，相当于京杭

大运河的49.29%。沿途以隧洞群为主要特点，有隧洞77座，渡槽38座，倒虹吸3座，隧洞总长达110公里，是当今中国最大的“地下运河”。总干渠从天堂寺到永登县的香炉山。全长87公里，其中隧道33座，总长75.14公里，渡槽9座，见图8-7，倒虹吸两座。总干渠在香炉山设总分闸，将水分流至东一干渠、东二干渠及45条支渠流入灌区。

图8-7　引大入秦工程东二支庄浪河渡槽

干渠以上工程中，1公里以上的隧洞31座，是中外罕见的人工地下长河。全长15.723公里的总干渠盘道岭隧洞，是世界第七、中国第一的长隧洞，在引水隧洞目前仍居世界第一，并在施工中解决了一些世界性的难题。总干渠从天祝县境内的天堂寺渠首引水，全长87公里，设计引水量32立方米每秒，加大引水量36立方米每秒。总干渠有隧洞33座，总长75公里，另有干渠两条，东一干渠全长50公里，东二干全长54公里，还有45条支渠，总长约为675公里。引大入秦工程总工程量2740万立方米，全部工程于1997年完成。

引大入秦工程自20世纪60年代就由甘肃省水电设计院勘测设计。1976年起开始动工修建，至1981年因资金短缺而一度缓建，1985年甘肃省委、省政府又决定重新上马，并成立了由省长牵头的协调领导小组，组建了工程建设指挥部。工程采用国内外公开招标形式建设，是一项由铁道部建设总公司第15、16、18、20局，甘肃省水电工程局、平凉地区水电工程局及日本国（株）熊谷组、意大利C.M.C公司及澳大利亚等联合大会战的成功典范。至1995年建成通水，工程总投资达22.69亿元，其中引进世界银行贷款1.23亿美元，国家投资1.1亿元，其余由地方自筹解决。

引大入秦工程每年引水量4.43亿立方米，规划灌溉面积86万亩。可以解决秦王川地区28.3万农民脱贫致富，并安排其他贫困地区自愿移民8万人，年均农林牧业总产值可达3.84亿元。从根本上解决了永登、皋兰两县22个乡（镇）28.3万农民生产生活用水，对改善灌溉区的气候，建设兰州的卫星城市，具有十分重要的意义。这是目前中国规模最大的跨流域自流灌溉工程，被赞颂为当代的都江堰，在诸多方面创造了中国乃至世界水利建设中的先进水平。

据记载，1908年3月（清光绪三十四年），时任陕甘总督的允升，就提出了引大入秦的设想，并派皋兰绅士王树中率人勘察，提出方案。1940年，民国时期的甘肃水利公司，也曾提出过引大入秦的设想，并组织过勘察，但因国力衰败、民不聊生，只能望水兴叹。

新中国成立后，引水的设想摆上人民政府的议事日程。1956—1960年，定西地区、甘肃省水利厅都先后派人进行了勘察设计，提出实施计划。1958年，甘肃省委二届八次全体委员会议作出决议：引大通河水工程争取1959年秋季开工。但随后不久的三年自然灾害，使得工程难以实施。1970年以后，甘肃连续几年大旱，永登、皋兰的干部群众又提出“引大入秦”的要求，甘肃省水利部门和兰州市组织技术人员经过几年的勘察设计和论证，于1975年初向甘肃省委提交了引大入秦工程重新上马的报告。

时任省委书记的宋平同志，力主工程马上进行，认为这是解决秦王川用水最好的水利工程。为了科学决策，1975 年一开春，宋平便带领省水电局局长王钟浩、副局长陈可言及有关专家，实地踏勘引大入秦工程线路走向。当时，专家们提出两条方案，一是沿山修渠，打洞虽少却线路长，地形复杂，运行后维护困难；再一条是走捷径，穿山打洞，线路短、施工技术要求高，但运行时容易维护。经过多次论证，大家选择了由青海天堂寺打山洞引水的方案。同年 9 月省委常委会研究了引大入秦工程问题，确定继续做好前期准备工作，并正式向中央提出报告。在经过相关部门审查后，1976 年 1 月 24 日，国家计委正式复文同意兴建引大入秦工程。6 月 4 日，省委常委会讨论批准了“引大”工程尽早开工，决定由兰州市组织实施。11 月 25 日，在永登县河桥公社沙沟口隆重举行工程开工典礼，人们企盼已久的引水工程进入实施阶段。但是，当初对工程实施的难度考虑不够充分，将这样一项浩大的工程确定为“民办公助，土法上马”。当时，上千名农民们分段作业，依靠钢钎打眼放炮，铁锹镐头挖洞，车拉肩挑运土，天当房地当床，一把干粮一口水地苦干。山区地理环境复杂，原始的施工方法进度十分缓慢。1976—1989 年 13 年间，才挖了不到 15 公里的洞子。大自然的无情，给满怀信心的施工者泼了一头冷水。一位作家这样描写民工们的心理：“想引大，盼引大，上了引大很害怕。”

与此同时，开工不久的“引大”工程，很快就遇到了资金困难、技术困难。经省委研究，认为如此浩大的工程由兰州市负责的确有困难，决定于 1978 年底由省政府组织成立引大入秦工程指挥部，具体负责施工。其后，建设者们在极其恶劣的环境中，克服重重困难，坚持施工，创造条件完成了工程前期的通电、通水、通路和施工房屋修建等各项准备工作。1980 年，国民经济进入调整时期。国家要求大力压缩基本建设，引大工程再次陷入困境。1984 年春，全国人大六届二次会议时，时任国家计委主任的宋平对省长陈光毅提出了“引大”工程应当继续的想法。当年 8 月，省计委、省两西建设指挥部向国家计委上报了引大入秦灌溉工程项目建议书，恳请国家批准该工程复工，列入“七五”计划，并准予申请世行贷款。

经过各方面的准备，引大入秦工程于 1987 年 9 月全面复工。9 月 14 日世行贷款签字生效。工程利用世行贷款 1.23 亿美元，同时内配资金 4.56 亿元，两项概算为 10.65 亿人民币，为工程建设提供了资金保障（至目前含群众投劳在内，工程总概算为 29.34 亿人民币）。

1989 年 7 月 26 日，省委、省政府在永登召开现场办公会，四大班子领导与相关部门人员再次考察现场，讨论方案，3 天里与会者达成共识：引大入秦工程已不是干不干的问题，而是“骑虎不下，背水一战”，非干不可、干得更好更快的问题。会议决定成立甘肃省引大入秦工程协调领导小组，省长贾志杰担任组长，省市相关领导及厅局负责人为小组成员，主要协调解决工程建设的重大问题。新组建的引大入秦工程建设指挥部归省政府直接领导。实行“计划单列，资金直拨，物资直供”，一切权力交指挥部解决。省委常委韩正卿出任总指挥，华镇、严世俊、王增祥任副指挥，姜作孝任党委书记，张豫生任总工程师，顾其浩任副总工程师。时任省委书记李子奇语重心长地对韩正卿说：“这个工程省委下了决心，工程艰巨，没有退路。”韩正卿坚决地回答：“定了我就去，地狱也得下。”

这次会议成为引大入秦工程建设重要的转折点，自此全省上下通力合作，历时 5 年苦

战，一鼓作气完成了这项惠及千秋的伟大工程！

2001年8月26日，国家邮政局特别发行2001—16T《引大入秦工程》邮票一套4枚，见图8-8，以纪念这一伟大壮举。

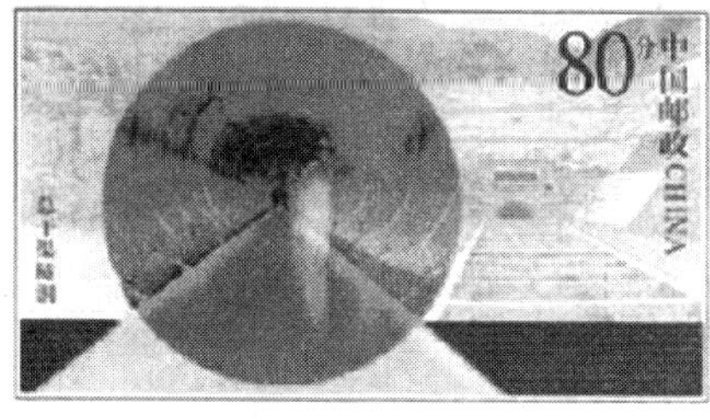

图8-8　国家邮政总局发行“引大入秦工程纪念邮票”

七、引洮工程

引洮供水工程以洮河九甸峡水利枢纽工程为水源，总干渠设计引水流量32立方米每秒，加大引水流量36立方米每秒，年调水总量5.5亿立方米。一期工程年调水量2.19亿立方米，配置非农业用水1.53亿立方米，约占总外调水量的70%；农业用水0.66亿立方米，约占总水量30%。由110.48公里的总干渠、3条总长146.18公里的干渠、20条总长238.18公里的灌溉支（分支）渠、两条总长47.02公里的县城以上城市供水专用管线、10条总长66.26公里的乡镇专用供水管线等构成覆盖全供水区的输供水渠（管）网体系。受益区为定西、兰州、白银三个市辖的安定、通渭陇西、渭源、临洮、榆中、会宁六个县区39个乡镇，人口91.41万人，发展高新农业灌溉面积19万亩。

引洮供水工程属大型跨流域自流引水工程，工程线路长，跨地域范围大，穿越流域多，供水区分散，工程地质条件复杂。总干渠自九甸峡水利枢纽大坝上游洮河右岸取水，总干渠工程以隧洞为主要建筑物，初步设计阶段布置隧洞15座92.97千米，占全长的84.2%，大于10千米的隧洞占总干渠长度的57.6%。引洮供水一期工程共布置各类建筑物2393座，其中总干渠138座，干渠536座，支渠工程1719座。

引洮工程由九甸峡水利枢纽及供水工程两部分组成，计划分两期建设，一期工程建设内容包括九甸峡水利枢纽及引洮供水一期工程。九甸峡水利枢纽是引洮供水工程自流引水的龙头工程，枢纽主要建筑物包括钢筋混凝土面板堆石坝、左岸1号、2号溢流洞、右岸泄洪洞、右岸引水发电洞、供水工程总干渠进水口等。混凝土面板堆石坝设计坝顶高程2206.5米，最大坝高136.5米，水库总库容9.43亿立方米，电站装机容量3×100兆瓦，年平均发电量10亿千瓦时。2006年7月5日，国务院会议审议通过引洮供水一期工程可行性报告。8月5日，国家发改委正式发文通知甘肃省发改委，引洮供水一期工程正式立项。11月22日，引洮一期供水工程正式开工。截至2012年底，引洮总干渠18座隧洞已贯通17座，这为引洮总干渠全线建成通水奠定了坚实基础，标志着引洮供水一期工程取得阶段性成果。

陇中人民引用滚滚洮河水的梦想，由来已久。据考查，早在东汉，马援引东峪沟水教民种稻。宋代，郑宪民在临洮城南开渠，引洮水灌田。明时，杨继盛教民制桔槔，引水灌溉。至清朝，曾有人引三岔河水灌溉洮西十八里川。

民国时期，不少有识之士提出了“引洮济渭”设想，可视为今日引洮工程的先声。1935年，甘肃省参议会马伟、陈世光等6人提出“引洮济谓”议案，“建议省政府勘测引洮济渭水利工程，增加农业生产”。这一议案，经省议会决议通过后，报送省政府，并经转饬黄河水利委员会研究认为：“引洮济渭虽可调节渭河水量，增进灌溉效能，但洮渭两河分水岭最相接近之处，尚达20余公里。不惟沟通两河势须开挖水道，且须于洮河建筑坚固之提水大坝，用以抬高水位，而极其效果，则不过仅分一部分水流量以作渭水灌溉之补助。权其经济价值，似属工巨利微。且引洮入渭后，足以影响洮河本身之航运及沿河灌溉”，“似应从缓办理”，遂被搁置。

1938年5月，甘肃省陆地测量局派员沿临洮至官堡、峡城、柳林、贡马窝、渭源、河沿、温家川等地，对引洮济渭线路初步进行了勘测，并绘制了“引洮济渭水准线路图”，报送省政府。省政府又以“陆地测量局未完成原来规定之范围，难作设计根据”为由，“饬该局继续测定”。

1942年12月29日，民国时期《甘肃日报》登载了署名“窦宗默”的文章《开引洮河灌溉皋榆定隆等八县之初步研究》，文中对开引洮河水来解决甘肃中东部地区干旱缺水问题重要意义，从理论上作了初步阐述。

1943年，甘肃省农会召开第一次会员代表大会，陇西代表重新提出“引洮入渭”，认为“渭源、陇西、武山、甘谷等县，虽居渭水上流一带，然缺乏水源，常年干涸，无法灌溉……如能引洮水入渭，使农田变为水地，则农产之增加曷止十倍”！议案在会上通过后，当即报请甘肃省政府筹款办理，并饬甘肃水利林牧公司测量设计。然而，林牧公司复函省建设厅称：“此项工作，因距离太长，地形复杂，需要人员过多，本公司现有工程人员及测量仪器，大部分调往河西工作。以目前情形而言，尚有不敷之感，实无余闲可资抽派，且在时间上亦所不许。所嘱一节，歉难照办。”遂不了了之。

新中国成立初期，陇中地区虽然搞了一些小型水利工程，但由于抗御自然灾害能力较低，每逢大旱，收成仍无法保障。1957年，定西专区提出了引洮河和大通河两项工程计划，这一计划得到了省政府的支持。引洮工程的最初构想是：从会川县（1958年4月并入渭源县）九甸峡（今临潭县与卓尼县的交界处）首引洮河水入渠，途经陇中10县到达靖远县新堡子川，全长700公里，流量100立方米每秒，浇地500万亩。1958年1月，省水电局组织62名技术人员进行了实地查勘，肯定了这一方案，并把引水范围扩大到陇东。同年2月，中共甘肃省委第二届二次会议作出了引洮河水上董志塬的决定。

1958年2月，由省水电局牵头，抽调兰州水电勘测设计院、铁道部第一设计院等12个协作单位共900多人，分赴各勘测区兼程工作。3月初，提交了《引洮河及大通河灌溉

工程勘查情况及今后工作意见》的报告。5月底基本完成第一大段工程的勘测定线，6月初完成渠道断面设计，6月中旬粗线条地勾划出了首段工程蓝图的大致轮廓，并完成了《甘肃省引洮工程总量初步计划》。工程计划从海拔2264米的古城，将奔腾北去的洮河水全部拦截，转向东流，引灌临洮、定西、兰州、天水、固原、庆阳等21个县市，总干渠达1150公里。

1958年6月17日，在岷县固城举行了有15万多民工代表参加的开工典礼，省委书记张仲良、省长邓宝珊等出席大会，张仲良发表了讲话，并宣布引洮工程正式开工。工程实行工区制组织施工，由参加分段施工的各有关县组成工区，最多时达15个工区。最初计划施工人数要保持23万人，农闲时增至30万人以上。但开工初仅有10万人左右，1959年3月最高达到16.9万人。此后，由于三年自然灾害日趋严重，农村生活困难等原因，施工人数不断减少。1960年7月，为贯彻国民经济“以农业为基础”和“以粮为纲，全面安排”的方针，再次精减3.6万余人。8月，实施“精减民工，缩短战线，集中兵力，打歼灭战”的方案，又减员近2万人，实有施工人员4.35万人。1961年6月，绝大部分民工返回农业第一线，仅有3500余人留守古城库区。1962年4月，将最后500名民工遣返农村。至此，引洮工程全面停工。

开工之初，引洮工程实行“民办公助，土洋并重”的方针，国家除了组织领导、勘测设计、技术指导、承担大型建筑物资供应及部分资金外，各工区的劳动力调配、民工伙食和工具负担、器材供应以及所需一般技术力量等费用和资金，全由各县负责包干到底，由县上和公社统筹解决。工程历时近3年，共“完成土石方1.6亿立方米……用工6000多万工日，使用国家投资约1.5亿元”。

在今天看来，当年引洮工程的上马，其主观愿望是好的，目的是为了保证实现省委提出的“苦战三年，基本改变干旱面貌”的号召，但因受“大跃进”、“反右倾”等的影响，加之对工程的艰巨性、复杂性和长期性认识不足，导致工程最后以失败而告终。虽然如此，它留给人们的教训却是深刻的。正如西北局在《中共甘肃省委关于引洮工程彻底“下马”给党中央、西北局的报告》的批示中指出的，“这是我们大家永远不能忘记的一次历史教训”。

甘肃省档案馆至今仍珍藏着1958年朱德为引洮工程的亲笔题词“引洮上山是甘肃人民改造自然的伟大创举”，无疑是甘肃近半个世纪这段曲折而壮阔的引水工程的历史见证。

历史在人们深深的企盼中掀开新的一页。在20世纪80年代以来，甘肃省委、省政府重新启动引洮工程的前期工作，并在1992年把引洮工程列为甘肃中部地区扶贫开发的重点项目。根据不同时期全省及当地经济社会发展需求，经过十多年的设计论证，不断调整用水思路，确定引洮工程是以解决城乡生活供水及工业供水、生态环境用水为主，兼有农业灌溉、发电、防洪、养殖等综合利用的建设项目，从而实现水资源的优化调度，从根本上缓解该地区水资源匮乏的问题。引洮工程供水范围西至洮河、东至葫芦河、南至渭河、北至黄河，受益区总面积为1.97万平方公里，涉及甘肃省兰州、定西、白银、平凉、天水5个市辖属的榆中、渭源、临洮、安定、陇西、通渭、会宁、静宁、武山、甘谷、秦安等11个国家扶贫重点县（区），155个乡镇，总人口约300万人。

2006年7月5日，国务院会议审议通过引洮供水一期工程可行性报告。8月5日，国家发改委正式发文通知甘肃省发改委，引洮供水一期工程正式立项。11月22日，引洮一期供水工程正式开工。

八、南水北调工程

南水北调工程通过跨流域的水资源合理配置，将大大缓解中国北方水资源严重短缺问题，促进南北方经济、社会与人口、资源、环境的协调发展。南水北调工程是跨流域、跨省市，具有公益性和经营性双重功能的特大型水利基础设施。

中国南涝北旱，为了缓解北方水资源严重短缺问题。1952年10月，毛泽东在听取原黄河水利委员会主任王化云关于引江济黄的设想汇报时说："南方水多，北方水少，如有可能，借点水来也是可以的。"从此，拉开了南水北调工程的大幕。

1958年3月，毛泽东在党中央召开的成都会议上，再次提出引江、引汉济黄和引黄济卫问题。同年8月，中共中央在北戴河召开的政治局扩大会议上，通过并发出了《关于水利工作的指示》，明确指出："除了各地区进行的规划工作外，中国范围的较长远的水利规划，首先是以南水（主要指长江水系）北调为主要目的地，即将江、淮、河、汉、海各流域联系为统一的水利系统规划。"这是"南水北调"一词第一次见之于中央正式文献。

1958年到1960年3年中，中央先后召开了4次全国性的南水北调会议，制定了1960年至1963年间南水北调工作计划，提出在3年内完成南水北调初步规划要点报告的目标。

1959年2月，中国科学院、水利电力部在北京召开了"西部地区南水北调考察研究工作会议"，确定的南水北调指导方针是："蓄调兼施，综合利用，统筹兼顾，南北两利，以有济无，以多补少，使水尽其用，地尽其利。"

1972年，中国在汉江兴建丹江口水库，为南水北调中线工程的水源开发打下基础。

1978年9月，中共中央政治局常委陈云就南水北调问题专门写信给水利电力部部长钱正英，建议广泛征求意见，完善规划方案，把南水北调工作做得更好。同年10月，水利电力部发出了《关于加强南水北调规划工作的通知》。1978年五届人大一次会议上通过的《政府工作报告》中也正式提出："兴建把长江水引到黄河以北的南水北调工程。"

1979年12月，水利电力部正式成立了部属的南水北调规划办公室，统筹领导协调中国的南水北调工作。

1987年7月，国家计委正式下达通知，决定将南水北调西线工程列入"七五"超前期工作项目。要求1988年底完成南水北调西线工程初步研究报告；1990年底，完成南水北调西线工程雅砻江调水线路的规划研究报告；"八五"期间继续完成通天河和大渡河调水线路的规划研究工作，并于1995年完成南水北调西线工程规划研究综合报告。

1991年4月，七届人大四次会议将"南水北调"列入"八五"计划和十年规划。

1992年10月，中国共产党第十四次代表大会把"南水北调"列入中国跨世纪的骨干工程之一。

1995年12月，南水北调工程开始全面论证。

2000年6月5日，南水北调工程规划有序展开，经过数十年研究，南水北调工程总体格局定为西、中、东三条线路，分别从长江流域上、中、下游调水。

2007年8月25日，国务院南水北调办经济与财务司在北京召开《南水北调工程会计基础工作指南》专家验收会。经济与财务司朱卫东司长主持会议，熊中才副司长出席会议，会议邀请了财政部、国家审计署、水利部、河南省移民办、河北省建管局等相关单位的专家参加。

2008年年底举行的南水北调第三次建委会确定了工程建设目标：东线一期工程建设目标为2013年通水；中线一期工程建设目标为2013年主体工程完工，2014年汛后通水。自第三次建委会召开以来，一批工程陆续开工建设。先后开工建设东线南四湖至东平湖段、济南市区段、刘老涧二站，中线天津干线、黄河北至漳河段以及黄河以南陶岔枢纽、湖北兴隆水利枢纽等工程24项，相当于前6年开工项目投资的总和。沿线各省市配套工程规划多数已经批复，北京、天津配套工程正全面建设。

截至2011年6月底，南水北调东、中线一期工程两条线建设者共计8万多人，工程建设项目累计完成土石方85869万立方米，占在建设计单元工程设计总土石方量的64%；累计完成混凝土浇筑1694万立方米，占在建设计单元工程混凝土总量的44%。

2011年8月，河南境内的16.2万人将搬离家园，届时南水北调中线集中移民工作基本结束。包括湖北等地在内的总计34.5万人离开百年故土，腾退出万亩土地。

2012年1月，南水北调主体工程已全部开工建设，累计完成投资1376亿元，占已批可研投资的60%。

南水北调工程是中国21世纪开工建设的最大水利工程项目，是优化中国水资源时空配置的重大举措，是解决中国北方水资源严重短缺问题的特大型基础设施项目，是未来中国可持续发展和整个国土整治的关键性工程，对解决中国北方地区一系列因水资源短缺而产生的生态环境问题，对中国尤其是北方地区宏观经济和社会的发展起着十分关键的决定性作用。南水北调工程是中国水利工程史上的一大壮举，也是农业水利工程史上的一个里程碑。

下篇　农业水利生态文明建设

第九章　生态文明的提出

第一节　生态文明提出的背景与历程

一、生态文明提出的背景

20 世纪以来，人类的生活和生产活动在全球范围内大规模地改变了自然环境的组成和结构，越来越严重的生态失衡使人类社会陷入空前的困境。当人类陶醉于征服自然的时候，接踵而至的却是大自然的种种报复与惩罚。在一些国家和地区，特别是不发达地区，通过发展重污染工业和环境破坏来换取利润，带来的后果是再花费几倍、几十倍的代价都难以弥补的对大自然的损害。目前，污染治理基本上仍采用“先污染、后治理”的方法，即末端治理的思路，不能从根本上解决问题。现实给人类一个简单而深刻的认识——我们在享受工业社会的胜利成果时，千万要重视保护生态环境和防治环境污染。

美国生物学家蕾切尔·卡逊于 1962 年出版了历经四年潜心研究而写成的《寂静的春天》。在这本书中，她以严厉的科学精神和诗人般的炽热感情，提出了环境污染这一 20 世纪中叶人类生活中一个重大问题，切中时弊、振聋发聩。该书分析的切入点是滥用农药带来的严重环境污染，其重点是揭示由此造成的对生态系统和人体的损害，所以，一经出版便马上引起轰动，震动了美国社会，并引发了一场持续达数年之久的论战——杀虫剂论战。这场论战以生态意识的胜利而告终，从而极大地推动了民众环境意识的觉醒。《寂静的春天》因此成为公认的宣传维持生态平衡、推动环境保护的划时代经典。1972 年，来自全球的 100 多名学者在罗马组成的“罗马俱乐部”发表了震动世界的研究报告《增长的极限》，根据数学模型预言：在未来一个世纪中，人口和经济需求的增长，将导致地球资源耗竭、生态破坏和环境污染；除非人类自觉限制人口增长和工业发展，否则这一悲剧将无法避免。报告反映了人类的自我反省，被奉为“绿色生态运动”的圣经。

1972 年 6 月，联合国在斯德哥尔摩召开了有史以来第一次“人类与环境会议”，讨论并通过了著名的《人类环境宣言》，从而揭开了全人类共同保护环境的序幕，也意味着环保运动由群众性活动上升到了政府行为。伴随着人们对公平（代际公平与代内公平）作为社会发展目标认识的加深以及对一系列全球性环境问题达成共识，可持续发展的思想随之形成。1983 年 11 月，联合国成立了世界环境与发展委员会，1987 年该委员会在其长篇报告《我们共同的未来》中，正式提出了可持续发展的模式。1992 年联合国环境与发展大会通过的《21 世纪议程》，更是高度凝结了当代人对可持续发展理论的认识。

中国是世界上第一个制定国家级《21 世纪议程》的国家。里约环境与发展大会之后，

中国政府立即开始行动，在一个月内就提出了《中国环境与发展十大对策》，明确公布实施可持续发展战略。1992 年 7 月，中国政府着手编制《中国 21 世纪议程》，并于 1994 年 3 月由国务院正式发布实施。“议程”系统地论述了经济、社会发展与环境保护的相互关系，构筑了一个综合性的、长期的、渐进的可持续发展战略框架，成为制订国民经济和社会发展中长期计划的一个指导性文件。“九五”计划首次将可持续发展战略同科教兴国战略并列为国家的两项基本战略，并以这两项战略来推进国家现代化建设。“十五”计划具体提出了可持续发展各领域的阶段性目标，编制了环境保护与生态建设的专项计划。2003 年党的十六届三中全会进一步明确了“坚持以人为本，树立全面、协调、可持续的发展观，促进经济社会和人全面发展”。强调“统筹城乡发展、统筹区域发展、统筹经济社会发展、统筹国内发展和对外开放”的要求，推进改革和发展。

2007 年 4 月，当代人学家张荣寰于首次提出生态文明具体概念和相关理论，认为中华民族生态文明发展模式是一个必然实现的中国梦，以提升人格文明、生态文明、产业文明为发展方向，走生态文明发展的国家发展道路。2007 年 10 月党的十七大又明确提出“建设生态文明，基本形成节约能源资源和保护生态环境的产业结构、增长方式、消费模式”。在中国共产党第十七次全国代表大会的开幕式上，中共中央总书记胡锦涛在代表第十六届中央委员会作的报告中谈到实现全面建设小康社会奋斗目标的新要求时对生态文明的高度强调，充分说明建设社会主义和谐社会必须建立符合社会发展要求的文明形态，生态文明，是践行科学发展观的要义，是社会主义的重要内容，是建设和谐社会的基础和保障。[1]

党的十七大报告提出建设生态文明并作出具体部署，体现了我们党和政府对新世纪新阶段中国发展呈现的一系列阶段性特征的科学判断和对人类社会发展规律的深刻把握。一方面，中国人均资源不足，人均耕地、淡水、森林仅占世界平均水平的 32%、27.4%和 12.8%，石油、天然气、铁矿石等资源的人均拥有储量也明显低于世界平均水平；另一方面，由于长期实行主要依赖增加投资和物质投入的粗放型经济增长方式，能源和其他资源的消耗增长很快，生态环境恶化的问题也日益突出。人类社会的发展实践证明，如果生态系统不能持续提供资源能源、清洁的空气和水等要素，物质文明的持续发展就会失去载体和基础，进而整个人类文明都会受到威胁。因此，建设生态文明是实现全面建设小康社会奋斗目标的内在需要，是深入贯彻落实科学发展观的重要内容。

党的十八大报告指出，建设生态文明，是关系人民福祉、关乎民族未来的长远大计。面对资源约束趋紧、环境污染严重、生态系统退化的严峻形势，必须树立尊重自然、顺应自然、保护自然的生态文明理念，把生态文明建设放在突出地位，融入经济建设、政治建设、文化建设、社会建设各方面和全过程，努力建设美丽中国，实现中华民族永续发展。

胡锦涛指出，坚持节约资源和保护环境的基本国策，坚持节约优先、保护优先、自然恢复为主的方针，着力推进绿色发展、循环发展、低碳发展，形成节约资源和保护环境的空间格局、产业结构、生产方式、生活方式，从源头上扭转生态环境恶化趋势，为人民创造良好生产生活环境，为全球生态安全作出贡献。“我们一定要更加自觉地珍爱自然，更加积极地保护生态，努力走向社会主义生态文明新时代。”[2]

由此可知，生态文明的提出，是人们对可持续发展问题认识深化的必然结果。

二、人类社会文明的进程

人类文明的发展历程，既是以物质资料生产为枢纽的自然史和人类史彼此适应和相互促进的社会进步过程，又是人类通过熟悉自然并利用自然力而促进自身进化与发展的过程。人类进入文明社会后，大体上经历了采猎文明、农业文明、工业文明这样几个阶段。

1. 原始文明

原始文明阶段又称采集—狩猎文明阶段，大约是从人类诞生开始，一直持续到农业、畜牧业的出现，这一阶段的历史大部分被历史的尘埃掩盖着。我们只知道在距今万年以前，人类诞生了。人类是在森林里成长起来的，他们非常幸运，因为他们是伴随着绿叶和鲜花诞生的。森林以大地的水和空气中的二氧化碳为原料，为早期的人类制造了丰富的食粮。在漫长的历史早期岁月里，由于生产力水平低下，认识自然的水平有限，人类完全依赖于自然环境，主要的经济活动就是采集野生植物和捕猎野生动物，人类的经济活动对自然环境的影响范围小，影响力比较弱，甚至可以将其视做自然的一部分。即使由于人口增长和乱捕乱采，引起物种减少和食物资源的短缺，但由于人口总数很少，这种影响只是局部的，很容易被自然生态系统自身的调节能力所抵消。因此，人类与地球环境处于原始的协调之中，这种关系用一句话可以说明一切，“人类轻柔地踏在地球上，除了脚印，他们没有在大地上留下任何痕迹”。

2. 农业文明

农业文明中人类与自然界为可控的掠夺与被掠夺的关系。虽然在这一时期人类的智慧得到了强化，文明得到了发展，社会生产力有了一定程度的提高，人类开始精耕细作，充分利用土地，用养结合，使地力常新，形成了初步的保护自然资源、注重生态平衡、反对“竭泽而渔”、“焚薮而田”的生态意识，然而随着社会生产力的提高，出现了森林、草地被破坏，或被开拓为新的耕地或居住地。但此时人类社会发展比较缓慢，对自然界尚未造成质的破坏，自然界能够在一定的时间范围内实现自我修复。因此，农业文明仍属于绿色文明，人类与自然的关系仍是协调的。

3. 工业文明

工业社会时期人类与自然界成了严重的掠夺与被掠夺的关系。人类在很多地方努力超脱对大自然的依附，开始征服自然、改造自然，使自然为人类服务，俨然成了自然的主人。工业社会在提高人类的物质生活水平、丰富人类的生活方式、创造极大的物质财富的同时，也使农业文明时期的人与自然生态环境之间的协调关系遭到严重破坏，使自然界承受着来自于人类的巨大压力，其程度越来越超出了生态环境所能承受的范围，使生态环境日趋恶化，进而严重威胁着人类的生存。

4. 对工业社会的反思

一是全球范围内逐渐蔓延的生态环境恶化，如森林被乱砍滥伐、外来生物入侵、土地荒漠化、水资源污染、臭氧层消失等。人类的生活和生产活动在全球范围内大规模地改变了自然环境的组成和结构，越来越严重的生态失衡使人类社会陷入空前的困境。

二是人与自然关系的反思。我们应该认识到，人类与自然界是互不冲突的，是可以平等共存、相互促进、协调发展的，人类既不是自然的奴隶，也不应该凌驾于自然界之上。

首先，人类是自然的存在物，是自然界的一部分；其次，自然界是人类生活的源泉，人需要从自然界获得物质、能量和信息；其三，自然界是人类劳动的前提和要素，是人类社会产生和发展的条件，是人与人之间的社会联系和社会关系进行的场地。人类要维持自身的生存、发展，就不可能脱离、跳出自然界而单独存在。然而自然资源是有限的，人类不能无限地索取自然资源和肆意破坏自然生态环境，这就使人类需要一种能够正确指导人类与自然生态环境协调发展的文明形式，这就是生态文明。

三是科学技术与自然关系的反思。工业文明将人类引入一个高度科技化的新纪元。以信息科学为先导，以生物科学、材料科学、能源科学、海洋科学、空间科学为主要内容的科学技术革命，在自身加速发展的同时，正以前所未有的规模和速度，推动整个人类社会前进。然而，科学技术是一把“双刃剑”，既可以为人类造福，也会给人类带来灾难。一方面，现代科学技术的产业化，创造了极大的物质财富，丰富了人类的生活，改变了人类的生产结构和生活方式；另一方面，由于人们对科学技术成果的客观作用估计不全面，造成了生态环境危机，由此带来的一系列社会问题、伦理问题、道德问题令人困惑和无所适从。科学技术在加快人类开发利用自然脚步的同时，也加快了生态环境恶化、自然资源枯竭的步伐。解决这一冲突的有效方法，就是大力发展生态文明所提倡的绿色科技，要保护自然资源、改善生态环境，积极促进人类社会从工业文明向更高级别的文明形式——生态文明转型。

四是工业社会需总结的经济学原因。工业社会奉行的是新古典经济学的企业利润最大化原则，并未把自然资源和生态环境作为社会经济发展的影响因素考虑在内。像鱼类、水资源、公共草场等这一类公共物品具有无归属性的特征，生产者受市场机制追求最大化利润的驱使，往往会对这些公共资源掠夺式使用，而不能给资源以休养生息。因市场失灵，市场机制自身不能提供制度规范，则出现使用上的盲目竞争，从而导致生态环境外部负效应的产生。如化工厂，它的内在动因是赚钱。为了赚钱，对企业来讲最好是让工厂排出的废物不加处理就进入大自然，这样可减少治污成本、增加企业利润，但会对环境保护、其他企业的生产和居民的生活带来危害，呈现出企业为降低成本而无节制排污、由社会埋单的尴尬局面。社会若要治理，就会增加社会负担，甚至会使社会成本大于企业利润，从而造成社会净利润的负值。

文明反映着人类与自然的矛盾，只要文明存在一天，这对矛盾也就存在一天，但这对矛盾可以处于相对和谐的状态，也可以处于对抗冲突状态。为求得这对矛盾的相对和谐，别无他途，只有推进文明。正是随着文明的推进，我们由采集、狩猎文明走向农业文明，又由农业文明走向工业文明。按理，文明作为人类的存在方式，随着它的推进，应当把人类逐渐引入同自然相对和谐的状态，但实际正好相反，它不但没有这样，而是不断地加深着二者之间的对抗冲突。今天，这种对抗冲突已经达到无以复加的地步，引发了人类存在的危机。我们不禁要问：这是为什么，又该怎么办？

5. 走向生态文明

工业文明创造了巨大的物质财富，极大地提高了社会生产力，但是随之出现的工业代谢型污染以及与工业文明相配合的资源管理模式引发了全球性生态危机。在工业文明的形成中已经孕育了生态文明，生态文明将与信息文明并列，将成为21世纪人类的主导文明，

人类将最终走向生态文明的时代。

第二节　生态文明的内涵

生态文明作为人类社会发展的一种新的文明形态，是对工业文明造成人与自然的危机反思的成果，是一种后工业发展形态。生态文明的含义非常丰富，涉猎很广。

一、文明的含义

文明是人类社会在出现私有制之后，人类改造自然、社会、自我的结晶。通常文明有两种解释：第一种是文化，文化是人类在社会历史发展过程中所创造的物质财富和精神财富的总和，特指精神财富。物质文明、精神文明就是这种解释。第二种是社会发展形态。文明相对与野蛮来讲，根据马克思和恩格斯的理解，文明是与私有制和阶级同时产生的。文明是人类社会、一个国家、一个民族的经济、政治、文化等整体状态的集中体现。虞崇胜认为，文明的科学内涵应该包括以下几个基本要点：其一，文明是人类实践活动的产物；其二，文明具有社会品质；其三，文明是人类社会的进步状态；其四，文明是社会整体的进步；其五，文明是一个不断进化发展的过程等。

二、生态的含义

生态就是指生物体的生存状态，以及它们之间和它与环境之间环环相扣的关系。现代生态学基本形成于19世纪60年代。它是生物学的一个重要分支。生态学是一门以研究生物与其赖以生存的环境之间相互关系为主要任务的学科。因为生物的生存、活动、繁殖需要一定的空间、物质与能量。生物在长期进化过程中，逐渐形成对周围环境某些物理条件和化学成分，如空气、光照、水分、热量和无机盐类等的特殊需要。各种生物所需要的物质、能量以及它们所适应的理化条件是不同的，这种特性称为物种的生态特性。任何生物的生存都不是孤立的：同种个体之间有互助有竞争；植物、动物、微生物之间也存在复杂的相生相克关系。人类为满足自身的需要，不断改造环境，环境反过来又影响人类。

关于生态学，美国哲学家罗尔斯顿曾指出："每一个有机体都不得不反抗其环境，而文化又强化了这种对抗。生活于文化中的人实现了对自然的统治。我们重新改变了地球，使之变成城市。但这个过程包含着某种辩证的真理：正题是自然，反题是文化，合题是生存于自然中的文化；这两者构成了一个家园，一个住所（'生态学'的希腊语词根oikos的含义就是住所）。"

由生态学的定义我们可以发现，我们所谓生态环境好坏的判别标准一定是要相对于某种特定的生物而言的。例如腐烂的食物对人类来说是一种污染，但是对于苍蝇却是其繁衍生息最好的生态环境；堆积如山的生活垃圾是人类社会的难题，但是对于老鼠则可能是最好的栖息地。因此，我们所说的生态环境好坏的标准，一定是要相对于某种主体。因为我们不能否认"任何生物的生存都不是孤立的：同种个体之间有互助有竞争；植物、动物、微生物之间也存在复杂的相生相克关系。"是一种不违背的客观规律。因而，失去了判别生态的相对主体，生态环境的好坏也必然就失去了判别的标准。

三、生态文明的含义

生态文明就是在遵守人类、自然、社会基本规律的前提下，解决人类在社会生产和生活实践过程中所带来的人与自然环境的矛盾，所创造的物质、精神、制度方面成果的总和。其实就是社会文明的生态化表现，是社会先进的一种文明形态，标志着社会的发展程度。它的最终目的是实现人与自然、人与社会、人与人的和谐相处，实现社会的可持续发展与和谐发展。它反映的是人类处理自身活动与自然界关系的进步程度，是人类社会进步的重要标志。总而言之就是人类的生产活动和生活方式是不能超越生态系统的承载能力的，要遵循生态规律才能实现人与自然的和谐。

发展生态文明的前提是了解人与人、人与自然的关系并认识到人与人、人与自然的生态矛盾。生态文明是要改善人与自然、人与人的生态关系和解决生态矛盾，实现社会进步与和谐发展。

生态文明作为当前工业社会时期的一种社会发展形态，它的发展是对农业文明和工业文明的优点继承，对其缺点的纠正。它倡导的是一种全新的价值理念，主张人与自然的和谐，摒弃了以前的以人类自我为中心，传统的经济增长方式，对大自然疯狂无止境的索取与开发，主张尊重自然规律，保护生态环境，克服生态危机，最终建立一个资源节约型、环境友好型的和谐社会。

生态文明要求在改造自然、创造物质财富的同时遵循可持续发展原则，强调经济、社会与生态环境协调发展。生态文明力图用整体、协调的原则和机制来重新调节社会的生产关系、生活方式、生态观念和生态秩序，因而其运行的是一条从对立型、征服型、污染型、破坏型向和睦型、协调型、恢复型、建设型演变的生态轨迹。它使人类伦理价值观和生产、生活方式发生了根本性的转变。

第一，从传统的“向自然宣战”、“征服自然”等理念，向树立“人与自然和谐发展”的“生态文明”的理念转变，这是伦理价值观的转变。人与自然的关系是文明的基础，文明的转型首先是人对自然的熟悉、理解和态度发生重要变革的结果。要自觉地推进生态文明的建设，就必须扬弃工业文明的自然观。工业文明的自然观认为：人不是自然的一部分，它只有通过征服和控制自然才能确认自己的存在。这种二元论割裂了人与自然之间的价值联系，使得工业文明对自然的控制和征服过程，变成了对自然的破坏和掠夺过程，变成了对人类的生存环境和家园的毁灭过程。而生态文明的自然观是把包括人类在内的整个自然界理解为一个整体，人是价值的中心，但不是自然的主宰，人们不再寻求对自然的控制，而是力图与自然和谐相处。生态文明从文明重建的高度，重新确立人在大自然中的地位，重新树立人的“物种”形象，把关心其他物种的命运视为人的一项道德使命，把人与自然的协调发展、和谐相处，视为人的一种内在精神需要和文明的一种新的存在方式。

第二，从粗放型的以过度消耗资源破坏环境为代价的增长模式，向增强可持续发展能力、实现经济社会又好又快发展的模式转变。这是生产和生活方式的转变。工业文明的生产方式，是一个非循环的生产方式；生活方式以物质主义为原则，以高消费为特征，认为更多地消费资源就是对经济发展的贡献。生态文明却把经济系统的运行控制在生态系统的承载范围之内，实现经济系统与生态系统的良性互动与协调发展。

第三，从把发展简单地等同于物质财富增长的观念向以人的全面发展为核心的发展理念转变，这是发展观的转变。工业文明的发展观片面追求经济增长的高速度，唯GDP论，丝毫没有顾及到随之产生的自然资源的高消耗、生产生活的高排放、高污染等问题。生态文明的发展观以科学发展观为指引，强调的是全面发展，不再单纯追求国内生产总值增长，而是更注重经济发展方式；不仅注重量的增长，而且更注重质的提升，注重把经济的发展建立在优化结构、科技创新、节约资源、提高质量和效益的基础上，努力实现速度、质量、效益相协调，人口、资源、环境相协调，真正做到又好又快发展。生态文明的重要原则是以人为本，把促进经济社会发展与促进人的全面发展统一起来。

第四，科学发展是建设生态文明的基本内涵。从国际上看，生态文明是人类环境意识觉醒的产物。然而，代表人类环境意识觉醒的最重要文件，1972年发布的《联合国人类环境宣言》（以下简称《宣言》）不仅指出："在现代，人类改造其环境的能力，如果明智地加以使用的话，就可以给各国人民带来开发的利益和提高生活质量的机会。如果使用不当，或轻率地使用，这种能力就会给人类和人类环境造成无法估量的损害。在地球上许多地区，我们可以看到周围有越来越多的说明人为的损害的迹象：在水、空气、土壤以及生物中污染达到危害的程度；生物界的生态平衡受到严重和不适当的扰乱；一些无法取代的资源受到破坏或陷于枯竭；在人为的环境，特别是生活和工作环境里存在着有害于人类身体、精神和社会健康的严重缺陷。"同时，还进一步强调："在发展中的国家中，环境问题大半是由于发展不足造成的。千百万人的生活仍然远远低于像样的生活所需要的最低水平。他们无法取得充足的食物和衣服、住房和教育、保健和卫生设备。因此，发展中国家必须致力于发展工作，正确审视保护及改善环境的必要性和重要性。"

因此，作为一个发展中国家，我们不仅要充分吸取发达国家在生态环境方面的经验教训，特别注重生态保护和可持续发展，最大限度地降低发展的自然生态代价，同时也要牢记"发展是我们的第一要务"，牢记加速发展生产力、发展经济、消除贫困、努力提高人民生活水平仍然应该是我们的首要任务。换言之，对于发展中国家要建设好生态文明，不仅要避免"生态野蛮"，更要战胜"生态愚昧"。我们要把发展作为包括生态文明在内的整个文明建设的基本手段，通过进一步促进社会经济的发展，来推动生态文明建设。

最近，一些连电站发电量和装机容量都搞不清楚，就大肆反对怒江水电开发的所谓的"专家"，也跑出来大谈什么叫"生态文明"。国外某些极端环保组织也开始用曲解"生态文明"的方式，明目张胆地攻击污蔑我们的发展建设，这种现象特别应该引起我们的警觉。应该看到，缺乏基本的科学观念，绝对不可能正确地理解"生态文明"。打着极端环保旗号的科盲们反对"生态野蛮"的唯一武器，只能是某种"生态愚昧"。因而，普及科学知识、提高科学素养、实现科学发展仍然是我们当前建设生态文明的重要任务和基本前提。我们建设社会主义的生态文明，不仅要避免一切"生态野蛮"的发展方式，同时也必须要改造"生态愚昧"的落后状态。二者缺一不可。

从理论上看，生态文明对应的应该是可持续发展的科学发展观。而"生态野蛮"和"生态愚昧"分别对应的是：不尊重科学的"惟发展"理论和反对一切发展的提倡盲目敬畏自然"零发展"论调。不言而喻，只有"坚持以人为本，全面、协调、可持续的科学发展"才能真正建设好生态文明。举例来说，在中国的水电开发问题上，无论是盲目的反对

怒江开发，维护“生态愚昧”的态度，还是那些浪费了资源、破坏了环境的无序开发的小水电，都不符合生态文明建设的要求。

总之，在具有中国特色社会主义现代化建设中，我们必须要用科学的态度，在坚持“发展是第一要务”的同时，把控制人口、节约资源、保护环境放到重要位置，使人口增长与社会生产力的发展相适应，使经济建设与资源、环境相协调，实现良性循环。我们要把建设社会主义生态文明的目标，与社会主义现代化建设的其他远景发展目标有机地结合起来。为此，我们必须要牢记：科学发展才是我们的社会主义生态文明的基本内涵。否定科学、鼓吹“生态愚昧”的极端环保口号，绝不可能实现真正的生态文明。

第三节　生态文明的结构及基本特性

一、生态文明的结构

生态文明本身是一个结构复杂、内涵丰富、意蕴深刻的综合性概念。从结构层次上看，生态意识、生态道德、生态文化等构成生态文明的深层结构，它体现的是生态文明的本质生命力，是一种文明形态区别于另一种文明形态的质的规定性。生态物质文明、生态行为文明、生态制度文明等构成生态文明的表层结构，是生态文明主体直接感受、认知、评价的表层性因素，具有量的规定性。生态文明的深层结构和表层结构相互依存、相互影响，共同促进生态文明的不断发展进步。

（一）生态文明的深层结构

第一，生态意识。生态意识是生态文明的精神依托，是人对自然的关系以及对这种关系变化的深刻反思和理性升华，主要包括：生态忧患意识、生态责任意识、生态科学意识等。生态忧患意识和生态责任意识是一种精神自觉，它们之间相互依存。《左传》曰：“居安思危，思则有备，有备无患。”常怀忧患之思、自警之心是中国优秀传统文化的主流。忧患意识是一种清醒的预见意识和防范意识，是一种危机感、紧迫感、责任感、使命感。生态忧患意识往往通过理性反思总结经验，从对人与自然关系的肯定中预见潜伏的危机，是主体改造世界的一种强烈的责任感和能动性。生态忧患意识和生态责任意识需要生态科学意识作为支撑，生态科学意识要求我们以生态科学的眼光审视自然，尊重自然规律，运用科学技术去调节人与自然的紧张关系。

第二，生态道德。所谓生态道德，就是把调整人与人、人与社会之间关系的行为规范，扩展到自然生态领域，用道德规范来调整人与自然之间的关系，它强调人类在满足追求健康而富有效率的生存、发展权利的同时应当努力保持人与自然的和谐关系，也强调当代人不应该对后代人的生存和发展构成威胁。丹麦哲学家克尔凯郭尔（Soren Aabye Kierkegaard）曾在《非此即彼》中向我们描述了审美和伦理的两种生活方式，审美的生活方式就是力求在当下体验的直接性中丢掉自我，而伦理的生活方式则是一种历久不变的承担与责任状态，在其中，现在既受缚于过去又承诺未来。克尔凯郭尔并没有对这两种生活方式做出任何推荐，他给人们只提供一种选择的空间。但是，当代西方著名的伦理学家麦金太尔（Alasdair Mac Intyre）认为，“伦理的生活方式对我们仍然具有权威。”因为伦理的生活方式内蕴着“承担与责任”，在生态危机十分严峻的时代，我们需要的是“承担与责任”，这种“承担与责任”不是一下子就可以养成的，因而，生态道德的养成必须从娃娃抓起，2004年9月国家林业局发出《关于加强未成年人生态道德教育的实施意见》，提出采取多种措施加强未成年人生态道德教育。未成年人是祖国未来的建设者，未成年人生态道德状况如何，直接关系到中华民族的整体素质，关系到生态文明建设的成败。被称为“中国生态道德教育理论奠基人”的中国沙尘暴研究促进会主席、国家林业局专家咨询委员会委员陈寿朋认为，培育生态道德，就是让人人心中都筑起保护生态的绿色屏障，从而在全社会形成保护生态的强大合力。

第三，生态文化。文化体现着人的本质和人的发展，人创造着文化，文化也塑造着人，把生态价值观植入文化，意味着人与社会新的存在方式的产生。生态文化有两重含义：狭义的生态文化是以生态价值观为指导的社会意识形态为主要内容的观念体系，由政治思想、道德、艺术、宗教、哲学等意识形态所构成。广义的生态文化是以各种民族的、区域的、世界的文化形态出现的，它反映着人与自然和谐共生的存在方式以及人类的物质和精神力量所达到的程度、方式和成果。生态文化具有人化的形式、社会的性质和多样的形态，它是生态意识、生态道德不断积淀、深化的结果。生态意识、生态道德、生态文化是克服生态危机的理性选择，是生态文明建设的深层动力和智力资源。

（二）生态文明的表层结构

第一，生态物质文明。生态物质文明就是生态文明的成果在人们物质生产的进步和物质生活的改善之中的具体体现。是人们在生产、生活中感觉到的实实在在的成果，比如生态产业、生态技术、生态器物等。具体地说，近年来，生态文明的成果已逐渐渗入到社会生活的各个物质领域：从“绿色食品”到“绿色用品”，从“生态玩具”到“生态文具”，从“生态时装”到“生态住宅”，从“绿色汽车”到“绿色飞机”，从“绿色产业”到“绿色市场”，等等。

第二，生态行为文明。生态文明不仅是一种思想观念体系，而且是一种体现在社会行为中的过程。生态文明的主体是人，在现实生活中，生态文明的主体包括：政府、企业、非政府组织、个体公民等。生态文明主体的行为受到生态文明深层结构中各种因素的影响，不同的生态文明主体所产生的行为方式和行为结果并不一样，由于不同主体的利益取向不一致，主体之间会产生各种各样的矛盾，如何协调好各个主体之间的各种矛盾，便成为生态文明建设能否成功的保证。

第三，生态制度文明。生态制度是指以生态环境的保护和建设为中心，调整人与生态环境关系的制度规范的总称。生态制度文明是生态文明建设的制度保证，是生态环境保护制度规范建设的积极成果。光有制度规范是不够的，生态制度文明必须满足三个条件：一是制定了促进生态文明的制度，而且这些制度规范是较为完善的；二是这些生态环境保护制度得到了较为普遍的遵守，主要体现在：人们熟悉生态环境保护制度，主动执行这些制度规范，主动与生态环境保护违法行为作斗争，广大群众环境伦理道德水平较高；三是生态环境保护和建设取得了明显成效。

生态文明的深层结构和表层结构是相互依存的。一方面，深层结构的变化决定并影响表层结构的变化，因而，要在全社会牢固树立生态文明观念，不断唤醒全社会的生态意识，积极培育生态道德，努力建设生态文化，从根本上推进生态文明建设的进程；另一方面，表层结构的变化影响并改变深层结构，因而，要进一步加强生态制度文明建设，促进主体生态行为文明的养成，不断巩固和发展生态物质文明的成果。总之，对生态文明的结构进行双重划分，避免了对生态文明认识上的模糊性，有利于把握生态文明建设的规律，内外结合，多管齐下，一切从实际出发，使生态文明建设同现代化建设同步进行。

二、生态文明的基本特性

（一）实践性与反思性

生态文明建设是实践性和反思性的有机统一。生态文明的实践性体现在人们的全部实践活动之中，人与自然的关系始终是贯穿人类实践活动的主线，人类的生存、发展，一刻也离不开自然，一刻也离不开实践，但是，由于自然宇宙的无限性和人的有限性之间的矛盾，决定了人的实践活动必须在反思中进行。物理学家李政道先生认为，由于暗能量的大量存在，我们的宇宙之外可能还有很多宇宙。科学只能在有限系统中寻求真知，对于人类来说，建构一个囊括一切自然奥秘的真理体系只能是一种主观上的抽象。美国生物学家刘易斯·托马斯（Lewis Thomas）认为："我感觉完全有把握的唯一一条硬邦邦的科学真理是，关于自然，我们是极其无知的。真的，我把这一条视为一百年来生物学的主要发现。"自然奥秘是无穷尽的，人类活动对自然的干预所引起的较近或较远的后果不是很容易预料的，"当阿拉伯人学会蒸馏酒精的时候，他们做梦也想不到，他们由此而制造出来的东西成了当时还没有被发现的美洲的土著居民后来招致灭绝的主要工具之一"，阿尔卑斯山的意大利人，当他们在山南坡把在山北坡得到精心保护的那同一种枞树林砍光用尽时，没有预料到，这样一来，他们就把本地区的高山畜牧业的根基毁掉了；他们更没有预料到，他们这样做，竟使山泉在一年中的大部分时间内出现断流和枯竭，同时在雨季又使更加凶猛的洪水倾泄到平原上。因而，反思便自觉地成为了生态文明的本质要素之一，在生态文明的实践活动中，如果缺乏反思，所造成的后果是难以预料的，可以说，缺乏反思的实践是盲目的甚至是野蛮的。黑格尔认为，所谓反思"意指跟随在事实后面的反复思考"。"反思以思想的本身为内容，力求思想自觉其为思想"。也就是说，反思具有反复思维与反身思维的双重含义，是思维之对象意识和自我意识的辩证统一。

（二）生态性与和谐性

从其价值理念上讲，生态文明同农业文明和工业一样，也是注重采用先进的技术和科学手段改造自然来发展经济。但是生态的主要特点是强调一种相互关系，从而认识到人是自然世界的一部分，是一种竞争、寄生和共生的机制，也是一种整体、协同、循环、自生的系统功能，更注重和谐发展，因而生态文明也具有这一特点。所有的环境问题在某种程度上都是人类社会问题的反映与放大化，生态文明是对农业文明和工业文明的纠错和弥补，它所倡导的是生态价值理念，保护生态环境，解决人类面临的生态危机，力图建立一

种人与自然和谐的关系。它摒弃了工业文明时代的以经济增长和唯利是图的价值衡量体系，提倡的是生态经济、生态文化、生态政治、生态工程，运用生态智慧来实现社会的全方位的发展。所有的一切都是围绕重建与修复生态系统的和谐，改变以前传统的工业文明所带来的对自然环境的破坏，变环境破坏性社会为生态持续性社会。

（三）持续性与高效性

生态文明建设是持续性与高效性的有机统一。持续性是生态文明建设的重要原则之一，持续性并不等于低效性，相反，持续性是与高效性联系在一起的，只有高效地利用自然资源，才能节约资源，从而实现人类社会的可持续发展。要做到持续性与高效性的统一，就必须不断完善生态制度的内容体系，通过完善生态产权制度、建立生态税收制度、健全资源补偿费制度、确立生态核算制度、强化生态非正式制度等一系列的制度安排，真正实现粗放型增长方式向集约型发展方式的彻底转型。

（四）整体性和全方位性

生态文明建设是整体性与全方位性的有机统一。自然界（在此主要指地球）是一个巨大的生态系统，是一个由不同的层带、成分和过程交织构合的整体。从层带上看，这个生态系统包括大气圈、生物圈和矿物圈等；从过程上看，这个生态系统包括物质、能量和信息的流动，水与大气的循环，物种的发育与变化等。这些层带、成分和过程纵横交错，彼此联结，形成一幅无穷无尽交织起来的整体画面，具有整体结构、整体功能和整体运演规律，破坏了它的整体结构、整体功能和整体运演规律，也就破坏了它的存在。

生态文明建设实践中，既要注重它的经济效益和社会效益，又要注重它的生态效益。这三种效益是应当统一而且是能够统一的。要想达成上述三种效益的统一，必须自觉遵循由自然整体结构所决定并由自然整体功能所体现的自然整体运演规律。然而，长期以来，人类没有自觉地遵循自然的整体运演规律，致使其变革自然的实践破坏了自然的整体结构，削弱了自然的整体功能，自己蒙受了自然的疯狂报复。这以单一性价值尺度或者说单纯以经济效益作为决策的基础造成失误的例子太多了。

我国三门峡工程是新中国成立以来名噪海外的巨大水电建设项目，由于泥沙淤积和其他一些问题，这个曾一时声誉卓著的工程建了炸、炸了建，几经起伏，浪费了巨额投资，工期20年，实得装机容量仅20万千瓦的发电能力。正是这个工程还一度严重威胁到关中平原和西安市广大人民群众的生命财产安全。

相反，我国在三峡水利工程的论证时，重视人类变革自然的实践的整体性综合效应，对其可行性和后果进行全方位的分析，体现了经济的、社会的和生态的多重后果的预测。

（五）及时性和创新性

从时间和地域上讲，生态文明的提出有其深远的根源，是对现实矛盾做出的正确抉择。传统的经济发展模式是以高污染、高消耗来获取经济的增长，带来的是资源和能源的减少、环境的破坏。对于中国这样一个国家，人口多，资源和能源消耗大，而且能源利用率明显低于发达国家水平，尤其是煤炭和石油的利用率只有美国的1/3。如果继续下去，会导致环境资源的枯竭，从而失去经济社会的发展的可持续性。因此中国提出发展生态文

明，并把生态文明首次放在治国治党的理论高度来推广实行，这也是我们建设有中国特色社会主义的一大创新，具有及时性和创新性。

第四节　建设生态文明的内容

生态文明既有物质文明，又有精神文明，是两种文明的结合和体现，是当今人类最高层次的文明，是21世纪的文明。如果说欧洲的文艺复兴是人类文明的一次伟大转折，那么生态文明则是又一次更伟大的转折。文艺复兴是人类开始科学认识自然的文明，而生态文明是在深化认识自然基础上改造自然的文明，是人与自然协调和谐发展的文明。它不仅是人类自身生产和人与人之间的文明，而且是人类人道地对待自然的文明，它包含着物质和精神的方方面面。人类自身生产的生态文明包括计划生育、优生优育、男女均衡、种族平等诸多方面，要专门论述，这里仅就社会生产、消费和社区建设方面的生态文明作简要阐述。

1. 生产活动的生态文明

人类最剧烈的活动莫过于利用和改造自然的行为，这是影响环境最基本的因素，当今生态危机也多与此有关。生产活动的生态文明，是要通过人自身的脑、肌肉、神经、手及其延伸物等劳动力的耗费，来引起、调整和控制人与自然之间的物质交换，在对人有用的形式上来占有自然界的物质和能量时，使生态系统的整体结构合理化，即系统要素有合理的空间和时间结构，能促进系统内的物质转换和能量、信息合理高效地流动，既生产出越来越多的满足社会需要的经济产品，又保持良好的生态环境，不破坏生态平衡，不使人们的生活和生产环境恶化。具体到工矿和交通运输企业，就是要综合利用自然资源，防止废弃和浪费。开采和提炼的尾矿、矿渣应妥善处置，避免污染环境。加工生产要节约原材料，用尽可能少的原材料生产尽可能多的社会产品，并在生产过程中用清洁能源、清洁生产工艺，在减少“三废”或基本无“三废”的情况下，生产无污染和对人体、环境无害的绿色产品。要强化现有工业的节能、节材和高新技术的使用，开发推广节能、余热利用、循环使用水的技术，逐步推广纳米材料和纳米技术，淘汰技术工艺落后、能源和原材料消耗高、严重污染环境的产品和企业。不仅对生产终端进行控制，而且严格控制生产全过程，使每一个环节都体现生态文明的原则。

生态文明要求在农林牧大农业生产中，按《中国21世纪议程》中的规定进行。在解决经济发展、摆脱贫困、提高生活水平的同时，全面保护耕地、森林、草地、湿地、水源、种养的动植物品种、野生动植物物种，避免不必要的和可能减少生物多样性及环境污染的行为。自然界的植物、动物和微生物是生态系统的生命部分，它们彼此间在食物网中相互作用，并与阳光、空气、矿物质和养分发生作用，形成生态系统功能的基础。陆地和海洋生态系统为地球上所有生命提供赖以生存的条件，其中包括维持大气中空气成分的平衡、养分的再循环、调节气候、保持水分循环、形成土壤等。环境多样性是生物多样性的条件；生物多样性是形成环境多样性的保证。而这都与生态系统的恢复和稳定密切相关。我们相信，经过现在和未来人们在实践中进行的生态文明建设，研究、开发和推广高产、优质、高效、节水、节能、节饲料等节约型科学技术，通过品种挖掘和技术改良，生物防治和综合防治病虫害技术，环境保护和治理技术等，建成农业和农村的生态经济，就有可能既为我们提供日益丰富安全的食物及生活用品，又使土地更富含营养，生物更繁茂，环境更优美，空气更清新宜人。

2. 生活方式的生态文明

生态文明呼唤科学的生活方式，促使铺张浪费、高耗低效的生活方式按照生态学的要求转变、转换和创新。现代文明、健康、科学的生活方式理应蕴含生态文明的内容。也就是说，现代生活方式应该是一种与自然界充分和谐的，有利于生态环境的优化和人的全面发展的充满生机活力的绿色生活方式。

现代生活方式必然选择绿色生活方式。绿色生活方式是一种按照社会生活生态化的要求，培育支持生态系统的生产能力和生活能力，创建有利于生态环境和子孙后代可持续发展的环保型的生活方式。绿色生活方式要求人们充分尊重生态环境，重视环境卫生，确立新的生存观和幸福观，倡导绿色消费，以达到资源永续利用，有利于人类世世代代身心健康和全面发展的目的。绿色生活方式对于生态文明建设的意义在于，它能够避免和减少消费对生态环境的破坏，并能够通过绿色购买这一消费者的“货币选票”，引导企业从事绿色生产，从而带动整个经济生活和社会生活的“绿色化”。在现实生活中，要鼓励消费可循环产品，鼓励开设“绿色商店”、“绿色超市”。深入开展“绿色饭店”、“绿色学校”、“绿色医院”、“绿色建筑”和“绿色社区”等创建活动。

现在“碳排放”已成人类社会发展瓶颈，世界各国都在致力于发展低碳能源技术，建立低碳经济发展模式和低碳社会消费模式，并将其作为协调经济发展和保护气候之间关系的基本途径，我们要树立低碳生活理念，倡导低碳生活方式，培养责任意识，推崇环保、节能、经济的生活方式。

应先行发展低碳交通。首先，改善公共交通体系。继续实施清洁汽车行动计划，鼓励使用醇类、燃料电池等节能降耗环保型混合动力交通工具，推行电车、自行车的使用，可借鉴杭州市推广免费自行车的经验，减少对轿车的依赖、减少交通拥堵；其次，采取一系列的措施，如公交周、无车日、周末不开车、单双号通行等活动，减少私人轿车的使用；再者，制定新政策来减少交通方面的排放，强制淘汰超标排放车辆，倡导使用符合国家标准的小排量汽车，使汽车尾气排放100％达标。

要大力提倡使用低碳生活用品。一是不断提高空调、冰箱等高耗能家用电器的节能标准，对大多数家用能源设备实施最低能源效率标准。二是倡导群众尽量选用节能型家用电器，如太阳能热水器、省电型空调、节能灯具等。鼓励群众更新能耗较高的老式家用电器，及早维修制止室内制冷制热设备的泄漏等。三是减少固体废弃物的产生量，提高垃圾的回收利用率。同时，培养良好的生活习惯，白天尽量用自然光照明，电脑、电视、打印机、复印机等电器不用时不要处于待机状态。

要大力发展低碳建筑。严格执行新建民用建筑实施节能65％的设计标准（可再生能源在建筑中应用比例不低于5％），新建12层以下建筑全部实施与建筑物统一的太阳能供热技术。全面建立政府机关办公楼和1万平方米以上大型公共建筑用能监管系统，可再生能源在建筑中普遍应用，尤其是太阳能热水系统与建筑一体化设计的推广。结合新农村建设，积极引导农村新建住宅采用节能新技术，拓展居住建筑节能标准的执行范围。在有条

件的地区积极、稳妥地推广水源、地源热泵技术。同时，健全建筑节能改造标准，高耗能公共建筑50%以上实施节能改造。还要研究制定新的环境友好型建筑设计标准，并将其应用于新建筑以减少碳排放，对于原有建筑则需要进行改造促其减排。

3. 建设社区的生态文明

社区环境与生活问题的协调平衡和谐发展，是生态文明的重要内容。社区是人群聚集区，不论是农村或是城市都是人类活动最剧烈的地区。城市是一个大的社区，它的生态文明建设，除了在宏观上提出思想原则、行为规范和一些整体的生态规划建设项目外，还应该由具体社区来建设具有自己特色的生态文明，如校园生态文明、工厂生态文明、街道生态文明、住宅小区生态文明，等等。

中国多数地域是农村，大多数人口生活在农村，创建生态乡村是整个生态文明建设的基础和细胞工程。“垃圾乱丢、污水横流”、“雨天一身泥、晴天一身灰”的农村环境脏乱差问题，是多年来农民群众反映最强烈、要求最迫切、关系最密切的环境问题。为此必须始终坚持以人为本，按生态学原理来处理人与自然的关系，把改善农村人居条件作为农村生态社区建设的一个重点，把垃圾收集处理、污水治理和村庄道路建设作为农村环境整治的最基本要求，注重抓好村庄的改路、改水、改厕等工作，由点到面、由重点到一般、解决社区的环境问题，树立环境意识，建设绿色社区，使人与自然和谐共处，让我们的子孙后代能一直生活在碧水蓝天之中。

第十章 水生态文明的提出与建设

第一节 当前中国农业水利面临的挑战

新中国成立以来，中国农田水利发展取得举世瞩目的成就，当前形势总体看好，但农田水利建设历史欠账多、薄弱环节多、积累矛盾多的问题仍然十分突出。中国农田灌溉水有效利用系数远低于0.7～0.8的世界先进水平；单位用水的粮食产量不足2.4斤每立方米，而世界先进水平为4斤每立方米左右[3]。随着工业化、城镇化快速推进，中国人增地减水缺的矛盾日益突出，保障粮食等农产品供求平衡的任务更加艰巨，农田水利建设面临着巨大挑战。存在的问题突出表现为以下几方面。

一是农田水利基础薄弱，与建设现代农业不相适应。目前，全国仍有近半数的耕地是“望天田”，现有灌溉排水设施大多建于20世纪50—70年代，普遍存在标准低、配套差、老化失修、效益衰减等问题，农田灌排“最后一公里”问题日益突出。全国仍有2.42亿农村居民和3314万农村学校师生存在饮水不安全问题。

二是资金投入虽有增长，仍存在很大缺口。“两工”取消后，农民投劳工日由最高时的年130亿个减少到目前年均30亿个左右。尽管中央财政和地方财政逐步加大投入力度，仍难以弥补资金缺口。

三是农村劳动力外出和农业比较效益低，农田水利兴修发动困难。一些地方农民参与兴修水利的积极性不高，农田水利投入政策、组织方式、管理模式都面临新的挑战。

四是体制机制建设滞后，农田水利管理亟待加强。大中型灌区、泵站等工程管理体制改革公益性人员基本支出和维修养护经费尚未落实到位。小型农田水利工程产权制度改革滞后。农业水价综合改革推进困难。一些乡镇水利站被撤并，抗旱服务队、灌溉试验站等专业服务组织建设相对滞后，农民用水合作组织缺乏必要扶持。

除此之外，与农业水利相关的其他问题也很突出，直接影响了农业水利对农村、农业、农民“三农”的支撑，具体表现为以下几方面。

一、水环境污染不断加重

（一）农村乡镇企业环境污染严重

改革开放带来了乡镇企业的蓬勃发展，带动了农村小城镇的复苏和兴起，但由于乡镇企业的发展具有布局分散、规模小和经营粗放等特征，使得周边环境严重污染。主要集中在造纸、印染、电镀、化工、建材等少数产业和土法炼磺、炼焦等落后技术上。由于乡镇企业的废水、废气处理率、处理达标率和符标率等三项指标均低，从而导致对农村生态环

境的污染。近年来，随着乡镇企业的快速发展，污染的范围与程度均有迅速蔓延和加重的趋势[4-5]。

（二）农村面源污染严重

随着点源污染的控制，农业面源的污染已成为水环境污染、湖泊水库富营养化的主要影响因素。农业面源污染主要来自农业措施中使用的化肥和农药残留物被雨水淋溶后随径流进入水环境，以及水土流失过程中土壤养分和有机质随泥沙一起被带入水环境。

1. 化肥的大量施用

实行农业生产承包制以来，加之市场经济的发展，农民不愿在所承包的土地上投入更多，表现在有机肥料施用的大幅度减少和化学肥料的快速增长且氮磷钾使用比例不平衡[6]（表 10－1），其结果导致土壤板结、耕作质量差，肥料利用率低，土壤和肥料养分易流失，造成对地表水、地下水的污染，湖泊富营养化。

化肥的不合理施用，主要表现在过量施用氮肥和磷肥、钾肥施用不足与区域地区间分配不平衡。全国缺钾耕地面积占耕地总面积的 56%，20%～30%的耕地氮养分过量[7]。大量的氮和磷营养元素随农田排水或雨水而进入到江河湖泊，导致水体的富营养化，水质恶化。山东南四湖来自农田径流的氮和磷负荷分别占总负荷的 35%和 68%[8]。对太湖、巢湖、滇池"三湖"富营养化的成因分析表明[9]，造成水体富营养化的污染源主要来自生活污水和农田的氮、磷流失，工业废水对 TN（总氮含量）、TP（总磷含量）的贡献率仅占 10%～16%。太湖、滇池和巢湖面源污染物对 TN 的贡献率分别为 59%、33%和 63%，对 TP 的贡献率分别为 30%、41%和 73%。

黄淮海平原农业区 14 个县市的调查结果显示[10]，农村和小城镇由于农用氮肥的大量施用而引起的地下水、饮用水硝酸盐污染的问题已十分严重。在调查的 69 个地点中有半数以上超过饮用水硝酸盐含量的最大允许浓度（50 毫克/升），其中最高者达 300 毫克/升。中国农业大学在河南温县和山东桓台所做调查表明，高产农区和高产田块地下水硝态氮污染程度明显高于中低产农区和田块[11]。

表 10－1　中国农田养分投入中有机肥和化肥结构的变化

年份	肥料投入			化肥构成		
	总量（万吨）	有机肥比重（%）	化肥比重（%）	氮肥（万吨）	磷肥（万吨）	钾肥（万吨）
1949	443.8	99.9	0.1	0.6	—	—
1957	725.8	94.9	5.1	31.6	5.2	—
1965	974.4	81.9	18.1	120.6	55.1	0.3
1975	1709.8	68.6	31.4	364.0	160.9	23.0
1980	2487.7	49.0	51.0	943.3	287.0	39.2
1985	3218.2	44.8	55.2	1258.8	407.9	109.1
1990	4127.1	37.2	62.8	1740.9	646.8	202.6

续表

年份	肥　料　投　入			化肥构成		
	总　量（万吨）	有机肥比重（%）	化肥比重（%）	氮　肥（万吨）	磷　肥（万吨）	钾　肥（万吨）
1995	5295.0	32.1	67.9	2224.0	994.0	376.9
2000	6028.0	30.3	69.7	2470.6	1111.8	617.6
2005	6766.0	29.6	70.4	3000.0	1096.0	670.0
2010	7562.0	26.4	73.6	3500.0	1300.0	762.0

2. 农药的大量施用

中国农药总产量由1989年的20.62万吨增加到1997年的39.45万吨，生产品种从1986年的5个发展到1997年的227个。每年农药的使用量在23万吨左右，平均使用农药2.33千克每公顷，其中浙江和上海用药水平最高，分别达9.96千克每公顷和9.85千克每公顷（表10－2）[7,12-13]。农药对水体的污染主要来自于①直接向水体施药；②农田使用的农药随雨水或灌溉水向水体的迁移；③农药生产、加工企业废水的排放；④大气中的残留农药随降雨进入水体；⑤农药使用过程中，雾滴或粉尘微粒随风飘移沉降进入水体以及施药工具和器械的清洗等。一般来讲，只有10%～20%的农药附着在农作物上，而80%～90%则流失在土壤、水体和空气中，在灌水与降水等淋溶作用下污染地下水。不同水体遭受农药污染的程度的次序依次为：农田水→田沟水→径流水→塘水→浅层地下水→河流水→自来水→深层地下水→海水。

表10－2　　中国不同地区农药使用水平　　单位：kg/hm^2

使用水平	地区	使用量	使用水平	地区	使用量
Ⅰ（>6.0）	浙江	9.96	Ⅲ（1.5～3.0）	天津	1.66
	上海	9.85		海南	1.66
	福建	7.69		河南	1.62
	广东	7.12		云南	1.51
Ⅱ（3.0～6.0）	湖南	4.92	Ⅳ（0.75～1.5）	陕西	1.10
	江苏	4.37		贵州	0.90
	山东	3.97		山西	0.81
	广西	3.62		吉林	0.77
	安徽	3.15			
Ⅲ（1.5～3.0）	北京	2.93	Ⅴ（<0.75）	青海	0.71
	湖北	2.89		宁夏	0.64
	河北	2.43		甘肃	0.58
	辽宁	2.39		新疆	0.49
	江西	2.21		黑龙江	0.41
	四川	1.71		内蒙古	0.36

朱忠林等的研究表明[14]，在地下水埋深不足1米的地方，极易发生农药的地下水污染。棉田、菜田农药喷洒次数多、利用率非常低。湖北省天门县产棉区因大量施用农药致使当地饮用水受到污染，据卫生部门监测，BOD含量达1.125毫克每升，超过国家标准375倍，DDT含量达0.44毫克每升，超标1.25倍，个别村镇井水已完全不能饮用[15]。1997年吉林四平一生产阿特拉津的工厂其污水排入河道后流入辽宁境内，农民用河水灌溉稻田后造成2600多公顷水稻受害的特大污染事故。

值得重视的是近年来造成污染事故的品种以一些高效、超高效的除草剂为主。单正军等在棉田试验除草剂拉索对地下水污染的结果表明[16]，当施药量为有效成分3千克每公顷时，30天后试验区内的地下水中即有检出，浅水井浓度高于深水井，并且在试验区外的观测井中也有检出，表明已向邻近地区扩散，在129天时水中拉索浓度最高为5.1微克每升，超过美国有关规定的最大允许浓度（2微克每升）。

3. 污水灌溉

改革开放以来，中国工农业发展较快，1999年污水排放量达401亿立方米，污水的水质发生明显的变化，水中污染物浓度增高，有毒有害的成分增加。污灌面积已从1963年仅有63万亩发展到1998年的5427万亩，占全国总灌溉面积的7.3%，特别是1978—1980年污灌面积从500万亩猛增到2000万亩[17]。由于大量未经处理污水直接用于农田灌溉，水质超标、灌溉面积盲目发展，已经造成土壤、作物及地下水的严重污染。污水灌溉已成为中国农村水环境恶化的三大原因之一，直接危害着污灌区的饮水及食物安全。

污水灌溉的农田主要集中在北方水资源严重短缺的海河、辽河、黄河、淮河四大流域，约占全国污水灌溉面积的85%。大型污灌区主要集中在北方大、中城市的近郊县，其中包括全国五大污水灌区的北京污灌区、天津武宝宁污灌区、辽宁沈抚污灌区、山西惠明污灌区及新疆石河子污灌区。

4. 集约化养殖场的污染

随着城乡人民生活水平的提高，人们对肉类消费需求大增，消费种类也从猪肉为主向牛、羊、禽等多元化方向发展。中国畜禽养殖业得到迅速发展，畜禽基地建设开始于20世纪80年代中期，特别是1978年国家提出了建设“菜篮子工程”以来，城乡畜牧业规模发展迅速，各地在城镇郊区附近建立了一大批养殖场，由原来农村的分散养殖变成了集中养殖，由此而带来了畜禽粪便废弃物的排放处理和污染问题。据推算1988年全国畜禽粪便产量为18.84亿吨，为当年工业固废量的3.4倍，1995年已达24.85亿吨，约为当年工业固废量的3.9倍。农业部估计全国畜禽粪便年排放量2000年将会超过27亿吨，相当于工业固废排放量的3～4倍[19]。

北京市现有大中型畜牧场2500家，蛋鸡场901个，年排放废弃物达700多万吨，因堆粪占据土地1200公顷。堆粪场（池）附近的农田由于粪水的直接侵蚀使数千公顷的农田失去了生产价值，此外粪尿中大量氮磷渗入地下，使地下水中硝态氮、硬度和细菌总数超标。如房山窦店地下水硝态氮明显超标，峪口鸡场地下水硝态氮污染也比较明显。靠密云水库和京密引水渠的密云县田各庄分布着数个大型鸡场，严重威胁着北京市居民饮用水的安全[19-20]。

据1989年中国农业环保协会对上海郊区牧业生态环境的考察，畜禽粪便量已突破

1200万吨/年，超过全市废渣排放量（663.1万吨）和全市卫生废物的排放量（663.4万吨）。畜禽养殖业日益成为新的污染大户。这些畜禽粪便90%未经处理排入河道，平均每公顷水面接纳粪尿18吨，不少河流因此而富营养化[18]。

水产养殖业也对一些湖泊、水库造成污染，这种污染的来源主要包括：①鱼类粪便；②饵料沉淀；③为使水生植物生长而撒播的各种肥料。

5. 居民生活污水和废弃物的污染

生活污水的排放中应注意洗衣粉磷负荷的贡献率，根据南京地理与湖泊所的推算[21]，太湖洗衣废水占生活污水的21.6%，巢湖和滇池较低为17.9%。

另外，中国的生活垃圾数量巨大，3亿城镇人口，每人每天产生1公斤计，9亿农村人口，每人每天产生0.5公斤计，每天共产生75万吨，全国每年合计将增加生活垃圾27375万吨。同工业垃圾一样，生活垃圾利用率极低，大部分都露天在城郊和乡村堆放，这不仅占去了大片的可耕地，还可能传播病毒细菌，其渗漏液污染地表水和地下水，导致生态环境恶化。据统计[22]，北京市占地面积在50平方米以上的垃圾堆放点有4500多个，全市年生活垃圾150万吨左右，累计占地约7000亩。事实上全国目前已有2/3的城市陷入了垃圾的包围之中，大量生活垃圾的产生和累积，加剧农村生态环境的恶化。

二、水土流失面积有增无减

水土流失是中国生态环境最突出的问题之一。目前总的情况是：小片治理，大片加重；上游流失，下游淤积；灾害加重，恶性循环；水土流失面积有增无减。由于中国是一个多山国家，山地面积大，平均海拔高，一方面由于重力梯度和水力梯度的作用，极易形成水土流失；另一方面，高低悬殊的台阶地势对中国水土流失的地域分布具有重大影响。中国水土流失的重点地区集中在大兴安岭—太行山—雪峰山一线以西，青藏高原及蒙新干旱区以东的地区。这一地区处于我国地势总阶梯中的第二级台阶上，大致成北东向的宽600～800公里，长达3000余公里的条带，也是中国生态环境脆弱带（气候干湿交替型）所在区域。从全国范围看，水土流失特别严重的地区从北到南主要有：西辽河上游、黄土高原地区、嘉陵江中上游、金沙江下游、横断山脉地区以及南方部分山地丘陵区。中国水土流失强度以西北省份最为严重，前八名为：陕西、甘肃、山西、内蒙古、青海、宁夏、辽宁、北京，除水力侵蚀为主的区域外，在西北、华北、东北部分地区以及青藏高原地区还分布有风力和冻融侵蚀的区域。

水土流失所引起的危害影响深远，其最直接的后果是破坏土地资源，使耕地表土流失，带走大量营养物质，降低土壤肥力，并最终导致土地生产力的下降；其次是造成下游河道与水库的淤积，既危及行洪安全，又降低水库库容，缩短水库寿命。水土流失是“自然侵蚀”与人类活动造成的“加速侵蚀”相互叠加的结果，又由于后者的强度增加而不断发展。今后，随着中国人口的增长，人地关系日趋紧张，对土地的开发强度会越来越大，如无根本性治理措施，水土流失将进一步加剧。

三、土壤次生盐渍化程度趋重

土壤次生盐渍化是危及中国农业发展的一个重要问题。中国盐渍化面积已达2000多

万公顷，其中青海柴达木盆地盐渍化土地和盐渍撂荒土地占耕地面积的65.22%，宁夏引黄灌区银北地区（含银川市郊区）盐渍化面积高达64%[23]，清水河中下游平原和扬黄新灌区也发生或潜在土壤盐渍化威胁。另外，新疆土壤次生盐渍化程度也有加重的趋势，全新疆现有盐渍化耕地120万平方公里，占现有耕地面积的30%以上，其中重度、中度、轻度盐渍化面积分别占18%，33%，49%。甘肃有盐碱地耕地11.2万公顷，其中次生盐渍化耕地面积占55%，在全省14万公顷的盐碱地中，河西地区占80%[23]。内蒙古河套灌区程度不同的各类盐碱地面积达23.8万公顷，占可供开发利用的土地面积的30%以上[24]。

四、农村饮水不安全问题依然存在

农村供水工程规模相对较小、供水成本高、水价不到位，难以实现专业化管理，建立工程良性运行机制的难度大。截至2010年底，全国已建的农村集中式供水工程中有90%是单村供水工程；全国农村饮水安全工程平均水价还达不到完全成本，绝大多数工程只能维持日常运行，水费收入只能弥补运行成本，无法足额提取工程折旧和大修费，不具备大修和更新改造的能力。

农村饮用水水源类型复杂，规模小、分布广，农业面源污染以及生活污水、工业废水不达标排放问题突出，水源地保护难度大，各项保护措施难以完全落实，甚至在南方部分水资源相对丰富的地区也难以找到合格水源。部分农村供水工程，特别是早期建设的一些单村供水工程，存在着设计时未考虑水质处理和消毒设施，或虽有设计但未按要求配备、配备了但未正常使用等现象。由于缺乏专项经费，一些地方缺乏水质检测设备和专业技术人员，水质检测工作薄弱[25]。

五、沙漠化土地迅速蔓延

据中国科学院兰州沙漠研究所研究表明，中国北方地区沙漠、戈壁、沙漠化土地面积达149万平方公里，占国土面积的15.5%。1987年中国已沙漠化的土地达20.12万平方公里，潜在沙漠化土地面积13.28万平方公里。其中沙漠化土地比1975年增加了2.52万平方公里，主要由潜在沙漠化土地发展而来，年均增2100平方公里，快于从50年代末到70年代中的发展速度（1560平方公里每年）。沙漠化对农牧业发展影响最大的区域为东起松嫩沙地，西至宁夏盐池的半干旱农牧交错地区，约占全国沙漠化土地的69%。我国目前约有5900万亩农田、7400万亩草场和2000多公里的铁路受到沙漠化的威胁。

对中国沙漠化成因分析表明，沙漠化土地的迅速蔓延主要是由于人类不合理的活动造成的，包括过度农垦、过度放牧、过度采樵和水资源利用不当等。如果继续保持目前的资源利用方式和强度，土地沙漠化将会继续发展下去。

六、自然灾害与环境事故频繁

中国大部分地区受季风影响，灾害频繁，损失巨大。公元前206—公元1949年的2155年内，中国发生过较大旱灾1056次，较大洪涝灾害1092次。几乎每两年就发生旱、涝灾害各一次。1949年以后，灾害发生次数增多，频率加快，危害加重。全国年均农作物受灾面积，60年代高于50年代，70年代又高于60年代，而80年代又高于70年代，全国年均成灾面积80年代是50年代的2.2倍，是70年代的1.8倍。研究表明，地球上每年的旱涝灾害，对生态环境构成了巨大威胁，其经济损失占各类自然灾害总损失的55%以上。而旱涝灾害造成的经济损失，在中国自然灾害中也居首位。以粮食减产为例，由于成灾面积的增长和单产提高，因灾害造成粮食减产数呈上升趋势。此外，每年因灾害还造成人员财产等重大损失。

恶性的突发环境事故也造成严重危害，近年来发生的污染事故每年均在3000次以上，1990年为3462次。1987年上海地区因污染而爆发的甲型肝炎流行使31万人感染，学校停课，工人停工，经济损失严重，影响恶劣。值得提出的是，这类事件常常具有突发性而难于防范，在中国环境污染趋势未能缓解的情况下，类似严重危害人体健康的突发环境事件仍有随时爆发的可能。

人类活动造成的生态破坏和环境污染已引起巨额外部经济损失，直接影响到经济指标和经济趋势。

据国家环保总局和国家统计局联合发布的《中国绿色国民经济核算研究报告2004》报告，2004年中国因环境污染造成的经济损失为5117亿元，占GDP的3.05%。其中，水污染的环境成本为2962.8亿元，占总成本的55.9%，大气污染的环境成本为2198.0亿元，占总成本的42.9%；固体废物和污染事故造成的经济损失为57.4亿元，占总成本的1.2%[26]

据悉，由于基础数据和技术水平的限制，此次核算没有包含自然资源耗减成本和环境退化成本中的生态破坏成本，只计算了环境污染损失。环境污染损失成本仅核算了其中的10项，且存在低估和缺项[26]。即便如此，数字依然非常惊人，说明环境形势十分严峻。

第二节　水生态文明的提出

水利是与河流关系最密切、影响最直接的人类活动。通观历史我们可以看到，人类文明的进步一直都是与水利事业的发展密不可分的，水利事业也随着社会的发展而发展。一个水利工程的兴建往往可以带动一方社会的繁荣和各种文明的形成。今天的三峡工程、小浪底工程、南水北调工程等大型水利工程正是中国社会文明和经济发展到一定程度的见证。这些水利工程的兴建必将大力推动中国的三个文明（物质、精神、生态文明）建设，这些区域也必将或正在成为中国社会经济最繁荣、生态环境协调发展、生态文明建设良好的地区。可见，水利在社会发展和人类文明进程中一直都起着举足轻重的作用。水利事业将随着社会生产力的发展而不断发展，并成为人类社会文明、生态文明和经济发展的重要支柱。

水利作为国民经济和社会发展的重要基础设施，在国家全面开展生态文明建设中肩负着十分重要的职责。面对经济发展、人口增加和全球气候变化，中国干旱缺水、洪涝灾害、水污染和水土流失等问题十分突出，淡水资源供需矛盾突出、饮用水安全形势严峻、局部水生态系统失衡，水资源和水环境问题造成巨大经济损失，危害群众健康，影响社会稳定和生态环境安全，严重制约了经济社会的可持续发展。有效节约和保护水资源，实现水资源的可持续利用，是中国全面建设生态文明、加快推进现代化进程中必须着力加以解

决的重大课题。

近年来，中国提出了从传统水利向现代水利、可持续发展水利转变的治水新思路，进行了一系列卓有成效的探索。实践表明，这些思路与探索符合科学发展观的要求，是解决中国水资源问题的成功之路。中央2011年一号文件指出，水利是生态环境改善不可分割的保障系统，加快水利改革发展，不仅关系到防洪安全、供水安全、粮食安全，而且关系到经济安全、生态安全、国家安全。因此，建设生态文明，水利部门义不容辞。

但是，随着经济的发展和人口的增长，在中国可利用的水资源正变得越来越少，进而影响全面实现小康目标的完成。据有关统计数据显示，2006年全国七大水系监测断面中62%受到污染，流经城市的河段90%受到污染。在某些地方，生态破坏已经造成对人类生存的现实威胁。因此，水利工作要始终以科学发展观为指导，积极践行可持续发展治水思路，大力发展民生水利，科学治水、依法管水，不断加强水利建设，不断夯实农田水利基础，不断强化水资源管理和节约保护，不断深化水利改革，着力做好防汛抗旱减灾工作，才能为经济社会更好更快发展、民生持续改善提供有力的支撑和保障。

2013年1月4日，水利部印发《关于加快推进水生态文明建设工作的意见》（简称《意见》），这是贯彻落实党的十八大关于加强生态文明建设重要思想，全面推进水生态文明建设的具体部署。

《意见》指出，水是生命之源、生产之要、生态之基，水生态文明是生态文明的重要组成和基础保障。长期以来，中国经济社会发展付出的水资源、水环境代价过大，导致一些地方出现水资源短缺、水污染严重、水生态退化等问题。加快推进水生态文明建设，从源头上扭转水生态环境恶化趋势，是在更深层次、更广范围、更高水平上推动民生水利新发展的重要任务，是促进人水和谐、推动生态文明建设的重要实践，是实现“四化同步发展”、建设美丽中国的重要基础和支撑，也是各级水行政主管部门的重要职责。

《意见》明确，水生态文明建设的指导思想是以科学发展观为指导，全面贯彻党的十八大关于生态文明建设战略部署，把生态文明理念融入到水资源开发、利用、治理、配置、节约、保护的各方面和水利规划、建设、管理的各环节，坚持节约优先、保护优先和自然恢复为主的方针，以落实最严格水资源管理制度为核心，通过优化水资源配置、加强水资源节约保护、实施水生态综合治理、加强制度建设等措施，大力推进水生态文明建设，完善水生态保护格局，实现水资源可持续利用，提高生态文明水平。

《意见》提出，水生态文明建设的目标是：最严格水资源管理制度有效落实，“三条红线”和“四项制度”全面建立；节水型社会基本建成，用水总量得到有效控制，用水效率和效益显著提高；科学合理的水资源配置格局基本形成，防洪保安能力、供水保障能力、水资源承载能力显著增强；水资源保护与河湖健康保障体系基本建成，水功能区水质明显改善，城镇供水水源地水质全面达标，生态脆弱河流和地区水生态得到有效修复；水资源管理与保护体制基本理顺，水生态文明理念深入人心。同时，明确了水生态文明建设包括8个方面的主要工作内容：一是落实最严格水资源管理制度；二是优化水资源配置；三是强化节约用水管理；四是严格水资源保护；五是推进水生态系统保护与修复；六是加强水利建设中的生态保护；七是提高保障和支撑能力；八是广泛开展宣传教育。

《意见》提出，水利部将选择一批基础条件较好、代表性和典型性较强的城市，开展水生态文明建设试点工作，探索符合中国水资源、水生态条件的水生态文明建设模式。在此基础上，尽快启动全国水生态文明市创建活动。通过水生态文明建设试点和创建活动，树立典型，发挥示范带动效应。

《意见》要求，各流域机构和各级水行政主管部门主要负责同志要亲自抓，积极安排部署，认真督促检查，及时研究解决工作中的重大问题，确保各项工作落到实处。要按照本意见的要求，抓紧制定具体工作方案，加快推进水生态文明建设工作。

第三节　水生态文明建设进展

践行生态文明理念、建设美丽中国、实现中华民族永续发展，是党的十八大做出的重大战略部署。水利工程建设是生态文明建设的重要基础，事关发展全局，惠及民生福祉。地方政府部门先后出台了一系列水生态文明建设规划或实施方案。主要包括以下内容。

一、北京市水利工程建设实施方案

针对在“7·21”特大自然灾害中暴露出的一些不足和突出问题，北京市市委、市政府决定，利用4年左右时间，全市动员、全民参与、全力保障，坚决打好水利工程建设攻坚战。

2013年2月4日，北京市政府印发了《北京市水利工程建设实施方案（2012—2015年）》（以下简称《方案》）。计划2015年底前，完成中小河道治理等8项主要任务，实现“区区有重点、镇镇有项目、村村有工程、社区有集雨”，建成相对完善的流域防洪体系和水资源收集利用体系，为建设“人文北京、科技北京、绿色北京”和中国特色世界城市奠定更加坚实的基础。《方案》确定的主要任务包括以下几方面内容。

1. 中小河道治理工程

排查河道行洪安全隐患，清除河道管理范围内的障碍物，要建立台账，挂账督办，限期清除。对洪涝灾害易发、工程设施薄弱、保护区人口密集、保护对象重要的1460公里中小河道进行重点治理，完善配套设施，实现防洪达标。

2. 水毁设施修复改造工程

完成7项市属水利工程水毁修复、13座区县小型水库除险加固和15条水毁严重小流域防洪工程修复；完成密云水库溢洪道加固和卢沟桥拦河闸、城市河湖病险闸桥改造等工程。

3. 雨水集蓄与内涝治理工程

建设1800处城乡雨水收集利用设施，排查改造164座下凹式立交桥雨水泵站，改造350公里雨污水管线并消除“断头管”；建设4处大型雨洪蓄滞工程；工程措施与管理措施相结合，消除城市内涝隐患。

4. 南水北调配套工程

建成东干渠、南干渠、大宁调蓄水库、团城湖调节池、密云水库调蓄工程、郭公庄水厂、通州水厂等南水北调重点配套工程。

5. 污水处理和再生水利用工程

新建扩建中心城、新城、乡镇污水处理厂、再生水厂 40 座，新增污水处理规模 205 万立方米/日，配套建设再生水管线 485 公里。

6. 流域综合治理工程

继续推进永定河、北运河、潮白河流域综合治理，加固堤防 130 公里，河道生态修复 60 公里；新建、修复南大荒等 6 处水质净化湿地工程；实施顺义杨镇等 5 处水网整治工程。

7. 生态清洁小流域建设工程

以水源保护为中心，构筑“生态修复、生态治理、生态保护”三道防线，实施“污水、垃圾、厕所、河道、环境”五项同步治理，建设生态清洁小流域 130 条，治理水土流失面积 1600 平方公里。

8. 农田水利工程

对农村地区 7800 座塘坝、坑塘、鱼池逐一进行排查，消除隐患，确保安全；继续实施都市型现代农业节水灌溉工程；结合 7.47 万公顷（112 万亩）高标准基本农田建设，疏挖排水沟渠；结合农村“一事一议”财政奖补政策，推进村庄排水沟渠疏挖整治，确保村庄排水畅通。

二、全国首家水生态文明建设试点城市

2013 年 1 月 11 日，中国广播网报道指出，水利部已经确定济南市为全国首家水生态文明建设试点城市，将通过实践为全国水生态文明建设积累经验，发挥示范引导作用。按照水利部的要求，济南市将明确实行最严格的水资源管理制度，完善河湖水网体系，加强水资源节约利用，改善水生态环境，保障饮用水水源地安全达标、加强地下水管理与保护，强化水生态安全。据了解，济南市水生态文明市试点建设期为 2013 年至 2015 年，到 2020 年争取实现“泉涌、河畅、水清、景美”的目标。

立足于济南市各区生态功能与特色，济南全市共分为五个生态区，济南市中心城区水系空间的整体布局为“一核、三区、六廊、九点”。“一核”指以泉水风貌为中心的老城区，“九点”为环绕中心城区的卧虎山、锦绣川、狼猫山、杜张四座水库和大明湖、华山湖、玉清湖、鹊山龙湖、白云湖五个湖泊及毗邻的相关湿地等，形成九大水面。今年，济南市启动了城区河道生态治理一期工程，对兴济河上游、广场东沟、广场西沟等污染较重的河道进行清理。同时，北店子、玉清湖输水管线等水源连通工程也正在进行中，新建睦里闸至腊山分洪道、兴济河至千佛山南输水管线，向腊山河、南郊水厂、玉绣河等补水。通过这些新建的输水管线以及南水北调输水渠道，济南将打通长江水、黄河水以及本地各大水库和地表河流的联系，使整个水系连成一张大网，让水源能够顺畅的调度，从而避免出现南部大水缸干涸、紧急调水的尴尬。

三、水利风景区建设成效显著

2012 年 12 月 1 日，甘肃省玛曲县黄河首曲、江苏省淮安市古淮河、湖南省辰溪县燕子洞、河南省商丘古城等 43 处水利特色突出、文化品位高的景区被批准为国家水利风

景区。

至此，国家水利风景区总数达到518个，加之千余个省级水利风景区，已形成涵盖全国主要江河湖库、重点灌区、水土流失治理区的水利风景区群落。

2012年11月1日，水利部副部长胡四一在福建莆田召开的全国水利风景区建设与管理工作会议上指出，水利风景区以其巍峨的水利工程、独具特色的水利景观、良好的生态环境、丰富的文化内涵，为人们提供了观光、休闲及文教活动空间，满足了人们渴望重返青山绿水的需求，实现了生态、经济、社会效益的良性互补，让人民群众更好地享有水利发展成果。

他指出，水利风景区建设应恪守"因地制宜，讲求实效；以人为本，统筹兼顾；突出保护，可持续发展"原则。从实践效果来看，基本达到了预期目的。"规划先行"基本扭正了开发与保护的关系，初步遏制了水利旅游资源的滥开发现象，避免了重大安全事故发生，同时，挖掘利用和保护了水文化资源，使一些几近湮没的珍贵文化再现于世，并且推进了水利渔业资源的科学利用与发展。

水利部综合事业局局长、水利部水利风景区建设与管理领导小组副组长王文珂表示，近年来，水利风景区工作取得长足发展。景区申报质量显著提升，建设日趋规范，生态作用日益彰显。同时，景区建管水平显著提高，品牌效应不断扩大，社会支持度逐年攀升。

加强水利风景区建设与管理，是维护水资源安全、水工程安全、水生态安全的重要手段，也是促进人与自然和谐相处、推动民生水利新发展和生态文明建设的有效举措。据了解，今后中国将加快水利风景区基础理论体系建设，强化顶层设计与人员培训，建立水利风景区动态监管和退出机制。

水利风景区，是指以水域（水体）或水利工程为依托，具有一定规模和质量的风景资源与环境条件，可以开展观光、娱乐、休闲、度假或科学、文化、教育活动的区域。

四、山东水生态文明建设工作

山东各级水利部门以科学发展观为指导，认真贯彻落实中央治水兴水决策部署，积极践行可持续发展治水思路，牢固树立民生水利发展理念，以水资源高效利用和有效保护为核心，着力加强水资源管理和水生态文明建设，形成了以下水生态文明建设特色。

（1）在落实最严格水资源管理制度方面，山东健全和完善全省及各市县"三条红线"指标体系，严格控制用水总量，遏制不合理的新增取水；严格用水效率控制，深入推进节水型社会建设；严格入河湖排污总量控制，加强水功能区和入河湖排污口监督管理。

（2）围绕"四带三区两湖一环"生态水系重点工程建设总体布局，加快推进南水北调东线一期、胶东调水、引黄济青改扩建及配套工程建设，大力推进河湖水系连通工程建设，构建引排顺畅、蓄泄得当、丰枯调剂、多源互补、调控自如的河湖库渠水网体系。

（3）水污染防治是未来水利工作的重点。抓紧完成山东省水功能区分阶段限制排污总量意见，建立水功能区水质达标评价体系，深入开展重要饮用水水源地安全保障达标建设。要全面构建流域治污体系，确保到2015年南水北调东线干线稳定达到调水水质要求，小清河污染问题得到基本解决。

（4）通过加强水土保持生态建设，着力打造水生态安全屏障。要切实抓好泰沂山区、

胶东半岛丘陵区、鲁西北黄泛平原区水土保持工程建设，大力开展坡耕地综合治理，积极推进生态清洁小流域建设，实施河湖水库生态综合整治工程，加大地下水超采区和海水入侵区治理力度，加快海堤达标建设，加强河口湿地保护，打造山东半岛生态海岸。

（5）加强以重要控制断面、重要水功能区和地下水超采区为重点的水质水量监测能力建设，加快构建覆盖全省的水资源监测、水灾害防御指挥决策和水工程运行管理调度信息化支持系统，抓紧完善水资源监测、用水计量与统计等管理制度和技术标准。

（6）进一步强化水资源统一管理，推进城乡水务一体化管理，健全和完善流域水生态环境保护协作制度。要严格水资源有偿使用制度，完善水价形成机制，积极建立水权转让制度，探索建立水生态补偿机制。

五、莱芜市水生态文明建设

2012年10月26日，莱芜市与省水利厅签订《加快推进莱芜水生态文明市建设合作备忘录》（以下简称《备忘录》）共同推进水生态文明市建设。《备忘录》指出，莱芜将以此为契机，把水利建设作为经济社会发展的先导性、基础性、战略性工程，摆在重中之重的突出位置，进一步落实责任、加大投入、强化措施、加快进度，全力推进水资源管理体系、水生态体系、水工程体系、水管理体系、水景观体系等各项建设，尽快把莱芜创建成为“水资源可持续利用、水生态体系完整、水生态环境优美”的水生态文明市。

六、临沂市水生态文明建设

2013年1月21日，临沂市委、市政府出台《关于创建省级水生态文明市的实施意见》（以下简称《意见》），就临沂市创建工作进行安排部署。

《意见》强调，要以水资源高效利用和有效保护为核心，全面加强水资源、水工程、水管理、水生态、水景观“五个体系”建设，形成工程体系健全、用水方式科学、生态环境良好、管理运行高效、景观特色鲜明的水生态文明氛围，推动现代化水利示范市建设，在全省率先形成人水和谐、生态文明的现代水利体系，以水资源的可持续利用保障经济社会的可持续发展。

第十一章　农业水利生态文明建设

第一节　农业水利在生态文明建设中的历史使命

一、从生态文明角度看中国农业水利工程建设

水是生命之源、生产之要、生态之基。兴水利、除水害，事关人类生存、经济发展、社会进步，历来是治国安邦的大事。水利工程建设是一项协调人和自然关系的措施。过度偏重于改变自然的原生态，将造成自然界的惩罚，国内外有不少例子已经证实。李冰父子“深淘滩，低作堰”，大禹治水采用疏导的方法是古代顺应自然规律兴建水利工程的典范，至今仍值得我们借鉴。

目前，水资源供需矛盾突出仍然是可持续发展的主要瓶颈，农田水利建设滞后仍然是影响农业稳定发展和国家粮食安全的最大硬伤，水利设施薄弱仍然是国家基础设施的明显短板。随着工业化、城镇化深入发展，全球气候变化影响加大，中国农业水利面临的形势更趋严峻，增强防灾减灾能力要求越来越迫切，强化水资源节约保护工作越来越繁重，加快扭转农业主要“靠天吃饭”局面任务越来越艰巨。2010 年，西南地区发生特大干旱、多数省区市遭受洪涝灾害、部分地方突发严重山洪泥石流，再次警示我们加快水利建设刻不容缓。

新形势下水利是现代农业建设不可或缺的首要条件，是经济社会发展不可替代的基础支撑，是生态环境改善不可分割的保障系统，具有很强的公益性、基础性、战略性。加快水利改革发展，不仅事关农业农村发展，而且事关经济社会发展全局；不仅关系到防洪安全、供水安全、粮食安全，而且关系到经济安全、生态安全、国家安全。

水利部部长陈雷在 2007 年水利学会学术年会上的讲话中再次明确强调“总体上看，中国水利基础设施建设还不能满足经济社会又好又快发展的要求，相对于经济社会发展和人民群众不断提出的更高要求，水利基础设施不是过多，而是严重不足；水利建设不是超前了，而是相对滞后。”

二、农业水利在生态文明建设中面临的历史使命

（一）重点解决民生水利问题

中国是一个干旱、洪涝灾害频发的国家，水带给中华民族的沉重灾难总是没有尽头。据史料记载，1949 年前的 2155 年间，中国较大洪涝灾害发生 1029 次，差不多两年一次；较大旱灾发生 1056 次，也差不多两年一次。从大禹治水到今天水利事业的发展与积累，

人类战胜旱灾、洪涝灾害的能力逐步增强，但保障人民群众的防洪安全、农村饮水安全，抗旱保收生产安全依然是中国农业水利长期的工作重点。

（二）从生态文明观出发，科学规划农业水利工程

在兴建各类水利工程的时候，应尽可能考虑减少对自然原生态的改变，如蓄水工程是否应该多考虑些生态流量，减少对下游生物生存环境的影响；多留些洪水，减少对下游生物生存环境的影响和对水环境容量的影响。如进行河道工程建设时，多考虑疏浚，少筑堤；多考虑拓宽，给洪水以出路，少围垦水面；多考虑保留其自然走向，少进行截弯取直等工程措施；多保留些河道生物生存的环境，少破坏。如在进行水资源配置建设中，尽可能先保证本流域（河段）的用水（含洪水），满足生态和环境水量的要求，防止河道干枯和环境恶化。

（三）从水资源承载能力和水环境承载能力角度构建农业水利生态文明

水资源开发利用方面，生态文明建设要求我们必须要考虑两个承载能力，即水资源承载能力和水环境承载能力。

1. 水资源承载能力

水资源承载能力，是指在一定社会历史发展阶段下，以可以预见的技术、经济和社会发展水平为依据，以维系良好的生态系统为条件，经过合理配置，水资源对区域或城市人口、环境与经济协调发展的最大支撑能力或限度。水资源承载能力是确定流域或区域综合发展规模的依据。保证区域水资源承载能力与区域经济和产业布局统一，才能够保障生态—经济—社会系统的可持续发展。因此，建设水生态文明就要根据一个区域自然环境、自然资源和生态过程的分异特征，以及生态环境的综合评价，将区域划分为生态功能不同的地区，为制定区域合理的水资源开发利用策略和发展策略提供生态学基础；以“维护生态环境良性循环”为条件，明确划分生产用水、生活用水和生态用水的比例和用量，促进人与自然和谐相处，做到既能满足经济社会发展的用水需要，又能保障水资源的永续利用，维持流域水循环的可再生性。

2. 水环境承载能力

水环境承载力是人类自我设定的限制其活动、规模的阈值，与经济社会发展的程度密切相关。我们依据水环境可持续承载力理论，可以对区域性的人类活动进行规范，对人类经济发展行为在规模、强度或速度上提出限制。在生态文明建设中，需要根据水环境承载系统中的纳污能力，对流域水环境分区实施污染物总量控制；并且基于水生态系统的调节能力，从宏观的角度对流域或区域水环境制定保护规划和调控措施，协调经济—社会—环境系统的关系；同时，积极调整经济社会发展的结构和规模，适应环境和资源承载能力的要求，利用现代科技手段和管理方法，提高水资源承载能力和水环境承载能力，特别是要建立科学的水资源与水环境承载力指标体系。

资源、人口、环境是社会发展的基本要素，从某个意义上来讲，资源决定人口规模、环境质量和经济社会发展水平，而水资源相对于土地、空气、矿产等资源而言，具有决定性作用。人类起源于水，四大文明发祥于水，人类逐水而居。水资源承载能力决定着地区发展的规模和水平。水环境决定区域环境的主容量。区域环境容量主要受到水环境容量、

大气环境容量、固体废物容量三个因素的影响。其中，水环境容量是环境容量的基础，它反应并决定其他两个容量的大小。水环境容量大，则大气环境容量、固体废物容量也大，反之则小。依据水环境容量大小可以对人类活动进行规范，对区域经济发展在规模、强度或速度上提出限制。

（四）建设节水防污型农业及农村社区

中国水资源紧缺的同时，水资源浪费和污染现象也是惊人的。农业用水约占总用水量的70%以上，但真正被有效利用的水只占农业灌溉用水总量的1/3左右，多半损失在输水过程的蒸发、渗漏和大水漫灌之中。目前，全国农村生活污水处理率很低，农业面源污染有加重趋势。除了浪费和水污染外，当前中国发展节水农业仍带有一定的盲目性。具体表现在有些地方不顾客观规律、不考虑本身条件，而是按主观愿望办事，在那些水源极为贫乏，开采难度很大而适合发展雨养农业的地方，却不顾一切建设节水灌溉工程；或不考虑自身经济实力和农民接受能力，一味追求高新技术，造成盲目投入或重复投入等不良后果。究其原因，主要是缺乏指导节水农业发展的宏观区划和规划。各种节水农业措施都有其一定的适用范围，应根据当地的自然条件、社会经济情况而定。另外，中国对综合技术的利用重视不够。中国在过去发展节水农业的过程中，往往只注意单项的工程技术，如渠道防渗、低压管道输水、喷灌和微灌，而没有很好地将农业增产措施予以配套、形成综合技术。因此，常造成虽节水但产生效益并不高。

1. 加快节水农业设备产业化建设步伐

要加快中国节水农业设备产业化建设步伐，可通过实施节水农业产业化工程来实现。产业化工程就是解决大规模发展节水农业条件下的工程设计、技术参数、工艺标准、质量控制、产品标准、资源条件、生态环境等问题，完成由实验室向工厂、由小面积向大面积的跨越，实现科学技术可行性、经济可行性、社会可行性、环境资源可行性的完整统一。通过大规模的示范检验，将对中国目前上百个生产企业进行筛选、淘汰，形成一批名牌产品，不但能满足国内的发展需求，而且要进入国际市场。届时，节水农业技术和设备不再采用推广的方式来扩散，而是通过积极的广告宣传，一定规模的示范、上乘的质量保证、优良的售后服务，使农民主动认识、接受和自觉使用新技术、新产品和新设备。

2. 完善发展节水农业的保障体系

为了提高灌溉用水管理水平，建立健全的发展节水农业保障体系，可采取以下措施来完善发展节水农业的保障体系。

（1）完善和落实水利基础产业政策。按照建立社会主义市场经济体制的要求，改革束缚水利发展的旧体制和运行机制；强化经营管理，搞活水利经济；依法治水，科教兴水；发展壮大水利基础产业，为国民经济和社会发展提供全面服务。

（2）改善投资结构，进一步拓宽资金渠道。调整水利投资结构，建立各级水利建设专项基金制度，争取提高利用优惠贷款的比重，进一步推广水利建设资金有偿使用的比例和范围，加大利用外资的力度和提高利用外资的比重，开辟水利工程更新改造资金的渠道，坚持和完善劳动积累工制度。

(3) 统一规划、行业管理、充分发挥整体投资效益。建立适应投资渠道多元化的调控体系和国有水利固定资产经营管理体系，对于社会公益型、有偿服务型、生产经营型等三类不同性质的水利产业，应制定不同的产业政策和经营管理措施。

(4) 改革水价，提高用水效率和水平。加快水价政策，调整水价，逐步形成适应市场经济的价格体系。新建水利工程，要实行新水新价，并严格执行按计划定量供水，对超计划用水，实行累进加价和两部制水费。

(5) 加强水利社会化服务体系建设。逐步建立起以乡镇水利（水保）站为主体，多种服务并存的基层水利服务网络。通过开展供水、供电、水保、物资供应以及综合经营等各种经济业务和有偿服务，逐步实现农业水利服务网络的自我维持和自我发展。

(6) 加强水利法制建设，健全水利执法体系。要增强依法治水、以法管水意识，大力宣传和普及《中华人民共和国水法》等法规，提高广大干部、群众对水和水法规重要性的认识。切实做到立法与执法并重，执法与监督并举。

水资源危机严重地威胁着中国社会经济的可持续发展，严峻现实已经成为“建设资源节约型、环境友好型社会”的严重制约因素。面对现实，展望未来，水利部部长陈雷在组织学习十七大报告中强调，水资源是基础性的自然资源和战略性的经济资源，是生态与环境的控制性要素。水利作为国民经济和社会发展的重要基础设施，在生态文明建设中肩负着十分重要的职责。要坚持人与自然和谐，把促进生态文明建设放在更加突出的位置。要坚持尊重自然规律、尊重科学，转变水利发展模式，实现水利发展与生态保护的双赢，更加注重节水防污型社会建设。为此要完善有利于水资源节约和保护的政策法规体系，加快形成水资源可持续利用的体制机制，通过对水资源的合理开发、高效利用、综合治理、优化配置、全面节约、有效保护和科学管理，推动经济发展方式的转变和产业结构的优化升级，促进经济社会发展与水资源承载力和水环境承载力相协调，以水资源的可持续利用保障经济社会的可持续发展。

总之，水利事业的发展一定要以建设生态文明构建和谐社会为目标，只有这样，水利工作才能取得辉煌的成就，水利事业才能又好又快地发展。

第二节　农业水利生态文明建设需协调的四大关系

农业水利生态文明建设是农业生态文明和农村生态文明的基础。生态文明建设是一项规模宏大、艰巨复杂的系统工程，涉及社会经济和资源环境等方方面面，正确对待和处理人与自然、人与人、人与社会等关系，是建设生态文明的前提和保证。因此，农业水利生态文明建设要坚持以人为本、人与自然和谐的科学发展观，营造善待自然、尊重自然、保护自然的良好社会氛围，加强水资源节约型和环境友好型社会建设，转变农业生产生活方式，合理调整产业结构，实行统筹兼顾，科学规划，完善制度，加强管理，严格规范水资源消费行为，遵守自然经济规律，合理开发利用水资源，保护好生态环境，使人与自然和谐共处，实现经济、社会、资源、环境的可持续发展。

一、人口、水资源、环境与农村经济发展的关系

人口、资源、环境问题是一个具有内在联系的系统工程，也是关系发展全局的重大问

题。建设农业水利生态文明、实现农村可持续发展，核心的问题是实现农业经济和人口、水资源、环境的协调发展，人口的过度增长不仅会给水资源环境带来更大的压力，使其不堪重负，而且也制约和影响社会经济的发展。水资源环境是社会经济赖以存在和发展的基础，影响着一个农村经济社会发展的速度和规模。生态环境的优劣，直接制约着自然过程和人类活动的方向和程度，关系到区域经济发展的潜力。同时，社会环境和社会发展也影响生态环境，社会生产发展水平越高，水资源的生产效率也就越高。显然，人类生存发展离不开水资源环境，也离不开经济增长与经济发展，人口素质与人口质量提高、水资源的合理开发利用、生态环境的治理保护、是可持续性经济增长的基本前提与必要条件，对经济增长具有基础性作用和推进意义，社会经济的发展必须与水资源环境的承载能力相适应。只有合理开发利用和保护水资源环境，在开发中保护，在保护中开发，使人与自然相和谐，才能实现可持续发展。

中国人口众多、水资源相对不足、环境承载能力较弱，人均水资源为世界平均水平的1/4。资源不仅短缺，而且资源开采和利用方式粗放、综合利用水平低、浪费严重。我们面临人口不断增加、水资源约束突出、环境压力加大的严峻挑战，如果不改变粗放型农业用水方式，不厉行节约，农业经济的发展必然会越来越受到水资源的制约，生产生活环境会越来越恶化，人口增长、经济发展与资源、环境的矛盾，将愈来愈突出，直接影响中国农业可持续发展。

实现人口、水资源与环境的永续发展，不仅需要制度、政策的改变，科学技术的不断提高，还需要法律的约束，而更重要、更深入持久的是要运用道德的约束力，依靠扎根于内在的信念和社会舆论的作用，运用道德的规范来调节人们的日常行为，以人类发自于内心的自觉行为来保证人与环境的共同协调发展。要严格遵守自然经济规律，紧紧围绕实现经济增长方式的根本性转变，以节约使用水资源和提高水资源利用效率为核心，以节水为重点，以科技创新为动力，把控制人口、节约水资源、保护环境放在重要位置，建立起将人口、水资源、环境和经济发展等多因素综合治理的总体发展战略，统筹兼顾，综合规划，在社会经济发展过程中，对水资源的开发和利用必须考虑到人口增长的长期需要和水资源、生态环境的承载能力，必须有利于人口控制和环境保护，绝不能走人口增长失控、过度消耗水资源、破坏生态环境的发展道路。

在节约水资源、保护环境的前提下实现农村经济的迅速发展，提高农民生活水平和生活质量。在发展社会经济的同时，加强环境保护和治理，让农民群众喝上干净的水、呼吸清洁的空气、吃上放心的食物，在良好的环境中生产和生活，促进人与自然和谐相处，使社会经济与资源环境协调发展。

二、水资源开发利用与生态环境保护的关系

水资源是人类社会存在的基础，没有水资源人类就没有存在和发展的条件。而环境则是满足人类社会存在和发展的空间，开发利用资源的目的也是为了进一步拓展人类社会的生存空间，不断满足人类社会和经济发展的需要。水资源是可再生资源，但不是取之不尽，用之不竭的，而是有限的，即使是可再生资源，如果开发利用的速度超过其再生能力，也会转化为不可再生资源。所以，不仅要开发利用水资源，而且要保护水资源。环境

也具有一定的容量，如果超过其承载能力，不仅会影响资源的持续利用，而且将会遭到大自然的报复。因此，资源的开发利用一定要遵循自然规律，实行统筹规划，兼顾长远利益与全局利益，严格控制把握好资源开发和利用的度的问题，避免急功近利，超出生态环境的承载能力，科学合理地开发利用各种资源，既不能以保持原始自然状态为由，拒绝一切人与自然生态环境的交流互动，阻碍经济社会的发展和人民生活水平的提高，也不能盲目无序地进行掠夺开发。

水资源的开发和生态环境的保护都要本着科学的态度和方法，不该开发利用的绝不开发，需要开发的必须目标明确、方式科学，进一步调整产业结构，优化产业布局，按照优化开发、重点开发、限制开发和禁止开发的要求，形成各具特色的发展格局，建立健全与现阶段经济社会发展特点和生态环境保护管理相一致的法规、政策、标准和技术体系，促使鼓励发展的政策与鼓励生态环境保护的政策充分融合，实行最严厉的生态环境保护制度，加强对水资源开发和各种建设项目的生态环境影响评价和环境监督管理，对一切新建、改建、扩建项目，严格执行环境影响评价和“三同时”制度（即项目的污染防治和水土保持设施与主体工程同时设计、同时施工、同时投产使用），坚决防止对生态环境造成不必要的负面影响。

在水利建设中，水资源开发和水利工程建设都要充分体现人与自然和谐相处的理念，综合考虑、有效解决生态环境问题，坚持科学的发展观，以可持续发展为宗旨，统筹规划，综合治理，合理开发，加强保护，强化取水许可和水资源费征收等制度，积极从源头防治污染和保护生态，坚决改变先污染后治理、边治理边污染的状况，要根据水资源承载力和水环境承载力，按照优化开发、重点开发、限制开发和禁止开发的不同要求，明确不同河流或不同河段、不同地区的水功能定位。在水资源丰富的地区，实行优化开发，在水资源紧缺地区，产业结构和生产力布局要与水资源环境的承载能力相适应，严格限制高耗水、高污染项目。在洪水威胁严重的地区，城镇发展和产业布局必须符合防洪规划的要求，严禁盲目围垦、设障、侵占河滩及行洪通道，科学建设、合理运用分蓄洪区，规避洪水风险。在生态环境一般的地区，实行保护优先、适度开发的方针，加强生态环境保护，因地制宜发展特色产业，严禁不符合功能定位的开发活动。在生态脆弱的地区，要严格限制开发，实行强制性保护。同时，要高度重视水利工程自身可能带来的生态问题，在水利工程的规划、设计、施工和运行管理的各个环节，制定并实施保护生态与环境的措施，探索有利于生态、环境的调度模式，加强水生态监测与预警，开展生态用水及河流健康指标研究，建立生态用水保障和补偿机制，尽量恢复生态系统。对已建水利工程产生的生态问题，要科学论证和综合评估，采取妥善而有效的措施加以整治；对新建水利工程，要认真做好生态环境影响评估论证，慎重对待可能产生的生态问题，尽量避免对生态环境造成不利影响，还要加强地下水管理，严格控制地下水开采量，统筹安排深层地下水、浅层地下水和地表水开发利用，划定地下水禁采区和限采区，落实地下水开采总量控制计划，严格控制深层地下水利用，建立地下水位、水质监测管理系统，推进地下水超采区综合治理，切实保护好地下水，促进水的良性循环和可持续利用。

三、农业水利专业管理和社会管理的关系

农业水利生态文明建设是一项涉及方方面面的系统工程，也是一项长期艰巨的任务，

直接关系到农业、农村生态文明建设，具有广泛的社会性，不仅需要各级人民政府的高度重视和坚强领导、有效指导，需要各部门的密切配合，而且需要公众的积极参与，需要全社会的共同努力。随着中国经济的持续快速发展和人民生活水平的提高，人们对防洪安全、供水安全以及环境质量等提出了更高的要求，要解决或缓解中国的水资源环境问题，不但要加强水利等部门的专业管理，而且还需加强社会管理，专业管理应侧重正常情况下的管理，要建立完善各种政策法规，坚持统一管理，依法管理，科学管理。社会管理则应侧重于特殊紧急重大情况下的水资源环境危机管理，要大力增强公众的生态道德观念和生态文明意识，不断提高管理能力和管理水平。专业管理离不开社会管理，社会管理也离不开专业管理，要实行专业管理与社会管理相结合，充分协调发挥政府和社会各界的力量，共同应对农业水资源环境危机事件。

在涉及农业水利法规制订、规划编制、工程建设、突发性事件处理等各项工作中，都要从社会管理的角度出发，增强公众的参与程度和支持力度，保证公众的知情权、参与权、监督权，推行公众听证制度，实行科学民主决策，建立健全各种突发性事件的预警和应急机制，不断完善有效的应对各种资源环境危机的行动预案，加强法规体系建设，增强政府应对各种危机和风险的快速反应能力，充分调动社会各界的力量，共同应对危机，最大可能避免或减轻危机造成的损失，保证生态安全、环境安全、生命健康安全和社会安全。

四、农村生态建设与改善民生的关系

农村生态环境是农民生存、生产与生活的基本条件，生态环境的优劣直接影响人的生命安全和身心健康，许多疾病的发生与蔓延源于生活环境恶化。农民群众生活水平和生活质量的提高，在相当程度上也依赖生态环境质量的改善。只有加强生态建设，实现水土资源的可持续利用和生态环境的可持续维护，才能建设农业生态文明，实现民生的可持续改善。如果在生态建设中不注重改善民生，不解决好农民群众的生产生活问题，就难以实现生态环境的可持续维护，如果只注重改善民生而忽视改善生态环境，也难以实现民生的可持续改善，要坚持在搞好生态建设中改善民生，在改善民生中保护好生态环境，坚持走生产发展、生活富裕、生态良好的文明发展之路。而水土流失恶化生态环境和生存条件，水土流失与贫困互为因果，中国水土流失地区集中分布着全国半数以上的贫困县和70%以上的贫困人口，其中一些地方，生存环境恶劣，生产条件艰苦，农业基础设施落后，种地难、饮水难、行路难、增收难，群众生活困难。因此，水土流失问题既是生态问题，又是民生问题。治理水土流失就是保障与改善民生，也是建设生态文明的重要内容，要把改善水土流失地区的民生问题作为生态建设的当务之急，使治理水土流失与改善民生、建设生态文明相结合，坚持以人为本，预防为主，因地制宜，因害设防，充分发挥大自然的自我修复能力，大力加强水土保持生态建设，有效控制面源污染，涵养水源，改善水质，减少自然灾害损失，有效利用和合理配置水土资源，提高土地生产力，改善生产生活条件，增加农民收入，不断提高人民生活质量，创造优美的人居生态环境，促进区域社会经济的可持续发展，实现生态保护与改善民生的双赢。

为此，一要围绕确保人民群众喝上干净水，进一步加大饮用水源保护和农村生态环境建

设力度，加快出台有利于饮用水源保护的政策措施，积极落实生态补偿政策，完善农村环境保护管理机制，建立健全村民环境自治机制和公众参与机制，强化法律法规的约束作用，抓好饮用水源地环境保护工作。二要围绕确保人民群众呼吸新鲜空气，进一步加大污染物减排工作力度，扎实推进污染物减排重点工程建设，加快产业结构调整，严格控制污染物排放增量，强化污染源监管，严厉打击违法排污行为。三要围绕确保人民群众吃上放心食物，进一步加大农业面源污染治理和食品安全监管力度，开展农业面源污染专项治理行动，推进农业新技术开发应用，加强绿色生态农业建设，强化对蔬菜、粮食、肉类、海产品的生产、加工、流通各个环节的全过程监管。四要围绕确保人民群众生命财产安全和在良好的环境中生产生活，大力加强生态文明的宣传教育，积极倡导绿色、文明、健康的生产生活方式，广泛动员人民群众参与多种形式的生态道德实践活动，充分发挥广大人民群众在生态文明建设中的积极作用，努力在全社会形成防治污染、保护生态、美化家园、绿化祖国的社会文明新风，进一步加大农村环境基础设施建设和统筹力度，加快推进生活污水和垃圾处理设施建设，推动环境保护投入向农村倾斜、基础设施向农村延伸、服务能力向农村拓展，努力使农村生活环境得到进一步改善。在不同流域逐步探索建立各具特色的治理模式，形成多目标、多功能、高效益的综合防治体系，有效保护和合理利用水土资源。在滑坡、泥石流等山地灾害严重地区，要结合小流域综合治理，采取工程、生物等多种措施减少灾害，保护群众生命财产安全。在经济相对发达的地区、重要水源保护区和城市郊区，要把生态清洁型小流域建设放在重要位置，把水土流失治理和村容、村貌整治有机结合起来，搞好河道整治，防治面源污染，处置生活污水、垃圾，保护水源，改善人居生活条件。五要围绕确保人民群众脱贫致富，重点搞好坡改梯、坡面水系等小型水利水保工程建设，加强农业基础设施建设，保育水土资源，改善农业生产条件，提高农业综合生产能力。同时，使生态建设与区域经济发展相结合，加快推进产业结构战略调整，大力发展特色经济林果、蔬菜、药材和畜牧业，充分发挥产业开发对防治水土流失、促进地方经济发展的积极作用，使农民脱贫致富奔小康，实现水土资源的可持续利用和生态环境的可持续维护。

第三节　农业水生态文明的维护原则和制度构建

一、农业水生态文明维护的原则

（一）协调原则

水资源的公共性和对其使用方式的多元性决定了其资源保护管理的任务绝对不可能是单一机构就能完成的，必须有各相关部门的配合，而这种配合必须是协调的。协调是为了避免采取互不相容的政策，控制各机构的活动与决定，使各部门步调一致地追求已确定的共同目标和目的。协调既要避免矛盾、又要解决矛盾，既有预防性、又有战略性，既有程序性、又有实质性。在对农村、农业水资源保护的管理过程中，必然会产生权力的交叉与分割，存在实际上的权力相对分散的多元化体制，也必然会出现分权与平衡的问题。这种情况下，就必须正确处理统一管理与分权的关系，在保证管理效率的前提下，确立合理解决矛盾的原则，建立广泛的处理机构间权力冲突的机制。这种机制表现在法律上就是要明确各管理部门的具体职责与权限，明确各部门行使职权的法律程序和行为范围，以协调流域上、中、下游的用水关系。在协调原则下，统一管理是基本目标，各部门在这一目标下分权与平衡：做到必要的权力交叉既有侧重点又有沟通程序，适当的权力分割也不是互相推诿和扯皮的借口。统一管理机构与分管机构之间的关系也是相互配合和依存的关系，它们各自均有明确的地位、功能和作用，既不能相互替代，也不能相互竞争，而是为了实现共同的管理目标各负其责。具体而言，水资源保护管理机构在水资源管理体制中处于核心地位，水流域内的各区域性环境保护部门、水利管理部门等均是协管部门，各部门应在法律赋予的职权范围内进行管理；同时，还必须接受统一管理部门的宏观调控，及时调整工作方向，避免因权力的竞争损害权力目标的实现。

（二）民主决策原则

在对农业水资源供给的分配中，不仅需要有效，也需要公正、合理。使这种分配有益于实现农村社会效益、灌区经济效益、环境保护的总体目标。而集体决策、民主决策，便是应用正义与公平的必要条件。这就需要合作与参与，需要有对决策过程的了解和提出批评的权利，更需要有参与和对决策进行修改的程序。因此，在功能性权力集中的同时，还必须建设决策性权力的协调合作机制，以使决策科学、公正、合理。保证合理、公正的农业水资源管理体制存在于民主决策与功能权力集中的复合结构之中。多元的决策与集中的控制执行相结合才能构成“完善”的农业水资源高效利用体制。为保障民主决策原则的实现，在农业水资源管理体制的构建中，就必须充分注意各管理机构、各管理相对人的民主权利，在法律上赋予他们相应的地位与权力，设置必要的程序，保证这些权力的实现。

二、农业水生态文明的制度构建

（一）建立健全的法律体系

建设农业水生态文明，当前第一要务是要建立健全的水生态法律制度体系。胡锦涛同志在党的十八大报告中就指出要“建立健全资源有偿使用制度和生态环境补偿机制”。健全的生态法律制度不仅是生态文明的标志，而且是生态保护的最后屏障。法律制度是文明的产物，它标示着文明进步的程度，其作用在于用刚性的制度约束人类的不文明行为，惩罚破坏文明的行为。从中国的情况看，《中华人民共和国环境保护法》制定并实施 20 多年，已有一定的立法、执法实践。目前，当务之急是要严格落实环境责任追究制度，尤其是刑事责任的追究制度，加大对违法超标排污企业的处罚力度，严惩环境违法行为。同时，要尽快补充修订相关环境保护法律法规，明确界定环境产权，并建立独立的不受行政区划限制的专门环境资源管理机构，克服生态治理中的“地方保护主义”行为。要加快建立健全生态法律制度体系，以制度规范人与自然的和谐关系，从而实现经济社会的可持续发展。

（二）完善农业水生态保护制度

1. 农业水生态系统健康诊断制度

水生态系统健康诊断是评价、判断水生态系统健康状况的一种制度设计。当一个生态

系统是稳定、持续和活跃的，能够维持其组织结构，受到干扰后能够在一段时间内自动恢复过来的话，则这个生态系统是健康和不受胁迫综合症影响的。水生态系统健康诊断包括水生态系统活力、组织结构和恢复力等的评价。通过水生态系统健康诊断，正确认识水环境对人类生存和发展的承载能力，以保护整个生命支撑系统和生态系统的完整性和持续性。

2. 农业水环境风险评估与安全分析制度

风险是指不幸事件发生的可能性及其发生后将要造成的损害。水环境风险评估是对水环境受到一个或多个胁迫因素影响后，对不利的后果出现的可能性进行评估。风险评价应区分最大允许水平和可忽略水平。环境风险评估与安全分析制度的防范范围主要是可能产生严重或不可逆转损害的威胁的行为，包括：①单个源可能造成的突发性严重水环境污染事故；②单个源或多个源长期排放可能造成的严重水环境污染事件或环境紧急状态（即水污染严重时期）；③科学技术和大型社会经济活动可能产生的严重或不可逆转损害的威胁的水环境污染和破坏；④可能产生严重或不可逆转损害的威胁的原料、产品（如放射性物质、基因产品）的使用可能产生严重或不可逆转损害的威胁等。

3. 农业水环境安全预警制度

水环境安全预警从分析水环境系统要素和功能（过程）出发，探求维护系统安全的关键性要素和过程，通过对安全诊断指标的对比分析，划分安全等级，制定不同安全等级的预警标准。水环境安全预警强调人的积极主导作用，对社会、经济、环境的协调发展具有重要意义。

（三）其他配套制度建设

1. 树立节约用水的全民观念

就整个中国来说，水资源的短缺已到了红色警戒线。据统计，中国水资源总量为2.8万亿立方米，人均占有量2340立方米，仅为世界人均占有量的1/4，排在世界第109位，被列为世界13个贫水国家之一。中国640多个城市中，缺水城市300多个，严重缺水城市108个。我们知道，在经济发展不发达的时候，人与绝大多数生物均会迁徙到水资源丰沛的地区，这是人对自然的依附心理。在经济发达的今天，我们不再强调“人定胜天”，而是把“生态文明”提到一定的高度。保护水资源、集约用水不但是对缺水城市市民的要求，也是全中国人，全人类的使命。建设节水型社会是解决中国水资源短缺问题的根本出路。胡锦涛总书记指出：“节水，要作为一项战略方针长期坚持。要把节水工作贯穿于国民经济发展和群众生产生活的全过程，积极发展节水型产业，建设节水型城市和节水型社会。[1]”温家宝总理明确要求：“全面推进节水型社会建设，大力提高水资源利用效率。[2]”

2. 加强流域和区域之间的沟通和协调

加强流域和区域之间的沟通和协调，重视生态文明的整体设计和细化，重视科技、经济、法律等手段的综合运用，重视农业灌溉方式的转变。建设农业水生态文明，必须加强与农业生产部门的合作。

3. 从政策上支持各行业开展保护水环境的行动

此领域可参考瑞典（世界生态可持续发展的典范）的环境战略和政策。早在1987年

环境运动刚刚开始时，瑞典就已经认真地参加了环境保护方面的国际讨论和规划工作。在过去的几十年中，瑞典政府积极制定优惠政策，鼓励各行业开展有利于保护自然资源的行动。对于自愿开展荒溪治理和农田保护的，由政府和欧盟各出资50%予以支持。在林业生产中，对私有林业主进行荒地造林，补助50%。如果林业出现严重的病虫害，业主可得到100%的补贴。1996年11月，瑞典总理在政府政策报告中强调："瑞典应起推动作用，并成为生态可持续发展的典范"，提出了农业、森林、工业、能源、运输、家庭生活等不同领域的环境战略。1997年，瑞典制定了一项包括水资源保护、工业污染治理、林业建设等在内的环保计划，由290个地方政府进行实施，国家给予6.2亿瑞士法郎的资金支持，占总投资的1/3，其余由地方政府承担，其中用于水资源保护、湿地建设和农村面源污染治理的项目就达150多个，约占总项目的10%。

借鉴瑞典生态文明建设政策和税收制度，中国应建立和完善水生态环境成本核算制度，将水资源开发利用造成的环境污染治理与生态破坏恢复成本纳入资源产品的价格；建立国家水权制度，严格控制在水资源短缺、生态环境脆弱地区发展高耗水、高污染产业；建立饮用水水源保护区管理制度，加强入河排污口管理和省界断面水质监测，严格控制水域污水排放总量和污染物排放总量；建立企业环境污染治理与生态恢复保证金制度，激励企业开展环境友好型的生产经营方式，减少环境资源消耗与生态占用。设立生态补偿与生态建设基金制度，对于生态利益主体、生态破坏责任关系明确的，由受益者或破坏者进行付费补偿。对于受益范围广、利益主体不清晰的生态服务公共物品，应以政府公共财政资金补偿为主。同时应明确生态效益受益地要对生态效益产出地实施补偿保障，或实施财政转移支付进行补偿。

4. 从税收上制约各种有害物质的无序排放

建立生态税收制度，制约有害物质对水源的污染等。瑞典生态税收规模大、种类多，主要是对能源的征税以及对其他与环境有关的税基的征税，以促进整个国家的生态文明建设。瑞典从1957年开始，对燃料征收的一般能源税，包括对石油、煤炭和天然气等征税，由国家税务局对在瑞典境内生产应税产品，或使用这些产品生产另外相应的产品以及进口应税产品的人进行征税；从1984年起对使用化肥和农药进行征税，资金主要用于环境研究、农业咨询和治理土壤盐碱化等。

参照瑞典生态税收的方案，我国可积极探索农业水利生态税收专款专用制度，一方面为水生态文明建设提供专项资金；另一方面减少有害物质的排放。

5. 健全生态法制，节约保护资源

目前，中国在生态建设和保护方面的法律法规体系不够健全，一些生态环境保护领域还存在着立法空白。要加强生态功能保护的立法，健全生态环境建设区划规划、监测保护、破坏事故防范与预警等制度。在全社会倡导节约资源的观念，努力形成有利于节约水资源的产业结构和消费方式，建设科学合理的水源资源利用体系。要突出抓好水资源节约保护、社会管理、公共服务等方面的法律制度建设，统筹考虑经济社会发展与水资源条件，建设节水型社会，提高水资源的利用效率和效益，建设以资源环境承载力为基础，以自然规律为准则，以可持续发展为目标的资源节约型、环境友好型社会。

6. 从教育入手培养全民节约资源保护环境的意识

世界生态可持续发展的典范——瑞典生态文明建设的一个重要经验，就是加强对全民

节约资源和保护环境的宣传教育，促进全民自觉地遵守环境保护的各项法律法规。瑞典的生态教育首先从学校抓起，在瑞典《义务教育学校大纲》的16门课程中，有9门涉及到对环境与可持续发展教育的要求。如在社会学中提出，学校应努力做到使学生具备一定的知识，能对地方和全球的可持续发展社会的重要问题采取行动。为了鼓励学校参与国家提出的实现生态可持续发展的社会目标，瑞典教育和科学部于1998年9月10日颁布了《环境学校的特性》，国家教育局发布了《绿色学校奖条例》，引导学校开展生态或绿色学校的创建活动，并以环境问题为基础，把学校的环境作为一个实践基地，让学生通过创造性地解决现实环境问题，为实现生态的可持续发展做好准备。为了提高全民的节水意识，瑞典每年都要搞大型宣传活动来增强人们的水生态意识，倡导节约用水，科学合理地使用厨房和厕所用水，杜绝往马桶里倒油水、药水或其他化学制剂。瑞典不仅重视提高本国人民的水生态意识，而且积极推动全球的水生态宣传。从1991年起，瑞典每年都要举办旨在关注水资源、保护水环境、促进水投资和减少贫穷的"世界水周"活动。在"世界水周"期间，瑞典还会由国王或王储出面，亲自向全球对水问题有突出贡献的专家学者或政府官员颁发"斯德哥尔摩水奖"。该奖的影响大有成为"国际水问题领域的诺贝尔奖"之势。有效的生态宣传教育，激发了全民对生态环境的热爱和自觉保护的意识。

与瑞典相比，中国人均资源不足，人均耕地、淡水、森林仅占世界平均水平的32%、27.4%和12.8%。长期以来，由于中国经济增长方式粗放，一些地区资源过度开发，超出资源和水环境承载能力，生态环境恶化问题日益突出，1/3以上的国土面积存在水土流失问题。因此，要向瑞典那样从宣传教育入手，培养全民节约资源保护环境的意识，从传统的"征服自然"向"人与自然和谐相处"的意识转变，从粗放型的以过度消耗资源破坏环境为代价的增长模式向增强可持续发展能力、实现经济社会又好又快发展的模式转变，增强人们对自然生态环境行为的自律意识，自觉地承担保护生态环境的责任和义务，广泛动员人民群众参与多种形式的生态文明实践活动，努力形成防止污染、保护生态、美化家园、秀美山川的社会文明新风尚。

第十二章 农业水生态文明建设实践

第一节 贵州安顺鲍屯古农业水利奥妙

鲍屯，又称“鲍家屯”，位于东经106°07′，北纬26°19′，面积12平方公里，人口2258人，隶属于贵州省安顺市西秀区大西桥镇，其地理位置十分重要。明清时期鲍屯是滇黔古道上的军事屯堡，而今又是贵黄高速、滇黔公路与贵昆铁路的必经之路。

从水系看，鲍屯位于乌江流域的型江河上游，全长4.2公里的鲍屯河，自西向东流，横穿鲍屯村前开阔的平坝，由六保进入平坝县的羊昌河，注入乌江。清代的志书对鲍屯的水系也有介绍。如咸丰《安顺府志》载型江河上游：“右纳姨妈井水又经普定鲍家屯，屯在城东四十五里。”

尽管历史上对鲍屯多有记载，但对被誉为“黔中都江堰”、灌溉面积达2300亩的明代鲍屯水利工程却无记载。就连鲍屯所在的大西桥镇2006年编的《安顺市西秀区大西桥镇志》也认为民国时期境内无较大的水利工程[27]。《安顺市志》则认为清代和民国年间安顺境内无重要水利设施，在其中记载的一些民国以前主要的水利设施中，最早的拦河坝有咸丰年间建造的四梅坝，且灌溉面积只有40多亩；灌溉面积最大的拦河坝是民国时期修建的官坝，其灌溉面积为1650亩[28]，即无论是修建历史、规模还是灌溉面积，明代修建的鲍屯古水利工程在贵州都是罕见的，可惜这一重要的水利工程一直处于默默无闻的状态。

鲍屯是安顺屯堡文化区的四大名寨之一，其丝头系腰、鲍家拳和古水利是屯堡特有的文化。而鲍屯水系的开发和利用也已成为屯堡文化的灵魂。大家知道，贵州安顺屯堡文化区保留许多明代的遗风，如语言、服饰、民居建筑等是研究明代历史的活化石。如果说屯堡“文化孤岛”历经六百年的沧桑而基本保持原状是一个难解的谜，那么鲍屯古代水利工程的完好保存且至今发挥效益的奥秘则是破解屯堡文化之谜的钥匙。鲍屯水利六百年不衰的原因：一是宗族管理与自觉维修；二是设计精巧，功能齐备；三是注重生态保护。

一、宗族管理与自觉维修

历史上的农田水利制度，不仅反映了农业生产力的发展状况，而且反映了农业生产过程的社会组织形式。在传统的农业社会，地方宗族主宰地方事物，尤其是公共事业的兴建与管理。水利作为农业社会经济的命脉，在宗族势力强大的地区，宗族往往主导地方水利事业。正如黄宗智所言，宗族组织的规模与水利工程的规模是相符的[29]，即肯定宗族对水利事业的独有贡献。

明清时期家族式的民办水利工程主要集中于宗族社会发达的乡村社区，鲍屯水利工程

即为其中的代表。也就是说，明代鲍屯水利的出现绝不是偶然的，它与鲍氏的宗族社会密切相关。

学术界认为屯堡社会结构的特点是宗族势力较弱，如九溪村表现出地缘重于血缘的居住格局[30]。不过，不能一概而论。据笔者调查，鲍屯社区表现出较强的宗族势力，鲍屯可以说是乡民自治的家族村落社区。

据民国《鲍氏家乘》记载，鲍福宝是鲍屯的创建者。始祖鲍福宝在明洪武二年（1369年）由安徽歙县棠越村调戍贵州普定卫（今安顺），因战功显赫，被封为振威将军，赐军田一分。由于他“素裕堪舆”，四处观风问俗后，寻得“杨柳湾”风水宝地，“览其形，地极壮丽，脉甚丰饶，狮象把门，螺星塞水，文峰玉案，森然排列”②。于是卜居杨柳湾（即今鲍屯）屯田守土，后人有诗云“南征万里雪霜严，游子从军竞久淹；不是金陵归路远，由来乐土属南黔”即是其后裔鲍开元追忆始祖从“征南调北”到“屯田守土”的历史。明代对西南地区大规模的“调北征南”始于明洪武十四年（1381年），鲍福宝的部队可能属于先遣军性质，因此，鲍屯属于明代贵州早期建设的少数屯堡村寨之一，被号称“大明屯堡第一屯”[31]。

鲍氏家族规模大、宗族认同感强。鲍屯是以鲍姓占绝大多数的村落，鲍氏宗族主宰当地的话语权，客观上有利于包括水利在内的公共事业的集中管理。而且，明代鲍屯所在地曾经是苗族和仡佬族的聚居地，是土司势力弱小的地区。鲍福宝定居后主动向当地少数民族学习，妥善地处理好民族关系。苗族同胞回忆，他们的祖先和鲍氏祖先曾经结拜为兄弟，鲍屯汉族与周边苗族的民族关系历来很好，不存在不同宗族、不同派别之间的水利纠纷问题，和谐的人文环境客观上有利于水利维修和管理。

由于缺乏文献记载，鲍屯古代水利工程始建年代无考。2006年鲍屯人从“水仓”附近的苗族村寨黄家庄发现了半块“驿（移）马井石碑”的另一角残碑，碑文落款是“大明庚午年立”，有人据此推断为明洪武二十三年（1390年），时间等于或晚于驿马坝（鲍屯人称“移马坝”）创建时间。由此可以说，鲍屯水利系统至少有600年的历史[32]。

据当地老人相传，始祖鲍福宝是鲍屯水利系统的创建者。2008年新修《鲍氏宗谱》也有专文记载。《鲍氏家乘》有诗云：“落叶黔中永不还，荆榛夹道自除删。开它亩亩生禾稻，整我衣冠化飑蛮。水绕峰回神仙宅，蝉联鹊起子孙斑。佳城万古今何在，烟草茫茫后头山。”这是明末鲍氏后裔赞颂始祖鲍福宝的诗歌，表达后人对始祖在经济文化方面的开拓性贡献的肯定。说明始祖鲍福宝带来江南先进水利技术促进了鲍屯的开发，使鲍屯成为具有江南风光的乐土。

鲍屯开屯初期，水资源一直困扰屯军。贵州喀斯特高原是自然灾害频发地区，历史上以旱涝灾害危害最严重[33]。因而水利建设在贵州经济发展中居举足轻重的地位。但是，贵州高原喀斯特地貌广布，地表缺水比较普遍，这给兴修水利造成诸多困难和不便，与其他地区相比，贵州的水利化程度较低[34]。如1949年前安顺地区有水利设施1829处，有效灌溉面积占当时耕地面积的7.58%，占稻田面积的15.98%，人均保证灌溉面积0.12亩[35]。可见，水利事业一直制约贵州农业的发展，尤其是明清时期。

鲍家屯坐落于四面环山的“凹”形坝子中，境内多为季节性河流，雨季有水源，旱季断流。不过泉水分布广泛。鲍家屯一带泉水流量为70～150升每秒，泉水是河水的主要补

给水源[38]，也是农业灌溉的主要水源[36]，即所谓“每每原田，流泉灌注”③。但在水利兴修前，因农田地势高而不能灌溉，只能眼睁睁地看着水白白流走。于是，鲍福宝发动全族的力量筑坝壅水、开渠引水，修建了这个惠及子孙后代的农田水利工程。

历史上安徽棠樾鲍氏家族有兴修水利的传统和丰富的经验。明代的《新安名族志》载东晋时期鲍弘任新安太守时创建的“鲍南堨”，是徽州建造最早、使用时间最长、规模最大的水利工程。元、明之际，棠樾村人鲍佰源倡导族人进行大规模的水系改造，截流筑成“大姆堨”，灌溉农田 600 余亩，确保了棠樾村农田旱涝保收[31]。

鲍福宝作为一名皖南人，从水利技术先进的棠樾村来到贵州，大脑里有着徽州鲍氏祖先人崇尚水利的思维，自己也曾在故乡安徽参加过农田水利建设，对筑坝修沟较熟悉。因此，鲍福宝把徽州鲍氏家族先进的水利技术带到鲍屯是很自然的事情。

由于缺乏资料记载，明代鲍屯水利兴修的详情不得而知，但我们从鲍氏宗族对水利的维修和管理可看出，鲍氏宗族与水利工程的密切关系。鲍屯人世世代代依靠农业生存、发展，认识到水利是农耕经济的命脉，所以为维护这些水利设施，鲍家屯的祖先建立了一套完整的水利维修与工程管理制度。

鲍屯的鲍氏是当地巨姓，民国时期的村民自治委员会即家族会，负责水利维修的“三落实”：即组织落实、维修与管理落实、乡规民约的宣传教育落实。组织落实是完善和健全水利维修与管理的组织。鲍氏宗族委员会选举德高望重的人为族长，全面管理宗族事务；选举老成谨慎、为人正直、热心公益事业者管理财务。同时，鲍屯至迟在清代成立了粮会的民间组织，由鲍、汪、吕、许、江等五姓推举会首组成，由鲍氏宗族主持水利管理与维修。

在维修与管理落实方面，鲍氏家族制定严格的维修制度。鲍屯先民在汪公庙前立下石碑（可惜在“文化大革命”中被毁）定下“岁修”制度，每年按时维修水利工程一次，这个“祖训”成了乡规民约的内容。

水利的岁修经费来源于族田收入。贵州安顺《鲍氏家乘》记载：鲍氏有族田大小有 133 块，开列清单于家谱上“以永世守”。族田每年收租谷近万斤，其收入主要用于水利维修、修桥铺路等公共设施建设方面。古水利的“岁修”主要靠族人义务劳动，所需资金则决于族田收入，维修费用有了保证。每年冬闲时节，在宗族会的组织下，乡民们投工投劳加固堤坝清除淤泥。

在乡规民约的宣传教育落实方面，努力营造水利保护的良好舆论氛围。宗族内部的农田水利制度反映在宗族社会的族规和乡约中。族规和乡约，是宗族社会的“成文法”，有很强的约束力。因而，乡族内部的农田水利制度，一旦形成族规和乡约，遂具有法律的效力。鲍屯保护水利的乡规民约主要体现在族谱和碑刻中。

早在兴修初期，鲍氏先祖就立下祖训严加管护，将祖训刻石立碑于河边。据说立碑时利用屯堡人相信佛教因果报应的心理，立下“谁要违反，全家死绝”的咒语。宗法制度社会中宗族祖训有巨大的威力，在屯堡人心目中有神圣的地位，其威慑力超过一般的法规。

2006 年在附近的苗族村寨黄家庄发现了修筑移马坝的半块“驿（移）马井石碑”残碑。碑文不全，文字模糊：“因一时无知……泉水退缩，亢旱禾苗，见之不忍，……自知惰愧，愿……后不敢侵犯，倘后有……如有放水，……，勿谓言之（不预）。”很明显，

“大明庚午年立”的碑刻是一则不得破坏水利设施、珍惜用水、防止水位下降的警示碑。据鲍屯附近的黄家庄48岁的苗族同胞杨有平回忆，残碑原来砌在他家牛栏的墙壁上，后翻修牛栏发现上面刻有文字，于是保存下来，并在他家存放了10多年，2007年11月被鲍屯人开车拉走，现在陈列于鲍屯陈列馆。

始于明代的鲍家屯水利工程，是宗族社会的民办工程。在乡民自治的宗族社会，历史时期长期形成了一套维修与管理的民间制度。正因为是民修而不是官修的，才不为官方史书所注意，才不因政策的变化而导致失修，这是鲍家屯水利保存至今的原因之一。

鲍屯水利系统是农民主动建设、农民自觉管理的地方公共事业的结果，体现了宗族社会中乡民自治社会的特点。鲍家屯古代水利工程反映出历史时期屯堡区的自治管理形态，是研究农村水利维护、水资源分配和公共工程管理的生动实例。

二、设计精巧，功能齐备

鲍屯古水利系统在屯堡区并不是唯一的[37]，却被公认是保存最完好、功能最齐备的。正是水利工程的设计精巧与功能齐备保证其长盛不衰，从而表现出顽强的生命力。

鲍家屯水利设施属于比较完整的引蓄结合的塘坝式工程体系。整个水利系统由天然河流、岩溶泉水、堤坝人工渠等三大要素交织而成，在坝型、分水配水设施以及渠线规划等方面构思精巧，布局合理，凝聚着屯堡人的智慧。

鲍屯地势西北高东南低，型江河从村西流入鲍屯坝子。在三铺村流进鲍家屯的河道名“水仓”，意为“水的仓库”，因为这里有一个日涌千立方米的“母亲泉”。明代鲍屯先人在这里筑起了一道既能拦水灌溉，又能泄洪的拦河坝——水仓坝（见图12-1）。

图12-1　水仓坝部分图

水仓坝是整个工程的分水枢纽，长60米，高2米余，宽2米余，全用石头拌糯米汁浆砌成。水仓坝呈“L”形，坝顶有几个溢洪口，坝中采用“鱼嘴分水”的方式使河水形成三个流向：一部分河水通过河坝或溢洪口往下游流，流经大青山坝和小青山脚，这是古河道部分；另一部分通过鱼嘴后的水渠流经大青山、门前坝、水碾房和小青山周边的田坝；此外，还有一部分河水则向下游“小坝湾”方向通过全长1330米的人工河流（与老

河道在“螺蛳湾”汇合）流向鲍屯村前的小坝湾、门前坝和小青山；最后三部分河水全在小青山麓的回龙坝汇合，流入九溪河。

三部分河水分流时，每条河道又包含若干小渠道及蓄水坝，从而形成引蓄结合的塘坝式水利工程网络，不同的拦水坝和引水渠使不同高程的2500多亩田地都能得到充分的自流灌溉，从而形成“一道坝、一条沟、一片田”的景观；而且，河水暴涨时，这些坝渠又自动地泄洪排涝，进而为鲍屯的旱涝保收提供了坚实的水利保障。

“水仓”是鲍屯古水利工程的龙头，也是最早修建的“拦蓄引”工程。水仓坝采用“鱼嘴分流”方法施工，是古水利的点睛之作，体现了古人的水利智慧，其功能原理与四川的都江堰相似，因而被水利专家誉为“黔中都江堰”。

鲍家屯水利设施由横堤、顺堤和高低龙口组成，拦河坝大多是顺坝（顺着河水流向建的坝），减缓了河水对堤坝的冲击力，这种因势利导、因地制宜的营造方法，极其高明，这也是这些石坝不毁至今还能利用的重要原因。

典型的是小青山麓长约60米的回龙坝。按照常理修坝，一般人就会选择较窄的河段且修成直线大坝。鲍屯的拦水坝却反其道而行之，因两条河道在此交汇，回龙坝在河面较宽的地方顺着河水的流向而建成“S”形。这种“S”形坝降低了洪水的冲击力，减缓水流速度，既能抗旱又降低了洪涝灾害的损失。同时，大坝的两个支点是河床上的两块岩石，岩石和石块的结合使大坝更加牢固；每道坝中间底部留有排沙口，在适当时候让河沙随水流出，使河床保持稳定的平面，既能保证蓄水又能排洪防涝，也节省了放水淘河的大量劳力，避免泥沙淤塞。600百年前运用的排沙技术是水利建设史上的奇迹。

除了构思精巧、布局合理外，鲍屯水利更具有功能完备的特点。即鲍屯水利不是一般的农业灌溉工程，还具有供水、排洪、水力利用、环境改造等功用，在服务于鲍家屯的生产、生活的同时，也为鲍家屯创造了风景秀丽的自然环境。鲍屯水利的功用包括保障水安全、开发水功能、营造水景观、保护水生态等方面。

首先，鲍屯古水利工程的重要功能是农田灌溉。当地民谣“要叫地下水抬头，不叫地下水白流；修好水利甜万年，百日无雨也丰收”就是强调水利的重要性。古水利工程建成后提升水位，改变了因河床深河水很难被农田利用的局面，有效地利用地下水资源，使鲍家屯成为黔中江南水乡，呈现出一派兴隆的田园风光。据鲍氏后人反映，古水利工程建成后，数百年来，无论外界气候怎样变化，但鲍屯“春夏一片葱绿，秋来十里稻香”的景象从来就没有改变过。目前其灌溉面积是2300亩，三个行政村和三个自然村受益。大旱之年，其他地方河水断流，人畜饮水困难，而鲍屯却依然绿水长流。鲍屯水利使水资源得到充分利用，600年来一直是维系鲍屯人的生命线（见图12-2）。

图12-2　古水利中的“S”形门前坝

其次，防洪也是鲍屯古水利工程的重要功能。型江河上游河段地势平坦，落差小，泄洪能力差，开挖

的人工河绕小青山而下直达下游，根据水位分洪，利用天然岩石进行鱼嘴分洪，调节水流，使农田免受洪涝灾害。

同时，在开发水能方面，由于鲍屯地势西北高东南低，落差大，水能资源丰富，可进行水力资源的梯级开发。在新旧两条河道上的水仓坝、移坝、大青山坝、门前坝、小湾坝、回龙坝等组成“横坝竖坝十座坝”。为充分利用水能，清代以来，鲍屯河上以前每座坝上都有水碾房，因此有“十道水坝，十座碾房”之说，水碾房方便本村及附近居民碾米磨面。早在明代当其他村寨还在用笨重手工舂米的时候，鲍屯人已开始享受“机械化”成果。直到1972年通电后这些水碾、水磨才退出历史舞台。如今只有回龙坝和门前坝的水碾房还存，且门前坝的水碾房已修复，并准备碾米。

鉴于历史上鲍屯生态农业发展的经验，目前鲍屯准备开发绿色产品投入市场。在粮食生产上禁止使用化肥、农药，提倡使用农家肥，以开发绿色食品；在粮食加工上，要恢复传统的水力米碾房。水碾米加工过程不同于机制加工。据说，用水碾碾出的米，因不损害各类植物产品的本身营养，做出的饭清香四溢，营养成分丰富。在屯堡乡村水碾米的价格高于机碾米，且供不应求，人们说“宁吃半斤水碾米，不食一斤机碾米”。

在保护水生态等方面，鲍屯古代水利工程修坝蓄水，形成不同的水坝和小型湖泊，这有利于水中生物的成长，尤其是丰富的鱼类资源，为村民提供丰富的食物来源。饭稻羹鱼是传统农业社会农耕文化的主题。这里经常能钓到20多斤重的大鱼。历史上自然生长鱼虾甚多，有人专门以捞鱼捕虾为生。当地人告知，以前家里来客人没有好菜吃，随便到河中可捞到大鱼来招待客人。笔者也亲眼见到一些老农一边放牛，一边垂钓，不多时鱼就上钩了。

从风水文化上看，营造水景观是鲍屯古代水利的重要功能，体现了明代徽州的水利风格。这点将在下文重点阐述。

一方水土一方人。在这个古代水利工程的有力支撑下，鲍屯人男耕女织，生生不息，人丁兴旺，为鲍屯创造了良好的耕读环境。鲍氏祖训强调耕读传家。民国《鲍氏家乘》“训族格言”规定，“世间最好惟耕读，半耕半读富贵兼”。鲍屯的鲍氏后裔牢记祖训，坚持晴耕雨读的生计模式，结果实现了始祖鲍福宝卜居时“代代出诸侯”的愿望。据《鲍氏家乘》统计，明清以来鲍屯相继出现进士、举人和贡生等共有19人，其中第七世鲍国臣是明嘉靖时期的正一品太傅。一个家族科举功名人数及官位的高低是衡量该家族社会地位的重要标志，而鲍屯代代人才辈出，巩固了鲍氏在当地的地位，使鲍氏成为安顺的著姓望族。

鲍屯水利既是灌溉系统和生活系统，也是一套精神系统，具有实用的功能、审美的功能和象征的功能。正因为该水利有多方面的功能，从而出现系列与水利相关的文化行为。鲍屯人的生产、生活与水利工程息息相关，水利成了鲍屯人生命的一部分，是鲍屯人生死与共的朋友，理所当然受到当地人的精心呵护。后人有诗“青山如黛千秋画，绿水似弦万古琴；鱼鸟天堂香花茂，稻油两熟喜盈门”赞颂水利工程给当地带来的富足和安乐，表达了鲍屯人的感恩之情。

三、注重生态保护

鲍屯古水利至今还能发挥作用，除了历代鲍屯人的自觉维修以及其设计精巧、功能完备外，还与鲍屯人自觉保护生态环境密切相关。

历史上许多水利往往与环境割裂开来，即水利的兴修破坏周边的环境，而环境破坏后由于水土流失等原因导致水利工程的废弃。这就是所谓的“黑色水利”。正如前文所述，鲍屯水利不是简单的灌溉、防洪工程，而是功能齐备的系统工程。即将防洪、灌溉、水力加工、鱼副产品、园林、风水文化等严密结合，形成天人合一的生活智慧。

风水文化强调人与自然和谐统一，蕴涵朴素的生态文化。鲍屯水利深受风水文化的影响，正因为如此，从培植风水角度看，保存至今的古老水利工程包含了古人保护环境的理念，因此，古老水利工程的600年来不衰也是鲍屯人自觉地保护水利及其周边生态环境的结果。

历史上的徽州素有崇尚风水的习俗，明清时期徽州是全国风水文化的中心[38]。徽州村落风水是中国传统文化的典范。徽州宗族社会的特点是村落公共设施的完备，而水口园林是徽州古村落人居环境的主要特征之一。水口是村落的总出入口，也是一村一族居民盛衰荣辱的象征。风水认为水是财富，是“气”之所依，所以水流的出口处应有“关锁”，以便留住吉气、财气。关锁的形成，一是靠地形，即村镇的水口应是山环水绕、曲折有致，犹如门户；二是靠人工改造。在徽州，人工水系的有无和发达与否，是衡量一个村落文明的重要标准[39]。因此，以水利建设为核心的水口园林是徽州村落的主要特色。水口园林通常建在村落河流出口处，与水利建设配套，包括风水林、水利设施和其他公共基础设施。

安顺鲍氏来源于徽州，徽州文化无疑对鲍屯水利建设产生直接影响。鲍屯水利与徽州水利有何渊源关系呢？受徽州风水文化的影响，鲍屯水利最大的特点是在宗族社会中将建村与治水结合起来，主要表现形式为水口园林。鲍屯村落明显受徽州水口园林文化的影响见图 12－3。

图 12－3　水口关遗址

传统村落选址的理想模式是：枕山、环水、面屏，即村后有山作倚托，中间有水流过，前面有较小的山作为屏障。明代鲍屯村寨的建设也深受传统村落风水思想的影响。由于鲍屯先祖鲍福宝是从徽州棠樾至贵州安顺屯田守土，徽州的“水口园林”式居家环境深

深地影响着他对新家园的建构理念。因此，鲍屯村落的规划与水利建设留下徽州文化的烙印。可以说，鲍屯的水利系统也是皖南古村落的“水口园林”在黔中的移植和仿造。

鲍屯村前有明代建的古庙永安阁、人工湖回龙潭、水口古桥以及回龙关等，连同村前的螺星山、狮子山和象山等风水山构成“狮象把门，螺星塞水，文峰玉案，森然排列”的园林胜境。

鲍屯水利是培植风水的重要举措，培植风水包括保护水资源、水利的兴修与维护和改造生态环境等方面。从培植风水的良好愿望出发，鲍屯人几百年来展开了以水利为中心的保护和改善生态环境的系列文化行为。

保护水资源是培植风水的首要前提。鲍屯所在的大西桥镇境内的地下水资源较为丰富，比较大的有背陇珍珠井、鲍屯柞塘河井、狗场屯大树龙潭、马场陈枯龙井、中所沙龙井、吉昌土地庙龙潭、王家院姨妈井7处，它们水质均良好，出水量大，对境内的工业生产、农田灌溉及群众生活都发挥了巨大的作用。正是众多河道的流经，才带来大西桥镇各村寨经济文化的相对发达。因此，保护河川等水资源成为了各村寨的主要事务之一。

为了合理地利用水资源，鲍屯人对水利的利用有明确的分工。如最上游段为村民饮用水的水源地，次上游段洗米洗菜，中游段洗衣，下游段洗浴。如有违反，按乡规民约处理。再如村里有口“龙泉”，出水量大，村名们为有效利用泉水，建石墙将龙泉水依次分为四口水塘，第一口供饮水，第二口供淘米洗菜，第三口洗衣，第四口则是洗农具、洗脚等。

鲍屯所在的坝区，水系较多，鱼资源也很丰富。但在清后期由于人口增加，过度捕食鱼的现象十分严重，甚至毒鱼问题成了当时普遍的现象。如清末鲍屯附近的九溪村进士宋懦溺（又名勋谷）反映安顺乡民，“多有毒鱼之事。积习相沿，群趋若鹜。缘黔中多产茶树，民将子榨油，即以渣饼投置水中，鱼无大小，靡有子遗，到处皆然。而安顺所属九溪一带，系北桑梓，此习为尤甚焉。夫鱼为丰年兆，故古人网用上寸之目，鱼不满尺，市不得鬻。似此一毒无余，较之绝流而淦，更形惨酷。童稚效之，竟为残恶，是人心风俗之害”。[27]。宋懦溺希望政府出面严行禁止河道毒鱼。不过，在宗族社会中最有效的方法还得靠村规民约进行。鲍屯即为典型事例。

为了保护鱼类资源，鲍屯在清代有民间组织“粮会”，负责村规民约的宣传与落实。如在清咸丰六年（1856年），村级组织“五会”公议制定的乡规民约规定：“禁止毒鱼挖坝，不准鱼鹰打鱼、洗澡，不准赶罾、赶鱼，违者罚银一两二钱。”乡规规定对毒鱼挖坝、鱼鹰打鱼等杀鸡取卵、过度捕食的行为给予重罚，从一侧面体现了当时村民对保护水资源、维护生态平衡的重视。

如今的村规也同样规定，河内严禁炸鱼、毒鱼、电鱼等。如有违反，除给予经济惩罚外，还要视情节轻重按有关法律法规惩处。

水是农业的命脉，在农业社会中，对水的依赖、畏惧以及对水涝旱灾的恐惧与自我保护的生存意识，使人类在很早的时候就产生了对水的崇拜观念。正是对水的崇拜，才有祭祀水神的习俗，反映了人民祈求风调雨顺的愿望。鲍屯有关祭祀井泉、河流等仪式的民俗中也保留了不少原始水体崇拜的痕迹。鲍屯河是鲍屯人的生命之源。村内有口清冽的泉水叫“神泉”。“神泉”是因为自古以来人们用该泉水敬神故名。鲍屯人有个规矩，挑水敬神

时，要选身强力壮的男子去挑，且挑水时只能用一只肩膀，中途不准换肩，避免身体气味影响神水，因此，敬神时只用前面水桶里的水，惟恐对神不敬。

“水仓”有众多的泉水，是鲍屯河的主要是补给水。在水仓附近，笔者看到当地祭祀龙神的神龛，且香火旺盛。每逢农历的初一、十五和正月初二、初三挑水时要烧香敬龙王菩萨，反映了鲍屯人民对水的崇拜，这正是鲍屯人自觉保护水利与生态的动力。

受“山管人丁水管财”的风水文化影响，古人注意到山与水是密不可分的关系。鲍屯人在保护水资源同时，注意保护山上的森林植被及野生动物。

民国时期《鲍氏家乘》（1930 年修）中收录了 8 份明清两代鲍氏家族土地买卖的契文，除了 2 份是鲍氏族人内部交易外，其余 6 份是外姓人卖与鲍氏，且全部涉及山地的买卖。如弘治五年田斌、李万禄、吴显荣将三姓所有公共山坡出卖，这些山地“或作阴地，或作阳宅，或栽树木”，也有契文规定田土买卖的用途为“栽茶蓄树护坟为业”，山场的出卖包括“山中一切化槁，白杨一切杂树”。这说明山场买卖的用途主要不是种植杂粮，而是作祖坟或林木的种植，其目的在于培植风水。

鲍氏家族为了保护“龙脉”或“风水”，倡导栽茶蓄树护坟，并禁止族人或外族人在祖坟山上或附近砍伐树木，有意无意之中避免了水土流失，这在某种意义上说是为了达到人与自然的和谐统一（即“天人合一”）而采取的保护生态环境的措施。

当地老人讲，鲍屯村的村规民约明确规定河岸、河坝不得损坏，岸上的树木更不准破坏。原先鲍屯河两旁皆种植大量的杨柳树（这是鲍屯原名“杨柳湾”的原因），起到加固堤坝的作用，并且几百年中一直保护很好，可惜在 1958 年大炼钢铁前后被砍伐，目前在疏通河坝时候还可发现一些几百年的老树根。

民国时期《鲍氏家乘》卷五记载鲍屯的风水极佳，“览其形，地极壮丽，脉其甚丰饶，狮象把门，螺星塞水，文峰玉案，森然排列，群山怀抱，古树参天”。正是出于风水保护的目的，鲍屯人精心规划了水口园林，对风水林严加保护。

鲍钟权回忆，新中国成立以前鲍家屯周边山地分为风水林山和薪炭林山两种。风水林山包括小青山（螺星山）、黄山（狮子山）、大青山（贵人山）、大菁山（象山）等，长期作为风水林保护起来，因而有大量的原始森林，直到 1958 年大炼钢铁被砍伐；薪炭林山（当地叫“柴山”）包括老苗山、牙口山等，这是鲍屯人薪炭燃料的主要来源。鲍屯村门口对着两座小山，黄山像狮子，大菁山像大象，两山之间是像螺丝的小青山，山麓是河流交汇处（即鲍屯的水口处），当地民谚“螺丝塞水口，世代出诸侯”。

为了保护良好的风水，使家族长盛不衰，鲍氏家族出台系列的族规或乡规民约，将水利工程与生态保护结合起来。如原汪公殿前曾立乡规民约的碑刻，其内容涉及水利维修、森林和民居防火以及禁止砍伐森林的规定。只可惜这些乡规民约碑刻在“文化大革命”中被毁坏，我们现在只能根据老人的回忆记录部分内容。如封山育林的规定，小果园 75 岁的鲍钟昌回忆，对砍伐树木的根据树木大小给予一钱到数两不等的罚银。最高罚银 5 两，那时宗族的权力很大，也有威严，人人惧怕宗族的法规，不敢违背。而今，村规民约也规定鲍屯附近的山禁止采沙石，禁止挖泥制砖。

正如对水的保护涉及到鱼资源的保护一样，鲍屯人对山的保护也强调对野生动物的保护，体现了维护生物多样性原则。如民国时期《鲍氏家乘》的祖训规定，“鸟兽蝼蚁皆爱

命，切莫打猎与烧山”，将不准烧山和打猎提升到祖宗之法的高度，明确必须严格保护野生动物和森林资源，体现了鲍屯人对环境的珍爱。正是长期封山育林防止水土流失，才有了美丽的田园风光，鲍屯才成为人与自然和谐共生的样板。

贵州岩溶地貌发育非常典型。喀斯特地貌面积 109084 平方千米，占全省总面积的 61.9%，境内岩溶分布范围广泛，形态类型齐全，地域分布明显，构成一种特殊的岩溶生态系统。贵州石漠化问题十分严重。贵州的石漠化主要分布在六盘水、安顺、黔西南、毕节等地。安顺地区的石漠化程度仅次于六盘水。鲍屯是典型的喀斯特地区，但是在鲍屯由于历来重视环境保护，处处是青山绿水，一派江南风光。

鲍屯人对大自然的亲近有一个典型的事例。鲍屯数百年来形成的水利文化，从一个侧面反映出水利与社会、环境之间的关联，体现了天人合一的生态和谐理念。从培植风水的角度，鲍屯人几百年以来展开了系列以水利为中心的保护和改善生态环境的行为，而良好的生态环境反过来维护了水利的良性运转，鲍屯水利是人与自然和谐共生的样板，无疑为我们提供了一种独具地方特色的保护生态环境的模式。

近年来有人提出“绿色水利”的概念，主张绿色水利是中国水利的发展方向。所谓的“绿色水利”是指在水资源开发、利用和废弃全过程中保护生态环境且节水高效的利用水资源的行为与文化[40]。鲍屯水利可以说是绿色水利的样板。事实说明，水利发展必须将环境保护放在重要的位置。

第二节　全国节水试点城市——张掖市节水型社会建设实践

水资源是经济社会发展的基础和前提，良好的水资源保障体系是全面建设小康社会、和谐社会重要保障条件，也是建设生态文明的必要条件。张掖市水资源总量虽然比较丰富，但人均占有量较少，目前张掖市水资源人均占有量仅为 530 立方米，不到全国平均水平的1/4，总体状况接近水危机地区界限，每年缺水在 1.6 亿立方米左右，尤其是地下水资源贫乏的实际决定了依靠和依赖工程供水的现状并难以改变。经济社会发展受益于水，也受制于水，从张掖市水利的发展趋向看，已经由单纯的为农业服务，延伸为农业、工业、生活、生态并重，水资源已经成为经济社会发展不可或缺的重要因素。

一、试点建设背景

（一）张掖经济社会发展概况与水资源现状

张掖市位于河西走廊中部，南依祁连山与青海毗邻，北靠合黎山与内蒙古接壤。辖甘州、临泽、高台、山丹、民乐、肃南一区五县，总面积 4.2 万平方公里，128 万人，耕地 390 万亩，有汉、回、藏、裕固族等 26 个民族。张掖是典型的灌溉农业区，素有“塞上江南”、“金张掖”之称。2003 年，全市国内生产总值 83.8 亿元，三次产业比重为 35∶33∶32，地方财政收入 3.76 亿元，农村居民家庭人均纯收入 3278 元，城镇居民家庭人均可支配收入 6360 元。

黑河发源于祁连山北麓，其干流水系主要由黑河、梨园河及其他大小 20 多条河流组成，流域总面积 14.29 万平方公里，径流总量 24.75 亿立方米，其中黑河莺落峡断面为

15.8亿立方米，梨园河梨园堡水文站为2.37亿立方米，其他支流为6.58亿立方米。黑河干流全长821公里，出山口莺落峡以上为上游，河道长303公里，面积1万平方公里，两岸山高谷深，气候阴湿寒冷，年降水量350毫米，是黑河流域的产流区；莺落峡至正义峡为中游张掖绿洲，河道长185公里，面积2.56万平方公里，两岸地势平坦，光热资源充足，但年降水量仅有140毫米，蒸发量达1410毫米；正义峡以下为下游，河道长333公里，面积8.04万平方公里，除河流沿岸和居延三角绿洲外，大部为沙漠戈壁，属极端干旱区。

张掖市地处黑河中游，集中了全流域95%的耕地、91%的人口和89%的国内生产总值，是全国重要的商品粮基地和蔬菜生产基地。黑河分水前，全市水资源总量为26.5立方米，其中地表水24.75亿立方米，地下水1.75亿立方米。

（二）黑河分水与水资源矛盾

20世纪后期，随着人口的增加、气候的变化，黑河流域水资源紧缺和生态失衡问题，引起了党中央、国务院的高度重视。2001年2月，国务院第94次总理办公会议决定实施黑河近期治理，实现当黑河上游来水15.8亿立方米时，向下游新增下泄量2.55亿立方米，达到9.5亿立方米的分水目标。

黑河分水是关系生态保护、民族团结、国防建设的大事，但给张掖带来了很多难题：一是水资源总量短缺的矛盾更加突出。全市可用水资源量从此将降为人均1250立方米、亩均511立方米，分别为全国平均水平的57%和29%；到2015年人均水量将降为1000立方米，属严重缺水地区。二是完成分水任务困难很大。黑河向下游新增下泄量2.55亿立方米，意味着张掖必须相应削减黑河引水量5.8亿立方米，相当于60万亩耕地的用水量，亦即相当于依附在土地上的20多万农民群众将失去基本依靠。三是当地经济社会发展用水矛盾更加尖锐。要将黑河干流60%以上的水量分配给下游，给张掖只留下不足40%的水量，而张掖年均降雨量只有110毫米、蒸发量高达1400～2700毫米，在这有水则为绿洲、无水则为荒漠的干旱地区，面对水资源供需矛盾急速加剧的现实，如何找出一条既能完成分水任务、又能促进地方经济社会发展、人与自然和谐相处的成功之路，成为摆在张掖面前的一大课题。可以说，是突出的供用水矛盾和严峻的分水现实，使张掖市选择了建设节水型社会、实施黑河综合治理的可持续发展之路。

（三）试点建设的理论依据与可行性分析

在实施黑河水量调度前期和节水型社会建设试点确立之初，张掖市县党委政府和各级水利部门，都在思考和探索节水增效的方式和途径。在此期间，水利部领导多次来张掖视察指导黑河分水工作，水利部部长汪恕诚2001年4月来张掖视察时明确指出：要明晰水权，建立宏观和微观两套指标体系，采取行政、经济、工程、科技四项措施，实行强制节水，改革用水机制和水价制度，促进节约用水，从而建立节水型社会，实现节水与发展“双赢”。这一观点，以及国内外关于水权、水市场的理论研究和高效用水的实践探索，为我市解决水资源问题提供了理论依据，并指明了方向和途径。

在此基础上，我们通过研究用水现状，分析了张掖市节约用水、提高水资源利用率和效益的潜力与可行性。

（1）改变陈旧的用水观念，节水将有广阔的空间。长期形成的“水从门前过，不浇也是错”、“水是公共资源，取不尽用不竭”的传统认识，在民众中特别是农村群众中仍然根深蒂固。如果人人都认识到水是宝贵的生命之源、是已日趋枯竭的稀有资源，特别是当水的商品属性和价格机能充分体现出来、节水成为人们的自觉意识和普遍行为的时候，节水工作将大有可为。

（2）改进落后的用水方式和管水体制，节水将有很大的潜力。过去，滥用无度、大水漫灌、跑冒滴漏、浪费水的现象比较普遍，主要原因是没有、也无法严格实施总量控制和定额管理，重工程建设轻资源配置，重开源轻节流，重供水轻效益，资源配置手段单一，设施和手段比较落后，缺乏有效的调控措施和激励机制。如果不断改进供用水工程设施和管理体制，节水工作将大有文章可做。

（3）调整不合理的用水结构，水资源利用率和效益将有很大提高。全市2000年三次产业比重为42∶29∶29，农业、生态、工业、生活用水比例为87.7∶7.4∶2.8∶2.1，农业用水“一头沉”问题十分突出，而且单位耗水过高，亩均用水量达610立方米，比全国平均水平高出27%，而单方水的GDP产出仅为2.81元，是全国平均水平的1/8。调整用水结构的实质是调整经济结构，加大工业用水比例，实质就是打破全市农业一头沉的局面，加快工业化进程，降低单位耗水量，提高单方水的GDP产出值；而加大生态用水比例，则是坚持科学发展观、走可持续发展之路。因此，跳出就水论水的圈子，在调整经济结构上下功夫，节水的路径将会更为宽阔。

（4）明确和落实水权制度，将对节水产生巨大的推动作用。从张掖的实际看，水是比土地更宝贵的稀缺资源，拥有了水就等于拥有了土地。如果把水资源像土地、矿产等资源一样，实行承包经营制，明确其所有权、使用权、经营权、转让权，并运用市场机制对水资源配置发挥基础性作用，必将极大地释放有限水资源的内在潜力，激励群众珍惜水资源、节约用水，对促进传统用水观念、用水方式和管理模式的变革，调整经济结构，提高水的利用效率和效益，必将产生重大而深远的影响。

二、试点建设的思路、目标与内容

（一）指导思想与基本原则

1. 指导思想

张掖节水型社会试点建设的指导思想是：以党的十五大、十六大精神为指针，以新《中华人民共和国水法》为依据，以提高水资源利用效率和效益为目标，以水资源管理为主要内容，将现代水权和水价理论同区域实践相结合，在积极培育和强化公众节水意识的基础上，建立总量控制与定额管理相结合的水资源管理体制和合理的水价形成机制，形成政府调控、市场引导、公众参与的节水型社会运行机制。通过产业结构调整、经济手段调控、加强需水管理和推广新技术、新工艺等措施，建设包括农业、工业、服务业和生活节水在内的节水型社会，不断提高区域水资源和水环境承载力，以水资源优化配置满足经济社会发展的水资源需求，以水资源可持续利用保障经济社会的可持续发展。

2. 张掖节水型社会试点建设的基本原则

（1）立足全局，与黑河流域综合治理规划相结合。张掖试点建设是依托于黑河流域综合治理规划框架下开展的，是流域治理规划的重要补充和局部细化，而且实现国务院批复的黑河干流分水方案是试点建设的基本目标，因此试点建设必须从全局出发，将目标和措施与流域治理目标和措施紧密结合，从流域的高度来进行地区经济发展规划，指导水资源开发、利用、治理、配置、节约和保护工作。

（2）节水型社会建设与区域经济发展战略相协调。正确认识地区节水型社会建设与国民经济发展的关系，处理好局部与整体、近期与长远等各种利益关系。要充分认识到在张掖进行节水型社会建设试点不是要通过限制区域经济发展来实现流域综合治理规划目标，而是在流域和区域水资源承载力的约束下，从流域水循环的角度来界定区域国民经济可利用量，以协调生活、生产、生态用水间的关系。新的区域经济结构要量水而行，坚持以供定用，以供水定区域发展模式，以供水定产业结构和产业布局。通过协调水资源与国民经济匹配关系，实现区域经济社会更高层次上的可持续发展。

（3）全面规划，分步实施，立足地方，突出重点。节水型社会建设是一项与社会各层面密切相关的综合性系统工程，内容涉及生态系统的保护与建设，经济社会发展和规划，以及人们日常生活等各个方面，因此必须坚持全面规划原则，避免单纯以水论社会，以节水替代节水型社会。在上级政府部门的指导下，立足地方，由张掖市组织多个部门联合制定试点建设总体规划，按计划分阶段分步骤实施，在建立相关保障机制的前提下，集中解决灌区节水和种植结构调整等问题。

（4）管理为本，完善机制，措施配套，分工协作。建设节水型社会的主要内容是水资源管理，因此张掖节水型社会建设在进行用水结构调整的同时，必须把水资源管理放在突出位置，在完成不同层次的初始水权分配的基础上，深化取水许可和排污许可制度，通过工程措施与非工程措施配套、先进技术与常规技术结合，多部门明确分工，通力协作，全面实现试点建设目标。

（二）总体目标

节水型社会建设是一个渐进过程。综合黑河流域治理规划和经济社会发展计划，张掖市节水型社会建设目标分为近期和远景两个阶段目标，前者为试点阶段的实施目标，试点建设时期为 2002—2004 年；远景目标是节水型社会整体框架基本形成，时间初拟为 2005—2010 年。试点近期目标主要依据《黑河流域近期治理规划》、《张掖地区国民经济和社会发展第十个五年计划》和《张掖地区西部大开发规划》等综合规划，同时结合相关专项规划制定。主要包括两个层面：一是直接的节水目标，二是节水条件下的社会经济和生态系统保障目标。

1. 节水目标

（1）全市年节水量达到 4.8 亿～5.8 亿立方米，即国民经济用水总量控制在 20 亿～21 亿立方米，正义峡增泄水量 2.5 亿立方米，实现国务院批准的分水方案，即正常年份使正义峡下泄水量 9.5 亿立方米；

（2）各地区地下水开采量都限制在允许开采量范围内，严格控制地下水位；

（3）全区生活、工业、农业、生态用水比例由现状的 2.2∶2.8∶87.7∶7.4 调整为 4∶4∶71∶21 左右，国民经济用水结构趋于合理。

2. 社会经济和生态系统保障目标

（1）保持地区国民经济稳定增长，2002—2004 年 GDP 增长速度保持 11%，2004 年 GDP 总量达到 96.3 亿元；

（2）逐步增加生态用水比例，城镇绿化覆盖率达到 35%，阻止沙漠化面积的进一步扩大；保障河道水质达到Ⅲ类以上，源头区水质达到Ⅱ类以上。

（三）主要内容

从明晰水权入手，着重改革水资源传统管理模式、配置方式等，边实践边探索，积极构筑与水资源优化配置相适应的管理运行、经济结构、水利工程三大体系。

1. 全面开展管理体制改革，构筑以水权为中心的水资源管理体系。

节水型社会建设的核心是建立与社会主义市场经济体制相适应的水资源管理机制，以此来调整以水资源优化配置与高效利用为核心的生产关系，从而促进生产力的发展。为此，着重进行以政府调控、市场引导、公共参与为主要内容的节水型社会运行机制建设。

（1）逐步建立分级管理、职责明确、运转协调、行为规范的水资源统一管理体制。成立张掖市水务局和各县、区水务局，全社会水资源开发利用实行统一规划、统一调配、统一发放取水许可证、统一征收水资源费、统一管理水量水质，实行地表水和地下水统一管理和城乡水务一体化管理。

（2）建立以用水和纳污总量控制与定额管理相结合，以总量控制下的取水、排污许可制度和包括水资源论证、初始水权分配、地下水开采总量控制、危机管理、用水定额管理、节水补助、信息交换、公众参与管理等制度在内的较为完备的制度支撑体系。

（3）完善经济社会发展规划、生态环境保护规划、水资源开发利用与保护规划、区域节水规划、灌溉面积总量控制规划、灌溉制度改革规划、节水工程规划等系列配套规划体系。

（4）制定一系列节水型社会配套管理办法，并出台一系列地方管理办法和地方规范性文件，加大执法和监督力度。

（5）积极引入市场机制，建立合理的水价形成机制，实行水票制，促进水价改革和水量交易，培育水市场。

（6）建立多部门协作制度，成立用水者协会，实施水利信息和政务公开制度，形成公开透明、公众参与的民主管理机制。

（7）建立水资源有偿使用制度。主要包括两方面内容：一是建立与取水许可制度相配套的水资源有偿使用制度；二是建立与排污许可制度相配套的水环境容量有偿使用制度，即排污收费制度。

（8）建立合理的水价形成机制。主要包括三方面内容：一是基于供水成本的水价形成机制的建设；二是分类与累进制水价制度的建立与完善；三是基于用水户实际承受能力水价调整方案制定，尤其是考虑社会弱势群体（如贫困人群、残障人群等）基本水权，制定出的相关经济补助政策和保障措施。

（9）建立节水激励制度和水权（水量）交易制度。根据初始水权分配结果和水资源使用状况评定节水水平，制定相关经济鼓励政策，建立节水激励制度；从非正式水市场交易入手，逐步探索和规范符合市情的水权或是水量交易制度。

(10) 改革节水投入机制。确定节水受益主体，根据“谁受益，谁投资”的原则，改革节水投入渠道与比例，建立合理的节水投入机制。

2. 实施三大战略，构筑与水资源承载力相适应的经济结构体系

主要包括两方面内容，一是经济结构调整，以此改善用水结构，提高单方水的经济产出；二是相关节水经济机制的建立，通过经济杠杆促进用水效率的提高。通过实施三大战略，到2004年全市三次产业结构由2000年的42∶29∶29调整为34∶34∶32左右，区域水资源的承载力逐步提高。

(1) 围绕实施工业强县战略，重点做好电、煤、钨三篇大文章。投资建设火电厂和黑河8个梯级电站、花草滩和平山湖煤矿及钨矿开采、冶炼和加工基地，鼓励发展低耗水工业，积极推广节水技术和设施，推动工业节水，逐步改变全市高耗水农业占主导地位的局面。

(2) 围绕实施产业富民战略，发挥丰富的农产品和矿产品资源优势，每年建成投资1000万元、销售收入3000万元以上的工业企业15个左右，重点抓好草粉加工、柠檬酸、药用葡萄、葡萄酒、颗粒啤酒花、高烹油、马铃薯全粉、真空冻干食品等农产品加工项目，带动草畜、种子、果蔬、轻工原料四大支柱产业发展，逐步压缩高耗水种植业用水比例，提高单方水的经济效益。

(3) 围绕推进城镇化进程，按照建设全省一流中等城市的目标，扩大城市和规模，突出张掖历史文化名城和民族文化特色，创建“中国优秀旅游城市”，把金张掖建成西陇海兰新线经济带甘肃段新的亮点。大力推动城镇生活节水，新建宾馆、饭店、公共设施和住宅等逐步配套中水回用和节水设施，并把市县、区各主要宾馆饭店作为城市生活节水试点，大力推广节水器设施及洁具。

(4) 全面落实“三禁三压三扩”政策，即禁止开荒，禁止向区内移民，禁种高耗水作物；压缩耕地面积、扩大林草面积，压缩粮食面积、扩大经济作物面积，压缩高耗水作物面积、扩大低耗水作物面积。至2004年基本取消10万亩水稻种植，粮经草比例调整到42∶46∶12左右。

3. 强化基础设施建设，构筑与水资源优化配置相适应的水利工程体系

优化配置和高效利用水资源，必须有配套的工程设施作支撑，因此要与黑河综合治理紧密结合，加快输水设施、测水设施、骨干调蓄工程建设，加强水源地生态保护和建设，推广应用各项高效节水技术和城市污水集中处理回用工程技术等。

(1) 黑河流域近期治理项目。共分为84个子项目，其中灌区节水改造工程81项，肃南生态建设项目3项。改建衬砌干渠560.2公里，支渠639.6公里，斗渠881.23公里，田间配套134.55万亩，新打机井674眼，旧井改造1494眼，高新节水48.61万亩，退耕还林（草）30万亩，天然林封育30万亩，草地围栏封育60万亩，人工造林4万亩；同时合并黑河沿岸的引水渠口21处，减少干渠20条，停蓄平原洼地水库7座。通过采取上述工程措施，在现状基础上增泄水量2.55亿立方米，实现正义峡下泄9.5亿立方米水量的目标。

(2) 病险水库、枢纽除险加固。完成双树寺、瓦房城、李桥、小海子、二坝、酥油

口、大野口、三十六道沟、石灰关、马尾湖等10座中小型水库的除险加固和黑河草滩庄、梨园河等2座引水枢纽的改建、加固任务。

(3) 用水总量控制设施。为落实黑河干流县市间的水量分配方案，在临泽、高台两县黑河干流断面和年取水量大于2000万m^3引水口增设水文站，在现有地下水水文观测站网及相应井灌区新增布设30眼地下水水文观测井，同时加强对水环境的监测，新建水质监测断面15处。

(4) 用水取水计量设施。包括地表水引水口门的取用水计量设施和机电井井口地下水取用计量设施。其中地表水干、支两级引水渠安装自动测水仪、斗渠设量水堰，工业、生活和农业机井口安装水表。

(5) 供用水信息化调控设施。在流域水资源调配信息系统的基础上建设张掖水资源调配与节水管理信息系统，包括调度管理中心决策、调控支持系统和各县（市）调度管理分中心决策、调控支持系统，初步实现水资源管理决策的信息可视化。

(6) 田间配套及高新节水设施。以黑河流域近期治理规划所确定的48.6万亩高新节水面积为基本规模，建设高效节水示范园区；引入适宜区情的高新技术，如耐旱草种、树种等；在新建住宅楼全面推行生活节水器具，对现有住宅进行逐步改装；引进工业节水新工艺和新设备等。

(7) 水源地生态保护和建设。结合黑河综合治理，实施天然林封育工程，在祁连山保护区按计划持续进行人工造林和森林综合培育，组织实施生态移民工程，在祁连山浅山区和灌溉农业区进行生态退耕等。

(8) 城市污水集中处理回用工程。为实现城市污水资源化，除在建的甘州区污水处理厂外，其他县城新建规模为1万m^3的污水处理厂，处理后的污水回用于城镇绿化、农业灌溉、城市洗浴及工业生产等。同时进行非常规水源的研究和开发利用等。

三、试点建设的措施与做法

1. 先行试验，探索试点建设的基本方式

本着低重心起步、以点带面、分类指导、区域实施、全面推进的原则，从2001年7月开始，首先选择黑河支流相对独立的临泽梨园河灌区作为试点先期开展试验工作；2002年3月将试点扩大到黑河干流之外的民乐洪水河灌区、依靠地下水灌溉的高台骆驼城灌区、黑河干流的甘州盈科灌区；2002年8月扩大到山丹和民乐整个县区。在各个试点工作中，逐步进行了制度设计和建设、明晰和配置水权、探索和推行水票制运行、建立用水者协会、实施水资源统一管理等方面的尝试和探索，初步形成了总量控制、定额管理、配水到户、公众参与、水票流转、水量交易、城乡一体的节水型社会运行模式。在取得初步经验的基础上，从2003年3月开始，在全市全面推进节水型社会试点建设工作。

2. 政府调控，建立相关的制度保障体系

建设节水型社会，关键是全民节水意识的增强和用水观念、用水习惯的转变，形成全社会珍惜水资源、节约用水的格局。要从根本上转变千百年来形成的用水观念和习惯，制度的稳定性和约束力所特有的功能是其他任何措施都不能替代的。而制度的建立、推行和落实，离不开政府的强制推动和宏观调控。

（1）充分发挥地方政府的组织、协调、管理职能，做好经济社会发展近期和长远规划、水资源优化配置方案、总量控制和定额管理、水市场交易规则等制度体系建设，为建设节水型社会提供体制和机制支撑。围绕水资源的优化配置和用水效率、效益的提高，我们着力改革传统的用水制度，初步建立了保证总量控制和定额管理两套指标体系实施的制度框架：依据《全面建设小康社会规划纲要》，制定出台并组织实施《水资源配置方案》、《主导产业发展规划》和种植业、畜牧业、生态保护等产业规划；编制完成了工业、城市生活、生态等各行业节水规划及用水定额指标；出台了《张掖市节约用水管理办法》、《河流污染物排放总量控制》、水价管理办法等一系列规范性文件。这些规划、方案、规定、制度的编制、出台，为落实两套指标体系、调整经济结构、优化水资源配置、提高用水效率和效益起到了重要的引导、推进和保障作用。

（2）健全机构，加强领导，层层落实行政领导责任制，通过政府强制措施，推进各项规划、方案、规则等制度落实，实现政府宏观调控的目标。由主管农业水利的市委、市政府领导全面负责节水型社会试点建设工作，市先后成立了高效节水办公室、节水型社会试点建设办公室、黑河综治工程建管处、黑河水量调度办公室等组织机构，各县区也成立了相应的管理机构，明确各级目标任务，层层落实工作责任，严格考核奖惩制度，上下一致，通力协作，从而有效保证了试点建设各项制度、措施的执行和落实。

3. 强化宣传，提高全民节水意识

增强全社会忧患意识，使节水成为人们的自觉行为，节水型社会建设将事半功倍。因此，充分利用广播、电视、报刊等各类新闻媒介，通过张贴标语、发放宣传单、制作广告牌、举办知识竞赛和座谈培训等多种途径和方式，广泛、深入、持久地开展了张掖水情、科学用水知识、树立正确的水观念等方面的教育宣传，在全社会树立珍惜水、保护水、节约水的危机感、紧迫感和责任感，摒弃“水取之不尽、用之不竭”的错误认识和人定胜天、人水相争的传统观念，转变用水观念，树立人水和谐的可发展观和水价值观，提高节水意识，使公众普遍接受、理解和积极参与节水型社会建设。自 2001 年以来，市、县（区）共组织开展声势浩大、内容丰富的“世界水日”、“中国水周”等大型宣传活动 23 次；组织市、县、乡、村等各级宣传动员会 1000 多场次，发放宣传单 37 万份；在公路、街道、村巷、河道、渠首、宾馆、村委会和用水者协会办公地点等制作广告宣传牌 150 块，张贴和刷写固定标语 1.4 万条；印制节水知识读本、《中华人民共和国水法》及节水宣传书册等宣传资料 4 万多份；举办各级各类讲座和培训 20 场 2000 人次；建设了节水型社会大型展厅，策划和制作了 4 个展室 108 块展板，接受了全国各地 6000 多人次的参观展览；开办了节水型社会科技图书阅览室，尤其注重“节约用水从娃娃抓起”，与中小学、幼儿园联手开展了青少年节水知识讲座和节水宣传活动，增强了青少年对节水型社会试点建设的认识和了解。

4. 科学规划，确立用水指标和配置方案

用水定额和水资源配置方案的确立，是明晰水权、实施总量控制和定额管理的基础。为建立科学合理的用水定额指标体系，组织技术人员成立专门工作小组，深入实际调查研究，具体分析各行业现状用水定额及节水潜力，参考有关地区行业用水定额指标，利用长期以来积累的灌溉试验成果，结合区域实际，考虑未来发展，编制了《黑河干流水资源配

置方案》，明确了流域内各县区用水总量，见表 12－1，制定了行业用水定额指标，编制了化工、食品、建材、建筑、冶金等工业重点行业的用水定额指标，见表 12－2，完成了小麦、玉米、蔬菜、牧草、林草等农作物的用水定额指标和城乡生活用水定额指标，见表 12－3和表 12－4。

表 12－1　各县区用水总量分配表（2004 年度）　单位：亿 m^3

县区	甘州	临泽	高台	山丹	民乐
地表水	6.05	3.50	2.52	1.13	3.78
地下水	1.78	0.70	0.95	0.60	0.11

表 12－2　工业重点行业用水定额明细表

行业	产品	单位	定额
化学	尿素	立方米/吨	18
	碳铵	立方米/吨	15
食品	勾兑白酒	立方米/吨	4
	番茄酱	立方米/吨	1.5
建材	水泥	立方米/吨	0.44
采矿冶金	铜精矿	立方米/吨	2.0
	硅铁	立方米/吨	1.5

表 12－3　主要农作物用水定额明细表

作物	分区	定额（立方米/亩）
小麦	川区	310～385
	山区	235
玉米	川区	385～460
	山区	310
牧草	川区	300
	山区	225
蔬菜	川区	540

表 12－4　城乡生活用水定额明细表　单位：升/人·天

给水设备管理	定额
室内无给水排水卫生设备从集中给水龙头给水	20
室内有水龙头，但无卫生设备	30
室内有给排水卫生设备但无淋浴设备	60
室内有给排水卫生设备和淋浴设备	70
室内有给排水卫生设备和淋浴设备、热水供应	100

5. 明晰水权，实施总量控制和定额管理

明晰水权，是水资源优化配置的前提，更是促进水价机制和水市场形成、实施强制节水、推动自觉节水的关键一步。在建立总量控制方面，在全民动员、广泛开展宣传教育的基础上，依据黑河分水指标，按照逐步调整、缺水和用水程度大致均衡、高效用水者优先配水、人均水量逐步接近的原则，依据流域内各县区用水配置方案，通过市、县（区）主要干流、灌区的水库、分水枢纽工程以及机井水表计量控制法，将全市可用水权总量层层分解配置到县区、灌区以至乡镇、村社，逐户核发水权使用证书，如同20世纪80年代大包干时给农民发放土地使用证书一样，让农民群众和用水户有一种实在的权利拥有感，同时也让用水户像珍惜自家的东西一样去珍惜水、节约水。在实施定额管理方面，结合水资源总量指标，遵照编制出台的用水定额指标，通过宣传普及和行政、经济等手段进行单位用水的定量控制。这样，各级政府、行业部门、基层组织和城乡用水户，都明白了自己的水权总量，也知道了行业生产、作物种植的适宜用水量和用水效益，上下互动，根据各自水权主动调整经济结构、优化配置水资源，初步形成了用水者自身当家做主、自觉珍惜水资源、积极投身节水型社会建设的风气和局面。

6. 创新机制，推行水票运转方式

实施总量控制和定额管理，需要在政府、灌区、用水户有一种衔接、转换的手段。同时，水既然作为一种商品，也需要有一种流转、交易的媒介。为此，采用了水票的形式。水管单位根据水权总量，做出配水计划，核发水权证；用水户根据用水定额，持水权证向水管单位购买水票，双方实行水票制供用水。剩余水量的回收、买卖和交易，也通过水票来进行。同时，建立合理的水价形成机制，把核算水利工程供水成本、体现水作为稀缺资源的商品价值以及利于节水意识的形成等，与不增加农民负担、照顾弱势群体结合起来，执行基本水价管理办法，推行定额内用水实行基本水价，见表12-5，超定额用水累进加价。

表12-5　　张掖市行业用水基本水价表　　单位：元/m^3

行业	居民生活	工业	行政事业单位	经营	建筑	农业
水价	0.85	1.2	1.2	1.6	2.0	0.07

水票作为水权、水量、水价的综合载体，成为连接政府、农户和市场的渠道，使用水户的使用权、经营权、交易权得以确立和充分体现，并为确保总量控制方案和定额管理指标的实现、促进水价到位、方便水量交易和促进水量流转提供了条件，有力促进了水市场的发育，为推进水的商品化迈出了重要一步。

7. 成立协会，促进民主参与式管理

民众是节水型社会建设的主体。为了充分发挥社会各层面和公众参与节水型社会建设的积极性，体现水权分配的公正、公平、公开、透明，为用水户提供了解内情、参与决策、表达意见的民主平台，我们把民主政治的思想贯穿到水资源管理配置的全过程，建立了用水者协会，参与水权的确定、水价的形成、水量水质的监督、公民用水权的保护、水市场的监管，并赋予协会斗渠以下水利工程管理、维修和水费收取的权力，形成了水资源管理各环节公开透明、广泛参与的民主决策机制。具体方式是，用水户协会以村或渠系为

单位，每个用水户确定1名会员组成用水户协会，每5～15个会员选1名会员代表，会员代表大会选举产生协会会长、副会长，组成协会执行委员会。通过协会将水量配置到户，收缴水费、调处水事纠纷、管理渠系内部水量交易等涉水事务和管理维护田间工程，使协会成为连接政府与公众、沟通水务机关与社会的桥梁和渠道。至目前，全市已建立农民用水者协会788个。同时，还积极建立多部门协作制度，确保水资源总量控制方案的落实；建立水利信息社会公布制度，定期向社会公布区域水资源状况、供需预测、水价信息、灌溉进度以及黑河分水情况等，为公众和社会参与水资源管理，促进节水社会化发挥了重要作用。

8. 调整结构，提高水资源效益和效率

经济结构不合理，是造成用水结构不合理和供需矛盾加剧的关键原因。为此，张掖市把经济结构的战略性调整放在建设节水型社会的基础地位来抓，确立了实施工业强市、产业富民、推进城镇化三大战略，建立工业主导型经济格局的思路，大力发展第二、第三产业，减轻农业和土地对有限水资源的压力，提高水资源的承载能力。

(1) 围绕实施工业强县战略，大力开发和建设以电、煤、钨为主的工业项目。至目前，投资55亿元、装机120万千瓦的张掖火电厂已开工建设，黑河8个梯级电站中的龙首电站、西流水电站已建成发电，小孤山、大孤山、二道沟等一批电站均已开工建设，年产量90万吨以上的花草滩开工，平山湖煤矿及钨矿开采、冶炼和加工基地建设正在进行前期工作。这一大批工业项目的相继建成，为逐步提高工业用水比例、增加单方水的产出效益、改变全市高耗水农业占主导地位的局面奠定了坚实的基础。全市农业用水比例由2000年的87.7%降低到81%，工业用水比例由2001年的2.8%提高到3.2%。

(2) 围绕实施产业富民战略，加快了产业化龙头企业的建设步伐。自2001年至目前，全市已建成投资1000万元、销售收入3000万元以上的工业企业30多个，初步形成了制种、草畜、果蔬、轻工原料四大支柱产业发展框架和生产加工基地，草粉加工、番茄酱、浓缩果汁、葡萄酒、麦芽、高烹油、马铃薯全粉、真空冻干食品等一大批农产品加工项目相继上马，产业链条逐步延伸，使全市农业生产由耗水高、产品附加值低的种植业逐步向产业化迈进。

(3) 围绕“三禁三压三扩”政策和计划，压缩水稻等高耗水作物面积，扩大林草、中药材等低耗水作物面积，合理调整粮经草比例。至目前，全市已将水稻种植面积由2000年前的10万亩压缩到1万亩，民乐、山丹、肃南三县走草畜富民的路子，大力建设百万头（只）牛羊基地，全市粮经草比例由2000年的48∶50∶2调整到了42∶46∶12。同时，积极开展了新作物、新品种的灌溉试验研究和技术推广工作，并通过灌溉试验进一步修正完善了农作物用水定额，使其更加科学合理。市水务局平原堡灌溉试验站已申请列为全省重点试验基地，开展了玉米制种、蔬菜花卉制种、葡萄、啤酒花等作物种类试验项目。山丹、民乐两县也从沿山冷凉灌区和干旱缺水地区实际出发，开展了中药材、林草等灌溉试验工作。

几年来，通过全方位、多层面的结构调整，形成了经济结构调整与用水结构调整相互促动、相辅相成的良性循环格局。全市三次产业结构由2000年的42∶29∶29调整为2003年的35∶33∶32，农业、生态、工业、生活用水比例由2000年87.7∶7.4∶2.8∶2.1调整为2003年的81∶13.2∶3.2∶2.6，农业用水比例下降6.6个百分点，有效促进了水资源利用效率。

9. 适时引导，促进水量交易及水市场形成

传统观念中水是公益性的，忽略了它的商品属性，因而形成了大水漫灌、浪费水的不良习惯。改变传统用水观念，培育和提高全民的节水意识，首先必须确立水的商品属性，使水资源与用水者的经济利益紧密结合起来。因此，在明晰和落实了水权、用水户调整用水结构和采取有关措施节约用水、一些行业或用水户产生了节余水量之后，我们按照建立社会主义市场经济的要求，积极引入市场机制，培育水市场，努力使用水者节约的水量转化为经济效益，从而激励节约用水，实现经济发展用水效益的最大化。水既然是商品，就应该要流通、交易。为此，市政府制定了水量交易指导意见，规定农业用水交易价不超过基本水价的3倍，工业用水交易价不超过基本水价的10倍；总体上放开生产经营用水交易，禁止生态用水交易；放开交易价格，用水户之间交易价格可由双方商定；无交易条件和未实现交易的节约水量，由政府水管单位按照基本水价的120%回购。通过水量交易，不仅大大提高了民众的节水意识和水商品意识，而且有效调节了水量时空余缺、推进了种植结构的调整。至目前，仅民乐洪水河灌区彭庄村的水量交易超过1万立方米，山丹县马营河灌区部分村社2003年通过签订水权转让合同完成的交易水量过110多万立方米，交易收入达4.2万多元。

10. 城乡一体，实现水资源统一管理

要层层明确各级各行业的水权、有效进行总量控制和定额管理，最终实现全面建设节水型社会的目标，就必须改变过去多部门管水的局面，逐步建立统一管理、分级负责、职责明确、运转协调、行为规范的水资源管理体制。为此，张掖市结合政府机构改革，打破城乡分割、行业用水分割的管理体制，将各级水利局组建为水务局，对全市水资源实行统一规划，统一调度，统一发放取水许可证，统一征收水资源费，统一管理水量水质。从2001年冬季开始，逐步关闭各单位自备水源，实行城区统一供水；农业灌溉机井和工矿企业机井安装计量水表，启动城市生活、工业企业节水试点；加强水资源监控体系、信息自动化系统、县区间水量监测等系统建设。目前，民乐、山丹等县已经将城乡自来水整体移交到水务部门管理，全市部分深机井安装了计量水表，草滩庄枢纽、甘州区西浚水管站等已完成信息自动化控制设施建设，在水资源综合规划、统一管理和开发利用方面取得了突破性进展。

四、试点建设的成果与效益

几年来，通过推进节水型社会试点建设，张掖市全民节水意识和参与意识明显增强，水资源利用率和效益逐步提高，连续完成了黑河分水任务，保持了经济社会的持续发展。

1. 明晰了水权，全社会节水意识和全民参与意识明显增强

由于张掖市节水型社会试点建设的核心工作便是首先明晰初始水权、层层实施总量控制，从行政区域和行业用水两个层面制定了用水控制指标，并逐级控制落实到基层和用水户，核发了水权使用证，所以让用水户一下子有了用水压力和水危机感，尤其成立用水者协会和实行定额水价、允许水量交易后，用水户特别是广大农民群众参与了水资源管理，

关心水、珍惜水的意识明显增强，人们像珍惜自家财产一样珍惜水权，千方百计调整用水结构、珍惜和节约用水、关心和爱护水利工程设施，一种户户明确总量、人人清楚定额的局面已在全市范围内形成，节水和参与节水型社会建设正在演变为全民的自觉行动。

2. 实现了水资源优化配置，水的利用率和效益显著提高

由于制定和执行了相对科学合理的水资源方案及行业用水规划，通过行政、工程和技术手段有效实施了总量控制与定额管理，以及结构调整与水利用率的双向促动，水资源逐步实现了优化配置，干渠、支渠、斗渠三级渠系水利用率由2000年的59%，提高到2003年64%；万元工业增加值用水量较2000年降低30立方米，达到436立方米/万元；工业用水重复利用率由2000年的45%提高到2003年的50%；单方水的GDP产出由2000年的2.81元提高到了2003年的3.72元。

以民乐洪水河灌区彭庄村农民朱宏为例，他所承包的14亩耕地，配置水权4000立方米。按以往种植粮食作物只够5亩地的水。为了节水，他只种了3亩小麦，其余全部种植了用水少的中药材、苜蓿等经济作物，并改大块为小畦灌溉，第一轮灌溉时由于苜蓿、中药材等不需要灌水，结果还结余了200立方米水。朱宏用原有5亩地的水保证了14亩地的灌溉，等于将水的承载能力提高了1.8倍。

3. 促进了经济结构调整，推动了区域经济的持续快速发展

由于在节水型社会试点建设实践中始终坚持了“以节水定产业、以节水调结构、以节水增总量、以节水促发展”的经济工作基本原则，全市经济结构战略性调整的步伐进一步加快，有力地促进了区域经济社会的持续快速发展。工业强市实现了新的突破，电、煤、钨三大资源开发迈出了实质性步伐，张掖电厂、西流水水电站、天森番茄酱生产线、花草滩煤田等一批上规模上档次的工业企业项目建设，使全市工业短腿的局面有了初步改观；产业富民成效显著，初步形成了草畜、种子、果蔬、轻工原料四大支柱产业；城镇化进程进一步加快，基础设施水平和城市综合功能明显提升。全市三次产业结构由2000年的42∶29∶29调整为2003年的35∶33∶32。2000年以来，在连续四年完成黑河分水任务的同时，经济增长率由8.5%提高到10.2%，财政收入增速由4.4%提高到10.6%，农民人均纯收入年增幅由102元提高到了182元。

4. 缓解了黑河中下游用水矛盾，促进了生态环境的修复和建设

水权明晰、总量控制、定额管理，改变了水资源配置无序状态，安排和限定了各行业用水比例，保障了生态用水，实现了黑河分水目标，使位于黑河中游的张掖市与下游的内蒙古之间的用水矛盾得到化解，为生态环境的修复和改善奠定了坚实的基础。一方面，在全市用水总量削减的条件下，明确了区域内生态用水的水权，生态用水比例由2000年的7.4%提高到了13.7%，加之逐步实施祁连山生态移民、天然林封育、浅山区和灌溉农业区生态退耕等工程，黑河中上游的水源地保护和生态环境的建设有了保障；另一方面，大幅度压缩和节约经济社会用水，增加下泄量，连续多年完成了国家确定的黑河分水任务，见表12-6。2000年10月将黑河水成功送达额济纳旗首府所在地达来库布镇，当年下游额济纳旗浇灌林草地达2万多亩；2001年在本市遭受60年不遇特大旱灾、农作物减产的情况下，仍将黑河水送达额济纳旗达来库布镇；2002年将黑河水两次送达干涸十年之久的东居延海，形成水域面积23.66平方公里；2003年在将黑河水两次送达东居延海后，又

成功送达了干枯43年之久的西居延海。截至2007年11月10日，自2000年开始实施的黑河干流水量统一调度已累计向额济纳绿洲调入水量39亿立方米，为改善黑河下游地区生态提供了有效水资源支撑。实施黑河水量统一调度以来，额济纳旗地下水位多年来持续下降的趋势得到初步遏制，并在大部分地区呈现回升势态。尤其是2002年以来，黑河下游各个区域的地下水都有不同程度的回升，2006年地下水位达到或接近1995年以来的历史最高值。2006年与2002年相比，东河地区地下水位平均回升0.48米，西河地区地下水位平均回升0.36米，东居延海周边地区地下水位平均回升0.48米。连续多年的成功分水和今后的正常调水，为改善黑河下游生态环境提供了有力的支撑。

表12-6　　黑河水量调度统计表　　单位：亿立方米

年　份	调度指标	莺落峡实际来水	正义峡实际下泄
2000	（15.8，8.0）	14.62	6.5
2001	（15.8，8.3）	13.13	6.38
2002	（15.8，9.0）	16.11	9.23
2003	（15.8，9.5）	19.03	11.61

五、结论与建议

（一）主要结论

（1）成功推进节水型社会试点建设，首先要进行观念和制度的变革与创新。张掖的探索和实践证明，国家水利部有关领导和专家的水权、水市场理论，对解决水危机、提高水资源承载力、实现经济社会可持续发展提供了现实可行的制度框架，是一项重大的突破和创新，具有非常深远的现实意义和历史意义。只有确立了水的所有权、使用权、经营权、转让权，才能从根本上破除传统用水观念、改变粗放型供用水模式，才能有效地培养和树立群众的水权意识、水商品意识和节水意识，才能进一步推行和落实总量控制、定额管理、结构调整以及水务一体化管理等一系列制度、措施，珍惜和保护水资源、建设节水型社会才能变成人们的自觉意识和公共行为。

（2）政府调控、市场引导、公共参与，是节水型社会前期建设中非常重要的措施和必不可少的环节。建设节水型社会的前提，是增强全民节水意识和转变用水观念、用水习惯，形成全社会珍惜水资源、节约用水的局面。而要从根本上转变千百年来形成的用水观念和习惯，首先，制度和政策的推动力、约束力和稳定性功能，是其他任何措施都不能替代的。做好经济社会发展近期和长远规划、水资源优化配置方案、总量控制和定额管理、水市场交易规则等制度体系建设，需要地方政府充分发挥其组织、协调、管理职能；层层落实行政领导责任制，全面推进各项规划、方案、规则、制度的落实，也离不开政府的行政组织和强制措施。因此，政府的强制推动和宏观调控，是推动节水型社会建设的重要手段之一。其次，传统观念中水是公益性的，忽略了它的商品属性，因而形成了大水漫灌、浪费水的不良习惯，而改变传统用水观念，培育和提高全民的节水意识，必须使水资源与用水者的经济利益紧密结合起来。所以，适时引入市场机制，积极培育水市场，促进水价

到位，方便水权流转和水量交易，使水资源的商品价值得到体现，从而激励节约用水、提高水资源的利用率和效益，是推动节水型社会建设的关键一步。其三，民众是节水型社会建设的主体，只有为用水户提供了解内情、参与决策、表达意见的民主平台，体现水权分配的公正、公平、公开、透明，才能充分发挥社会各层面和广大群众参与节水型社会建设的积极性。张掖的探索和实践表明，建立用水者协会，使民众参与水权的确定、水价的形成、水量水质的监督、水权的保护、水市场的监管以及水利工程的维修管理等，能极大地调动广大用水户的积极性和集体智慧，对增强全民节水意识、转变公众用水观念和习惯、形成全社会珍惜水资源和节约用水的局面，具有非常重要的作用。

(3) 依据水资源确立区域经济发展规划，依据水资源调整经济结构，是提高水资源承载力，实现人与自然和谐相处、经济社会可持续发展的根本途径。人定胜天、改造和征服自然、人与水争地、生产与生态争水、以需求定供水等传统用水观念和方式，造成了与水资源承载力不相协调的经济结构，而不合理的经济结构，又导致了用水结构不合理，加剧了供需矛盾。张掖市节水实践证明，从协调处理生产和生活及生态用水、以供定需、坚持人与自然和谐相处出发，把经济结构的战略性调整放在建设节水型社会的基础地位来抓，确立工业主导型、产业化富民型的经济发展思路，大力发展第二、第三产业，减轻农业和土地对有限水资源的压力，同时在农作物种植结构调整上做文章，尽量压缩和取消高耗水作物，大力推广低耗水高效益作物，保证生态用水，强化水资源和水环境的保护和修复，是提高水资源的承载能力、实现经济社会可持续发展的有效途径和根本出路。

(4) 实施和强化水资源统一管理，保证管理运行体制顺畅，是推进节水型社会建设进程的机制保障。分级分部门“多龙”管理水资源的旧有体制，造成了取水、供水、用水、管水的混乱无序，也直接影响了节水工作的整体推进，使总量控制和定额管理等节水制度和措施无法真正落实到位。张掖的实践表明，结合政府机构改革，打破城乡分割、地表水与地下水分割、开源与治污分割、行业用水分割的管理体制和格局，对区域水资源实行统一规划、统一调度、统一发放取水许可证、统一征收水资源费、统一管理水量水质，由“多龙”管水向“一龙”管水和建立水资源统一管理体制转变，逐步建立统一管理、分级负责、职责明确、运转协调、行为规范的水管机制，才能实现对水资源的有效调控和优化配置，才能保证水权明晰、总量控制、定额管理、用水结构调整等各项制度和措施得到有效贯彻和落实，才能把节水型社会建设稳定、有序地不断推向前进。

（二）建议

建设节水型社会是一项全新的事业，是一个探索中发展、实践中前进的过程，也是一个不断发现和解决问题、不断改革和创新的过程，有许多问题需要我们去不断地思考、探讨。为了进一步把节水型社会建设的研究和实践工作推向深入，根据张掖试点工作中发现和存在的问题，我们提出如下建议。

(1) 水市场的建立、形成还在初级阶段，有待进一步推进。物以稀为贵，是一个十分简单的道理。水作为日益短缺的商品，交易、买卖、涨价甚至实行阶梯水价，应当是很自然的事。但人们树立这种全新的认识和理念，还需要一种过程。个别的水权流转，简单的水量交易，还不能说明水市场的真正确立。只有自上而下、由点到面大环境、大气候的形成，才能使区域水市场发育成熟并显现活力。换言之，只有国家明确提出和全面推行水价改革制度，试点的水市场才能形成规模和气候，跨区域、跨灌区、跨行业的水交易才能成为可能，水的价格经济调解才能在节水型社会建设中发挥出杠杆撬动作用。

（2）城乡水务一体化刚刚起步，管理运行机制亟待规范和完善。实事求是地讲，水务一体化管理体制的形成和规范，单靠某一地区、某一级政府或部门是无法完成的；实现各类用水的统一调度、行业用水的统一管理，在行政、工程、技术等各方面也还有许多条件限制；一体化管理后，如何改变水利投融资渠道单一的现状、逐步建立与市场经济体制相适应的水利管理体制和水利投融资体制、促进水利工程建设管理良性运行等，都需要进一步加以研究、探索和解决。

（3）实施总量控制与定额管理的措施和手段急需进一步强化。实现水资源的统一调度和配置，关键在于能够有效实施总量控制和定额管理。就张掖市而言，水库、枢纽、塘坝及河道、渠系的输水引水控制工程设施和技术设施还很不完善，黑河分水调度主要依靠行政手段和人工堵坝拦截，耗时费力而效果很差。因此，要真正把总量控制和定额管理落到实处，现代化调度设施和信息自动化控制设施的装备和建设势在必行。

（4）农民用水者协会参与式管理尚需进一步规范运作。农民用水者协会是农村广大群众参与节水型社会建设的好形式，在农业灌溉中发挥了政府和水管部门无法替代的重要作用。但是，一种民间组织的有效运行，会受到各方面条件的限制。就张掖市 780 多个农民用水者协会来说，有近 1/3 的协会运作不够规范，有的协会无办公地点，有的缺少必要的运行经费，有的协会执委会工作不力，一定程度上影响了民主监督、民主管理、公众参与的效果。如何进一步指导农民用水者协会规范运作，仍需要在今后的工作中不断探讨。

（5）实施黑河水量调度对中游生态环境的影响及其对策，尚需进一步加以认真研究。黑河分水，就全局而言，对下游生态环境的修复和改善无疑具有非常重要的意义。就中上游来说，由于实施黑河综合治理工程、生态移民和退耕还林还草工程，也有利于水源地的保护和生态环境的改善。但是实施黑河水量调度，中游水量大幅度削减，对流域中游今后和将来的生态环境和水环境有没有影响？地下水位会不会下降？水循环会不会失衡？如果会出现这些现象，我们该如何应对？这一系列问题，都需要我们去认真加以研究、探讨和解决。只有这样，才能使我们的节水型社会建设向更高更深的层次跨越。

第三节　甘肃庄浪梯田化建设与黄土丘陵地区的生态建设

黄土丘陵地区由于严重的水土流失，生态恶化，经济贫困，被国家列为生态建设和扶贫开发的重点地区。甘肃庄浪县通过梯田化建设，明显减少了水土流失，基本解决了农民的温饱问题，成为黄土丘陵沟壑地区实现生态经济状况好转的良好范例，1998 年被国家命名为“中国第一个梯田化模范县”。

一、庄浪县的生态经济状况及其特点

1. 自然概况

庄浪县位于甘肃中部，六盘山西麓。地理坐标北纬 35°03′23″～35°28′26″，东经

105°46′15″～106°23′45″，东西长 56.37 公里，南北阔 46.6 公里，总面积 1553.14 公里。全境群山起伏，沟壑纵横，六盘山六支分脉回环盘绕，并被风、重力、水冲刷切割成千沟万壑。基岩山地和丘陵沟壑占总面积的 95.3%，河谷川台地仅占 4.7%，海拔为 1405～2857 米，落差大。属大陆性季风气候，由于距离海较远，西南暖湿气流伸入缓慢，春迟秋早、夏短冬长。年均降水量 547.8 毫米，而全年蒸发量则高达 1310.2 毫米，是降水量的 2.39 倍，不同程度干旱天气年发生几率高达 90.9%。据当地水文资料，境内 4 条河流年径流量为 2.58 亿立方米，其中境内外补给的仅占 39.5%，地下水贮量年均 5042.51 立方米，可采量只占 16.7%，而二者的利用率较小，不到 7.6%和 10.0%。植被稀疏，生态环境脆弱。庄浪县植被属森林草原向半干旱过渡类型，大部分地区植被稀疏，除六盘山基岩山区森林覆盖率达 90%之外，其余各地十分稀少，河谷、川台区还不到 0.4%，由于长年风力、重力、水力侵蚀，水土流失严重，现今虽有改善，年均流失泥沙量仍在 1000 万吨以上，生态环境脆弱，农业生产条件严酷。长期以来，由于人们不断扩大垦殖面积、砍伐林木、铲柴挖药、过度放牧等，植被逐渐衰退，山地林县退缩，水土流失加剧，形成了荒山秃岭的景观，生态环境十分脆弱。

2. 人口密度高，对土地资源的压力大

全县辖 18 个乡镇、293 个村、1521 个社。总面积 1553 平方公里，总户数 9.87 万户，总人口 43 万人。全县共有耕地 92 万亩，人均 2.3 亩，其中山地占 90.4%。除了黄河、渭河等河谷川道外，庄浪是甘肃人口密度最高的县份之一，在整个黄土丘陵沟壑地区，也算得上人口稠密的地方。在生产水平不高的情况下，单位面积土地上有这么多人口，要吃饭、要耗能，就不能不开荒种地、燃烧生物能源，这样农业生态系统中物质的输入输出多，资源的消耗过度，生态环境日趋恶化。

二、农业生态环境治理的过程及现状

庄浪县历史上以贫瘠著称。明万历年遗文称，“全陕寒薄之处，平凉为最，而平凉州县之属，庄浪尤甚”。清康熙年间《庄浪县志》记载，“乡无五家之聚，灶无十口之余，数十里断烟断迹，几十年无镇无集”；居民“凿穴而居，撷草而茹”；“肤无存布”、“家无粒粮”。到了民国也是地震年荒相继，兵乱匪患不断，征敛日繁，经济破败。新中国成立后，庄浪人民在政治上翻了身，但在经济上还没有彻底改变贫困面貌，“半年糠菜半年粮”，“吃的救济粮、穿的黄衣裳”，这是 20 世纪 60—70 年代绝大多数庄浪人生活的真实写照。面对恶劣的自然环境，庄浪人民在共产党的领导下，展开了一场改造生存环境的“接力赛”，坚持不懈地开展以平田整地为主要内容的农田基本建设。经过几十年的艰苦奋斗，终于使山河面貌改变、人民生活改善。

庄浪县农田基本建设始于 1964 年 8 月，该县郑河乡上寨村在村支书的带领下，全村劳动力披星戴月，炸山筑埂造田，在 2.5 公里的河道上修成了 86.67 公顷水平梯田，来年产量就达 3000 千克每公顷，解决了全村吃粮问题。上寨的经验给全县一个启示，庄浪人翻身靠做（整）地，从此拉开了庄浪兴修梯田、大搞农田基本建设的序幕。

实行联产承包责任制后，平田整地并未停止。县委县政府根据当时农村政策及现实特点，认真分析，科学认识，适时调整，坚持“谁修谁管谁受益”的梯田建设原则，长期不变。而且将救济粮、回销粮的发放与梯田建设挂钩，极力调动全县农民改造生存环境的内在动力，并针对农户劳动力少、地块小等问题，总结经验教训，提出了集中领导、集中时间、集中劳动力、集中地块和统一规划、统一组织、统一施工、统一质量的梯田建设原则，在农户中推行劳动积累工制，社区之间轮流治理，深得全县广大农民的支持。经过34年的不懈努力，三代人的艰辛，累计建成水平梯田6.3万公顷，每个农业人口占有0.17公顷，截至1998年来，全县粮食产量已达13.3万吨，人均口粮343千克，较1949年增长2.2倍，基本解决了全县人民的温饱问题。同时，随着农业生产条件的改善与吃饭问题的解决，农村体制改革也不断完善，非农产业迅速发展，工业产值不断增长，1997年已超过农业产值，产业结构不断调整，人均收入逐年增加，消费结构也在变革。以近20年为例，1978年全县贫困面高达73.1%，而1998年贫困面下降到3.2%，人均收入也从1978年的133元增长到1998年的1137元。收入的变化必然会引起消费的多样化。1978年全县农户收入的80%用于食品消费，15%用于衣着，5%用于住宅，除此之外，大多数农户并无长物；而到了1998年末，食品消费已下降为68.4%，衣着也只占3.4%，住宅支出上升至12.3%，家庭设备、医疗保健、交通通信、文化教育消费也分别占当年收入的3.1%、3.9%、1.3%、7.6%，且有不断增长的趋势。纵观几十年经济发展的历史，梯田建设是全县工作的重点，改变了脆弱生态系统造成的恶性循环怪圈，赢来了基础较为牢靠的农业生产环境。而且梯田化绝不是一块块梯田数量上的简单相加，而是体现了整体增加后的“梯田效应”，其最根本的是随着生态环境的改善，土地利用率和单位面积生产率的大大提高，并为其他产业发展创造了条件，为庄浪未来经济振兴打下了基础。

三、庄浪县梯田化建设及其成效

（一）梯田化建设的基本经验

梯田化建设是庄浪人民解决温饱、摆脱贫困、致富奔小康的必由之路，是区域性水土保持综合防护体系的主体工程，又是建设山川秀美的新庄浪的基础工程。庄浪县成为全国闻名的梯田化县，其成功经验有以下几个方面。

1. 科学认识县情，坚持走改土致富之路

庄浪山大沟深，资源匮乏，人多地少，干旱多灾，为摆脱饥饿和贫困，庄浪人民经过长期摸索，总结经验，认定了兴修梯田、改土致富是庄浪改变面貌和脱贫致富的根本出路，并坚持不懈，实现了全县梯田化目标，使“三跑田”变成“三保田”，耕地产生了从量到质的飞跃。近年来，庄浪全县在遭受旱灾、雹灾等自然灾害的情况下，粮食产量仍然大幅度增长，人民生活实现了历史性跨越。如果说最初的“整地”是逼出来的，那么以后的有组织及长达数十年的努力则已是一种自觉的行为。特别是改革开放以后，农村一改过去体制，变为松散的“统分结合、双层经营”，且政策极为灵活，但仍能针对时势及自然环境，因地制宜，科学认识，科学规划和组织管理，使兴修梯田深入人心。

2. 加强对梯田建设的正确领导

这是庄浪县农田基本建设成功的重要原因之一。长达34年的梯田化建设，历经九届县委县政府的“接力赛”，特别是1979年以后在农户分散经营的情况下，仍能有效组织并进行较大规模的梯田建设，这充分说明作为一级领导，只要认真调查、实事求是、科学分

析、达成共识、常抓不懈，并调动广大群众的积极性，就一定能取得巨大的成就。

3. 充分利用劳动力资源，改变农业生产基本条件

庄浪是一个农业县，农业人口占全县人口的 95.7%，1998 年农业劳动力资源总数 227956 人，占农业人口的 58.82%，丰富的劳动力资源为农业基本建设提供了条件。庄浪又是一个历史上贫困出了名的县，长期的经济落后与资金缺乏，使以资金为前提的技术等引入更是迟缓，而劳动积累、劳动密集型生产比较符合县情。庄浪几十年的农田基本建设所付出的价值 4.54 亿元劳动力就是证明。这为贫困山区，特别是对自然条件差、经济落后的地区有着普遍的指导意义和重要的现实意义。

4. 重视生态环境的综合治理

庄浪一改历史“十山九破头”的旧貌，山坡从上到下梯田层层叠叠，特别是进入 80 年代后，受现代经济意识的影响，生态环境保护知识的逐步宣传普及，使得在梯田的修整过程中开始注重统一规划和设施配套、植被保护与植树造林相结合，农业生态环境得以改善。进入 90 年代，兴修梯田已进入最后的冲刺阶段，农业生态问题，尤其是小流域治理和植树造林被提到经济工作中来。现如今，封山育林、恢复植被、小流域治理已取得成效。白堡乡陈山村在村支书的带领下，把昔日贫瘠的三嘴四弯修成了 203.67 公顷“四好梯田”，并且配套道路，开发地埂，造林种草，林草覆盖率达到 30.1%。1996 年防汛结束后拦坝蓄水 58 万立方米，沟底的 12.00 公顷果园生机盎然，620 眼庭院和田边水窖呵护着 53.33 公顷梯田，已经形成了一个结构良好的生态区，即使在大旱的 1997 年，全村人均粮食 512kg，人均纯收入 1968 元，各项经济指标远远高于全县平均水平。其他如水洛河流域、榆林河流域正在改造之中。

目前全县按照“梯田＋果树＋地膜＋水窖”的模式，见图 12－4，已在庄浪河、水洛河、葫芦河 3 条河谷区、7 条河域区内建成了山地梯田果园 0.53 万公顷，经济林 933.33 公顷，配套田边水窖 3.4 万眼，成为增加农民收入的一大支柱产业。

图 12－4　庄浪县梯田建设效果

就今天的庄浪而言，耕地梯田已达 93%，建成集雨灌溉工程已达 6 万多眼，植树造林面积每年以 0.2 万公顷速度增加，森林覆盖率（1998 年末）已达 18.1%，全县以兴修梯

田、建设稳产高产基本农田为重点的“效益农业”发展体系初步建立，以种草、养畜、育林、稳农的新型农业体系正在形成。层层梯田已成为未来高新农业技术施展威力的大好战场，从掠夺资源到培育资源，再到按自然生态规律发展农业和农村经济，既是庄浪人民对进行全面建设和实现可持续发展的认识的深化，也是庄浪人民为全省干旱山区改造山河提供的宝贵经验。

5. 坚持国策，控制人口增长

庄浪县另一成就是人口增长的控制。自 1976 年实行计划生育以来，严格控制生育，出生率有效控制在 0.200%以内，到 1998 年末，出生率已降为 0.119%，自然增长率为 0.640%，节育率已达 88.6%。据测算，如果不执行计划生育，继续保持 70 年代初人口增长速度，庄浪人口将接近 60 万，26 年的计划生育使全县少增人口近 20 万，相当于建国初的人口。现在传统生育观已大大改善，基本实现了向低出生、低死亡、低增长的观念转变。人口的有效控制，在一定程度上缓解了由于人口增长过快给人们的衣、食、住、行和教育、医疗、资源、环境等方面的压力，促进了综合县力的增强和人民生活水平的提高，为可持续发展提供了有利的人口环境。

（二）梯田化建设的成效分析

庄浪县实现梯田化后，坚持“山河面貌不变，生态环境建设不停”的原则，按照“由大规模梯田建设向梯田综合开发转变，由单纯修梯田向小流域综合治理转变，由坡面治理向沟道坝系建设和封禁治理转变”的梯田综合开发思路，形成了“山顶沙棘戴帽、山间梯田缠腰、地埂牧草锁边，沟台果树围裙、沟底坝库穿靴”的综合治理模式。先后在榆林沟等 7 条重点小流域建成治沟骨干坝和淤地坝 33 座，各类小型拦蓄工程 700 多处，实行封禁治理 65.27 平方公里，完成重点小流域治理 150 平方公里，配套修建流域道路和农田道路 432 公里，使全县生态环境面貌明显优化。如今，以产业结构调整和科技推广为重点，突出粮食生产的梯田综合开发已取得了显著成效。按照“梯田＋科技＋节水＋产业”的综合开发模式，以整山整川整流域为单元，发展特色高效产业，不断提升梯田综合效益。先后建成了石何沟、榆林沟等 10 个旱作农业开发示范小区和以洋芋、果品、草畜为主的三大产业基地 46 万亩，年增经济收入 3800 万元。

（三）今后治理农业生态环境的对策

庄浪县以兴修梯田为主要内容的基本建设，解决了全县人民的温饱问题，这只是“万里长征走完了第一步”。依靠“梯田效应”，让农民家中有粮、手中有钱、造就山川秀美的新庄浪才是他们最终目的。但是未来面临的问题仍很多，生态环境仍十分脆弱，人口仍然在增长，产业结构有待调整，并随着经济的进一步发展，农民收入的提高，消费结构的变化，农业及非农产业对环境的压力也将进一步加剧。因此，在新世纪来临之际，仍需更新观念，从全局出发，把庄浪县的农业生态环境治理好。

1. 科学领导

几十年的实践证明，加强政府对农业生态环境治理的领导非常重要。尤其在目前农户家庭分散经营情况下，要进行生态环境综合治理和大型水利建设等，离不开统一规划、统一组织、统一协调的高效领导机构。而且生态环境治理是一项极其复杂的系统工程，集自

然、生态、组织管理和现代科学技术为一体，不仅要有艰苦奋斗的精神，而且要有科学的规划和技术支撑，这一切，对于科技文化和经济相对落后、引进技术等限制因素较多的贫困山区县显得更为重要，所以要加强对生态环境治理的领导，要研究适应新形势的新思路、新方法、新机制，总结"梯田建设"的领导经验，坚持走生态农业和持续发展之路，将农业生态环境治理纳入庄浪县社会经济建设之中，全面规划、统一组织、加强领导、有序进行。

2. 坚持控制人口与提高素质并重

人口、资源、环境是现代经济社会发展的三个主要方面。其中人口的无节制生育，给资源环境带来的压力是显而易见的。而人又是最能动、最革命的因素，是整个生态环境的主宰。在当今改善生态、治理环境、合理利用资源的过程中，首先考虑的因素之一是人自身问题。庄浪县作为一个贫困山区县，人口从纵向而言，几十年控制成效显著，但是由于历史的原因，基数相对较大，人口发展带来的"分母效应"仍构成相当大的压力。全县人口承载量由1949年的124人每公顷增加到1998年的261人每公顷，远远超过联合国关于该类地区规定的人口承载量。50年艰辛努力，粮食产量增加了2.2倍，人均产粮仅增长0.5倍，工农业总产值增长了12.3倍，可人均产值仅增长5.3倍，因此，人口控制仍将是一项长期而艰巨的任务。另外，从人口素质方面看，全县15岁以上人口中初等义务教育已接近96.2%，小学生、初中生的入学率1998年已达到98.8%和93.0%，"素质教育"、"科教兴农"方兴未艾，各种职业、技术教育也在不断发展，教育设施也有所改善，但是由于长期贫困，教育欠账较多，全县仍有2.7%文盲，综合人口素质偏低，有较高管理、技术的人才奇缺，这也成为庄浪经济再上新台阶的限制因素。因此，素质教育、职业技术教育作为未来教育重点，应常抓不懈。

3. 继续把生态环境治理作为未来工作的重点

兴修梯田，只能说是恶劣的农业生产条件有了较大改善，耕地生产率有了较大提高，但要彻底改变农业生态环境，尚需时日。未来经济工作的重点应转向环境治理和生态修复。这一点，在庄浪应有良好的群众基础。同时，庄浪应抓住西部大开发和被列为国家生态环境县的良好机遇，争取和充分利用国家提供的条件，因地制宜，总结已有的生态治理成功经验，进行宣传和推广，实行灵活的机制，尤其在荒山、小流域治理中实行如拍卖、租赁、承包、股份合作制等多种形式，鼓励广大人民群众投资投劳，并将利益、补贴等与之挂钩，并形成制度，长期坚持。

4. 积极调整产业结构，增加农民收入

贫困地区应以发展为优先原则，促进经济增长和人民群众收入增加，通过治理环境，达到脱贫致富的目的。因为贫困和生态退化是并存的，也是人口过载造成的。不摆脱贫困，就不可能扭转生态退化的趋势。贫困地区往往产业结构单一，制约着经济的发展。因此，庄浪县在加强农业基础建设、调整和优化农业产业结构的前提下，应从自己的资源特点和自身优势出发，因地制宜，依靠科技进步，发展有市场前景的特色经济和优势产业，培育和形成新的经济增长点，同时面向市场，争取改善投资环境，采用多种形式，吸引省内外、区内外资金、技术、管理经验，促进区内非农产业发展，吸纳劳动力，扩大农民收入，减轻对环境的压力，并逐步协调区内产业结构，使之形成有利于生态和经济良性发展的局面。

第四节　甘肃省定西县水土保持建设模式

一、基本情况

定西市位于甘肃省中部，地处黄土高原西部边缘地带和西秦岭末端，属黄土高原丘陵沟壑区，总土地面积20330平方千米，占全省面积的4.5%，其中耕地面积787万亩，山坡地约占87%。市内气候属南温带半温润—中温带半干旱区，年均气温5.5～7.5摄氏度，无霜期100～170天，海拔1420～3941米；年均降雨量400～600毫米，主要集中在夏、秋两季，县城多以暴雨的形式出现，而蒸发量高达1400毫米以上。

全市水土流失面积16726.6平方千米，占总土地面积的82.3%；年均土壤侵蚀模数5252.7吨每平方千米，严重地方达12000吨每平方千米以上；年均流失泥沙8786万吨，占全省年入黄泥沙总量5.04亿吨的17.4%，占黄河年均输沙量16亿吨的5.5%；年均侵蚀地表土3.9毫米，随之流失氮、磷、钾养分190多万吨。市内沟壑纵横，水土流失严重，干旱少雨，水资源短缺，植被稀疏，生态环境恶化，土地贫瘠，农业基础脆弱。

二、发展历程

定西市水土保持工作实践，大致经历了以下三个阶段。

第一阶段——新中国成立初期到70年代的单纯治理时期。这一时间，全市曾先后两次掀起治山治水、改土造田的热潮。第一次是在“大跃进”时期，以“大战华家岭”为代表，第二次是在“农业学大赛”时间，以定西县大坪、景泉、通谓县杏树湾、临洮县羊嘶川为代表，开展了群众性以兴修梯田为主的单纯治理工作。曾被树立为全省农业战线一面红旗的青岚乡大坪村，在党支部书记冉桂英带领下，从1994年开始，全村人民苦战30多个春秋，累计修成高标准梯田2600多亩，使97%的耕地全部实现了梯田化，粮食亩产、人均产粮、人均纯收分别比治理前提高了3.1倍、3.6倍、10.2倍，率先成为全区领先兴修梯田实现脱贫致富的典型。

定西县景泉乡党委、政府带领全乡8000民众，发扬“三苦”精神，以大坪为榜样，从1964年开始，锲而不舍，坚持不懈，大力开展梯田建设。截止1999年论著，历时35年累计兴修水平梯田5.9万多亩，占全乡坡耕地面积的95%，人均达到7亩；累计移动土石方1780万立方米，投工415万个，走出了一条干旱山区以兴修梯田为基础，开展综合治理，改善生态环境，配套集雨节灌，发展旱作农业，稳定解决温饱，实现脱贫致富的好路子，为建设生态农业再造“秀美山川”奠定了坚实的基础。1985年，景泉乡被评为“全国水土保持先进集体”，受到水利部的表彰奖励；1987年，辖区内官司兴岔流域治理成果获省科技进步二等奖，达到国内同类市先进水平；1999年，被地委、行署授予“全区梯田化第一乡”称号。

第二阶段——80年代的综合治理时期。1983年甘肃省的定西、陇西、通渭、临洮四县被列入国务院“三西”建设以来，全市水土保持步入了科学规划、因地制宜、突出重

点、综合治理的发展时期。这一时期，定西县被列为全国八片水土保持重点治理项目，关川河流被国际揽兴开发协会执行董事会批准为“信用货款”项目；定西的官兴岔、石家岔、通渭的温泉，渭源的里仁沟等流域先后列为水利部黄河中游局治理试点；有15条流域被省水利厅列为示范流域进行重点治理。全区广大干部群众以此为契机，自力更生，艰苦奋斗，大规模开展了水土保持综合治理，取得了显著的生态、经济、社会效益。

1983年，定西县官兴岔流域被列为黄河中游治理试点，从此，全市小流域重点治理工程拉开了序幕。在各级党委、政府的正确领导下，流域内广大干部群众发扬“愚公移山”的精神，坚持工程、生物措施相结合，注重调整产业结构，配套实施农业科技增产措施，进行集中、连片、规模治理，形成了典型的“山顶戴帽子、山腰系带子、沟底空靴子”综合防护体系和治理模式，累计治理程度达85%以上，使流域内整体实现了梯田化，生态环境得到了明显改善，生态系统进入了良性循环，群众生活水平显著提高。

1986年，渭源县峪岭沟流域被列为全省示范流域建设以来，根据流域内红层严重裸露的特点，全面实施了柳篱护岸工程，促进了生物、工程措施的同步发展。同时，总结出了以沙棘为先锋，快速恢复植被的治理模式，并带动了北部各乡以沙棘为先锋，快速恢复植被的治理模式，并带动了北部各乡以沙棘林建设为主体工程的流域综合治理工作，共建成万亩以上沙棘林基地4个，千亩以上的10个，为全县实施国家生态环境建设项目提供了经验。

临洮县寺沟流域1983年被列为全市第一批重点流域治理以来，以荒山荒坡植树种草和宜修坡耕地兴建梯田为主，使宜林面积的85%配置了林草措施，坡耕地面积的91%修成了水平梯田。今日，流域内林草郁闭，鸟语花香，成为黄土高原的一片“世外桃源”。

第三阶段——20世纪90年代的治理开发时期。地委、行署在认真总结和充分肯定多年来广大人民群众大搞水土保持的成功经验的基础上，按照区域环境建设与经济可持续发展的战略要求，把梯田建设及流域治理作为全区农业生产“四大工程”的基础工程来抓。这一时期，以定西县九华沟专项工程，陇西、通渭黄治工程，定西、陇西、通渭、漳县黄治专项工程以及陇西、渭源、临洮、漳县生态环境建设项目为代表，谱写了全区水土保持综合治理与开发相结合的新篇章，为全区农村经济的可持续发展奠定了基础，注入了活力。

1997年，定西县九华沟流域作为全省贯彻落实江总书记关于治理水土流失，建设生态农业，再造秀美山川的重要批示，探索干旱、半干旱贫困山区高效开发扶贫新路子的水土保持重点工程项目，经省“两西”建设指挥部、省计委、省水利联合批准立项实施，现已全面完成了治理开发任务。该项目按照“水保立县”战略的总体要求，坚持高起点、高标准、高效益和综合、快速、高效的建设原则，形成了梯田、造林、种草、道路、拦蓄工程、集雨节灌、规模养殖、科技推广综合配套，粮、果、草、畜全面发展，种、养、加、销一体化经营的治理开发格局，探索和总结了一套立足区情、科学高效的技术路线和防治模式，实现了生态环境基本改善、社会经济协调发展、农民脱贫致富进而向小康迈进的目标，成为全区乃至全省干旱、半干旱市小流域治理开发的成功典范。

三、治理成效

如何从根本上治理水土流失，改善生态环境，提高人民生活水平，是全市各级党委、政府和广大干部群众长期思考和艰苦探索的重大课题。新中国成立 50 多年来，定西人民在各级政府的领导下，发扬“三苦”精神，通过大搞以小流域为单元的水土保持综合治理，终于走出一条符合区情的治穷致富之路。

据年报统计：截至 2000 年底，全市累计完成水土保持综合治理面积 8726.7 平方公里，有 52.2%的水土流失面积得到初步治理。其中累计兴修梯田 487 万亩，农村人均达到 1.8 亩，有 13 个乡（镇）整体实现了梯田化；营造水保林 516 万亩，荒坡及退耕种草 306 万亩；累计建成治沟骨干工程 53 座、各类小型拦蓄 10.8 万多处（座）；先后有 248 条小流域列入重点治理，完成治理面积 4536.8 平方公里，其中有 112 条治理达标，通过验收。定西县被水利部、财政部命名为全国水土保持生态环境建设“十、百、千”工程示范县；定西县官兴岔、安家沟、高泉沟、石家岔、花岔、通渭县温沟、张山，渭源县里仁沟、峪岭沟、禹家沟和陇西县东冯岔等 11 条流域被命名为“十、百、千”工程示范小流域。

据测算：全市现有梯田每年可增产粮食 1.67 亿公斤，现有各类治理措施每年可拦泥沙 1552.7 万吨、拦蓄径流 12715 万立方米，可使原土壤侵蚀模数和径流模数分别降低 17%和 34%，使广大山区的农业生产条件得到初步改变，旱作农业水平明显提高，1995 年 12 月 24 日，江泽民总书记视察定西时指出：“你们搞的小流域治理，就是加强农业，改善生产条件，脱贫致富的好路子，应该坚持走下去。”并欣然命笔，挥毫提词：“群策群力，定西大有希望。”同年 7 月 24 日，李鹏委员长视察定西时指出：“梯田的抗旱能力强，这是改变干旱山区农业基本条件的有效途径，要继续发扬‘三苦’精神，加大扶贫力度，带领群众脱贫致富。”

四、成功经验

1. 强化观念，重视治理

地、县各级党委、政府从全局的、政治的、战略的高度，确立了水土保持在全区生态环境建设及农村经济发展中的战略地位，用全新的思想观念、超前的思维方式、求实的工作作风指导群众实践，教育和引导广大干部群众把思想、认识、组织、行动统一到地委、行署的安排部署上来，进一步增强加快发展的责任感、紧迫感、使命感。

2. 落实责任，协作治理

各级党政部门把水土保持作为农业生产的“四大”大和解决“三农”问题的战略措施，列入重要议事日程，把治理任务的落实情况作为考核领导政绩的硬性指标，层层签订了目标管理责任书。各涉农部门及社会各界都把水土保持作为各自的重要职责，按照“各投其资、各负其责、各记其功、各收其效”的协作原则，积极参与配套服务与治理开发工作。

3. 科学规划，开发治理

坚持因宜，分类指导的原则，对各项治理措施进行对位配置，实行山、水、田、木、路、草综合治理，在此基础上各行业、各部门把多年来的实践经验和最新成果在流域内集成组装配套，立足流域内的资源优势，突出“四大支柱”产业，注重综合开发，初步形成了各具特色的小流域经济。

4. 强化监督，依法治理

七县先后列为部（省）级水保监督执法试（重）点县，全部达标通过验收。同时，大

力推广试点经验，健全监督体系，制定配套法规，以查处案件为突破口，全面开展监督执法，有效遏制了人为水土流失，巩固了治理成果。

第五节　山西水土保持生态建设模式探讨

一、山西水土保持生态建设面临的主要问题

1. 水土流失面积大，土壤侵蚀严重

山西地处黄土高原，土地总面积为15.68万平方公里，山丘区面积占总面积的80%。水土流失面积为10.8万平方公里，占全省总面积的69%。年侵蚀模数为3000吨每平方公里，严重地区可达1.0万～1.5万吨每平方公里，耕地流失表土1.89亿吨，相当于每年从流失的土壤中带走约1000吨肥料。侵蚀最严重的是晋西黄土残塬沟壑区和黄土丘陵沟壑区，北起左云，南至乡宁，紧临黄河狭长地带共29个县。虽然目前已有1/3的水土流失面积得到治理，但水土流失还未得到根本控制。

2. 水土流失地区干旱严重，灾害频繁

山西干旱十分严重，素有“十年九旱”之说，就局部地区来讲是年年有旱。据《山西省水旱灾害》记载，在1949—1990年的42年中，39年有旱灾发生，干旱频率为93%。从区域来看，晋西黄土丘陵沟壑区因降雨量稀少，蒸发量大，是山西干旱最严重的地区。在重旱年中，1960—1962年，1970—1973年，1984—1987年，1997—2000年为连续干旱年组，其灾情都比较重，甚至农业绝收，赤地千里，林草大面积死亡。2001年在经历数年连旱的情况下，山西省局部地区又发生了严重干旱，保德2.33万公顷的耕地就有2万公顷无法下种，河曲县一些村庄农民吃水往返需走30公里，一担水的价格高达1.8元。

3. 产包治理和“四荒”拍卖治理遇到一些新的问题

20世纪80年代以来，在水土保持工作中，全省大力推广户包治理小流域和“四荒”拍卖治理的新经验，动员千家万户治理千沟万壑，取得了很大的成绩。但在实际工作效益也显著；一些难治的远山、瘦沟和条件差、地广人稀的地方，如晋北的一些县，“四荒”大部分难以拍卖，即使拍卖的数量也少，治理速度慢，群众积极性不高。

4. 计划经济体制下形成的投资办法、管理体制、组织形式与市场经济发展极不适应

中国改革开放已经三十多年，农村土地承包到户，农民有了自主权，农村经济基本上实现了市场运作，但是我们国家在农业、水利方面的投资办法、管理体制和组织形式还停留在计划经济时代20世纪80年代初的水平。每年根据投资下达计划，各级财政一级一级往下拨，往往是年初下计划，年终资金到位。多数贫困县水保专项治理资金难以到位，管理体制与黄土高原水土保持世行贷款项目相比非常落后，与农村市场经济的发展需要极不适应。

二、山西水土保持生态建设模式分析

针对山西省水土保持生态建设中存在的问题及社会经济发展需要，可采取以下四种治理模式。

1. 生态修复模式

生态修复主要是针对人口稀少的大面积生态脆弱区，利用生态系统自然演替进程，加上人为诱导和控制，以达到恢复植被的目的。经过几十年的实践，中国水土保持业已形成一套比较成熟的技术路线和经验，其核心内容是综合治理。必须承认，在中国水土保持只有与发展区域经济和改善人民生活紧密联系起来，才能把工作做好，但国情决定了完全依靠综合治理大面积恢复植被，防止水土流失是十分困难的。因此，树立人与自然和谐相处的理念，因势利导，以预防为主，控制人类活动对自然的过度干扰和侵害，充分利用生态自我恢复能力，大面积实施生态自我修复，提高植被覆盖度，以减轻水土流失，无疑是水土保持工作的一条新思路。生态修复模式对于山西省人口稀少、生态环境脆弱、经济欠发达的吕梁、太行等山区是非常适用的。

2. 水保专业队治理模式

水保专业队是市场经济体制下，以利益为纽带组建起来的经营实体，以具有法人资格和经济独立的工程建设承包商身份出现在社会上，并以投标竞争方式承揽各项水保重点建设工程，按照工程建设合同开展施工和进行施工结算。水保专业队接市场机制运作，在行政上，项目办与专业队是上下级关系，在经济上，是甲乙方关系。该模式适应于市场经济条件下水土保持生态工程建设的客观要求，促进了项目管理水平的提高，并且造就了一支高素质的水保专业队伍。该模式适用于承包地广人稀、荒山面积较大较远、个体农民无法治理的流域。

针对专业队目前存在着资金周转困难以及大多数专业队没有在工商部门注册登记，也没有经过技术等级资格认证两大问题，建议项目主管部门在工程启动时给专业队以适当资金支持，各级政府和金融部门也应对专业队给予必要的扶持；组织人员对在工商部门注册过的专业队进行技术资格认定，未注册的专业队应尽快办理注册登记手续。

3. 大户治理模式

依照其治理面积，通常把承包或购买 33.33 公顷以上的户称之为治理大户。大户治理是中国社会主义市场经济体制下水土保持真正走向市场的重要标志，也是进一步深化农村改革，提高水土保持开发规模和档次，调整农村经济结构，实现水土保持产业化的重要途径。大户是思想解放的先锋，科技示范推广的媒体，先富带后富的功臣，农村先进生产力的代表，是水土保持生态建设的一支重要力量。他们超越了传统的水土保持治理模式，摆脱了小农经济的束缚，以利润最大化为追求，以雄厚的资金为依托，以生态环境改善为保证，寓市场化运作，企业化经营和科技开发为一体，有着广阔的发展前景。

大户治理可分为以下四种类型：一是多种经营的山地园艺型。其特点是对土地实行立体开发，按照土地条件种植林果、粮油等作物和发展养鱼，形成镶嵌式土地利用结构，把传统的农艺园艺技术精华与现代实用配套技术结合起来，最大限度地利用土、水、光、热资源，提高土地产出率和商品率。例如柳林县长峪村农民张振珠承包了圪叉尾小流域，经过治理发展坝地、梯田共 1 公顷，养鱼水面 3.3 公顷，造林 2.03 万株，种草 0.67 公顷，还在四旁栽黄花菜、圪梁吊南瓜、地角种芝麻，提高了土地生产率。二是以水保防护林为主的生态经济型。武乡县农民李维斌 1999 年以 1.2 万元价格购买了 100 公顷荒山，进行山水田林路统一规划，梁峁坡沟川综合治理，已完成治理面积 60 公顷，修谷坊 24 座，造

林 13 万株，种药 6 公顷。2000 年林粮草药间作收入 3.3 万元，使原来的不毛之地变为“绿色银行”。三是以退耕还林还草为主的畜牧开发型。2000 年 7 月，河曲县 5 名国家干部，以每股 32 万元的份额，筹资 160 万元，组建了麻黄沟生态园区股份有限公司，进行小流域综合开发治理。梁峁修高标准梯田 28 公顷，大于 25°坡耕地全部退耕还林还草，营造经济林 55 公顷，乔木林 140 公顷，草灌 67 公顷，并在沟道建人字闸，打淤地坝。与此同时，引进东北梅花鹿 156 只，并兴建了一座年产 100 吨的酒厂，专门生产鹿茸酒、鹿血酒、鹿鞭酒等系列产品。四是以生态建设为主的旅游经济开发型。2001 年，天津京龙房地产开发公司以 18 万元中标，购买了潞城市的一小流域面积为 40 公顷的 50 年开发使用权，目标是把小流域建设成为一个集特种养殖、休闲度假为一体的水土保持生态经济园区。

4. 公司＋基地＋农户的治理模式

公司＋基地＋农户的治理是一种先进的治理模式。这种模式可以加快水土保持生态建设速度，使治理达到一定规模，形成种养加产供销一条龙的产业体系，实现风险分摊、利益共享、相互促进、稳定发展的局面。该模式由三部分组成，一是公司，其运营宗旨是一切紧紧围绕水保工作，坚持以经济效益、生态效益和社会效益为主要目的，适当获取营业利润。它的主要职责是加强技术指导，负责社交协调，承办业务结算，签订营业合同，开展科技攻关，加强产销服务。二是基地，一般设在水土保持项目开发区，功能是培育新的水土保持树种，繁殖苗木，建设商品基地，以点代面发挥示范作用。三是农户，一般为水保项目的具体实施单位。

第十三章 农业水利生态文明建设研究展望

从两个多世纪前，马克思以一种全新的哲学视角，首次对生态文明进行了科学的论述，提出了人要与自然协调发展、人要爱护自然、人要按照客观规律办事三个基本原则，到党的十七大报告明确提出“建设生态文明”，中国的生态文明建设的号角已经全面吹响，接下来就需要全国人民在党的领导下将这项建设工程付诸实施。而国家全面提倡生态文明建设的大背景，必将对中国学科交叉融合发展带来更为广阔的空间。哲学、伦理学、文学、艺术、农学、草业、水利学等学科必将与生态学的联系更为紧密，生态哲学、生态伦理学、生态文学艺术、生态农业、生态水利等必将更加深入人心，生态文明的相关理论成果不断涌现，生态省（自治区、直辖市）、生态县、生态村、生态草场、生态水利建设等生态文明实践不断展开。本书只从农业水利生态文明建设角度提出今后的研究发展趋势及需要解决的科学问题。

农业水利生态文明建设研究包含两个方面的内容，一是结合中国农业水资源开发利用实际问题，在传统理论和现代化量测技术的基础上，对水资源开发利用、保护和水利工程建设、运行管理方面已有的研究成果进行系统总结、归纳和提高。二是开拓新的研究领域和研究方向，特别注重与其他学科和最新科学技术的融会贯通。

第一节 农业水资源保护管理与生态文明研究发展趋势

水资源短缺、浪费污染严重、水资源承载能力和水环境承载能力不足、生产生活用水挤占生态用水是中国水资源存在的主要实际问题，也是影响中国生态文明建设的关键问题。为此在水资源与生态文明建设实践中，应该重新开展水资源、水环境承载能力和生态需水研究，为中国水资源开发利用提供切实可靠的数据参考，除此应进一步开展水资源保护措施的跨学科联合研究，为生态文明建设提供牢固的水资源支撑平台。

一、水资源承载能力研究

1. 水资源承载力的定义

关于水资源承载力目前为止还没有形成一个普遍接受的定义。目前采用较多的具有代表性的定义有以下几种。

施雅风等（1992 年）首次明确提出：水资源承载能力是指某一地区的水资源，在一定社会历史和科学技术发展阶段，在不破坏社会和生态系统时，最大可承载（容纳）的农业、工业、城市规模和人口的能力，是一个随着社会、经济、科学技术发展而变化的综合目标。

许有鹏（1993年）提出：水资源承载力一般是指在一定的技术经济水平和社会生产条件下，可最大供给工农业生产、人民生活和生态环境保护等用水的能力，也即水资源最大开发容量。在这个容量下水资源可以自然循环和更新，并不断地被人们利用，造福于人类，同时不会造成环境的恶化。

由于水资源承载力归根结底是资源承载力的一种，贾嵘等（1998年）结合联合国给资源承载力的定义，将水资源承载力定义如下："水资源承载力是指在一个地区或流域范围内，在具体的发展阶段和发展模式条件下，当地水资源对该地区经济发展和维护良好的生态环境的最大支撑能力。"

惠泱河（2001年）将水资源承载力的定义为：某一地区的水资源在某一具体历史发展阶段下，以可以预见的技术、经济和社会发展水平为依据，以可持续发展为原则，以维护生态环境良性循环发展为条件，经过合理优化配置，对该地区社会经济发展的最大支撑能力。

程国栋（2002年）结合承载力概念的发展，在综合考虑各种影响因素的条件下，将水资源承载力定义为：某一区域在具体的历史发展阶段下，考虑可预见的技术、文化、体制和个人价值选择的影响，在采用合适的管理技术条件下，水资源对生态经济系统良性发展的支持能力。

尽管水资源承载力的概念目前还没有统一的说法，但从总体上看，各种水资源承载力的定义都注意到了以下几个影响水资源承载力的因素：一是水资源主体因素；二是生态环境保障因素；三是社会经济技术发展的影响；四是对人口社会经济系统客体的支持情况。这些研究为水资源承载力定义的统一奠定了基础。

2. 水资源承载力的研究方法及应用进展

对水资源承载力的研究，根据不同的定义及研究思路，不同学者引入了不同的方法。目前，应用于水资源承载力的研究方法主要有：背景分析法、常规趋势法、系统动力学方法、多目标决策法、模糊综合评判法和主成分分析法等。

水资源承载力的研究关系到地区环境、人口和经济发展规模和持续发展的前景，是一项涉及面广、内容复杂的重要问题，目前尚无统一和成熟的方法，各种方法的应用中均存在着一定的不足之处，如背景分析法多局限于静态的历史背景，割裂了资源、社会、环境之间的相互作用的联系；系统动力学方法过程复杂，且其中涉及的参变量不好掌握，易得出不合理结论；模糊综合评判法使大量有用信息遗失，模型的信息利用率低；主成分分析法仅适用于分析某一区域固定年份水资源承载力的空间差异情况等。

3. 水资源承载力研究成果

从目前收集的资料来看，近几年来水资源承载力的研究受到越来越多学者的重视，已有的研究涉及面非常广，横向上有不同行政区域、流域及具体城市水资源承载力的研究，如许有鹏对新疆和田河流域、阮本青对黄河下游沿黄地区、徐中民等对黑河流域、张立对珠江流域水资源承载力分别进行了研究；贾振邦、肖重华、薛小杰、吴九红分别对本溪市、哈密市、西安市及郑州市的城市水资源承载力进行了分析；肖满意对山西省、贾嵘等对关中地区、朱一中对西北地区、王在高对岩溶地区的水资源承载力分别进行了研究等。

纵向上有对水资源承载力现状的研究，也有对未来的预测，如王建华对乌鲁木齐市1993～2020年间的水资源承载力进行了预测；陈冰等对柴达木盆地2020年和2050年的水资源承载力进行了分析和预测等。尤其是严重缺水地区及生态环境脆弱的西北地区的水资源承载力问题更是受到了极大的关注，很多学者多次对关中地区、黑河流域的水资源承载力进行了探讨，这些研究不但丰富了水资源承载力理论，而且对区域水资源合理开发利用起到了积极的作用。

4. 存在的问题

由于水资源承载力的研究起步比较晚，涉及的内容复杂且影响因素多是处于动态变化中，虽然有很多学者都非常关注，但目前关于水资源承载力的理论基础、方法体系还不成熟，存在着以下几点问题。

（1）从定义及内涵来看。以往的定义针对各自研究区域情况从不同角度反映了水资源承载力的内涵，但至今还没有一个普遍接受的定义。意见分歧一方面在于水资源所能承载的到底是人口还是社会经济还没有达成共识；另一方面是有些定义虽然提到生态环境用水，但没有得到充分重视，且生态环境用水的研究也不成熟；还有些定义忽略了水资源合理配置因素，所得到的结论与水资源承载力这个阈值有偏颇。

（2）从研究思路看。从供需平衡着手，将社会对水资源的需求作为关键性因素进行考虑，这样处理未免有不妥之处，会导致人们从经济利益出发，重视工业、农业及生活用水而忽视生态环境保护对水资源的需求，易使水资源的开发利用陷入不合理的渠道。从目标出发的模型分析法，虽然对社会生态经济这个大系统的发展非常合理，但其中各因素的影响情况及其相互关系的反映是否合理，所得结果能否作为水资源承载力的量度还有待商榷。用指标反映水资源承载力时，指标体系的选择有待进一步地探讨，指标权重的确定受到主观因素影响，所选评价模型中某些参数也不好确定。

（3）从方法上看。水资源承载力的研究是一项涉及面很广的问题，虽然研究中引入了多种适合于研究复杂系统的方法，但应用到此研究中各有其不适之处，还缺乏公认的有效研究方法。尤其是模型中涉及到指标体系时，由于对指标体系的研究不够充分，还没有一套科学系统的指标体系，所选择的指标还不尽合理。

5. 水资源承载力今后研究的重点

随着中国社会经济的不断发展，水资源问题日益突出，水资源承载力研究作为衡量水安全的重要量度，更是受到很大地关注，根据水资源承载力研究现状，今后的研究重点主要应在于：

（1）加强基础理论研究。只有对水资源承载力的概念、内涵有一个完整的认识，水资源承载力的评价、计算才能有公认的理论基础；在此基础上才能寻找更有效的研究思路、方法，所得结果也才更有现实指导意义。

（2）加强生态环境需水的研究。生态环境是一切社会经济活动的载体，只有保障了生态环境需水，可持续发展才有了保障。目前，生态环境需水的研究尚处于起步阶段，其量化方法还不成熟。因此，今后需加强生态需水的研究，为水资源承载力的研究提供一个前提。

（3）引入新技术、方法。以往的研究方法虽各有不足之处，但也是值得借鉴的。此

外，还应充分运用遥感、地理信息系统等先进技术，与以往的研究成果结合解决水资源承载力方面的问题。

(4) 加强有应用价值的水资源承载力研究。水资源承载力的研究最终目的是用来指导生产，以实现社会可持续发展。关于水资源承载力的研究已不少见，但能应用到实践中的不多，今后应加强更具有应用价值的水资源承载力研究。

二、水环境承载能力研究

1. 水环境承载力研究现状

水环境承载力涉及多学科的交叉，典型地反映了一定经济发展阶段对环境的认识水平和价值判断。因此，水环境承载力的研究受到各学科的进展以及国家经济发展水平的影响。当前，中国水土资源无序开发、大量污废水肆意排放等原因导致的“水少”、“水多”、“水脏”的水资源状况已经严重制约着国民经济和社会的可持续发展，使水资源及水环境承载力的系统分析成为一个迫切需要解决的科学问题。但是，目前关于水环境承载力的理论体系尚未形成，对区域水环境承载状况定量化评价的技术方法还没有建立，因而难以对区域的水环境承载状况及其可持续利用方式作出科学合理的评价，从而使水资源的开发利用和水环境保护规划因缺乏相应的技术支撑而具有一定的任意性和盲目性。

随着资源短缺和环境污染问题日渐成为制约经济发展的关键，生态环境的安全被提到人类生存与发展的战略高度。为分析一定条件下环境可承纳人类活动影响的强度，环境容量、环境承载力等概念相继提出，并受到世界范围的普遍重视。对承载力从可持续发展的宏观角度，从人口、资源、环境的各个方面展开了一系列研究，探讨了经济发展同资源和环境承载力协调的若干主要问题。承载力作为可持续发展的支撑理论，其研究逐渐从理论和方法等方面展开。

目前国内对水环境承载系统各要素的内涵、特征、变化关系和定量化表征等尚未见有较为系统的成果。尽管与水环境承载力密切相关的基础研究却已经有了相当的积累，如水域纳污能力计算分析、水环境容量研究、水环境价值与效益核算等等。水环境承载力是协调流域经济-社会-环境可持续发展的重要依据。但是，由于影响因素众多，涉及多学科领域，尤其是与社会学、经济学领域的交叉，关于水环境承载力还远未形成相应的理论方法体系。

2. 水环境承载能力今后研究重点

中国水环境日趋恶化的严峻现实要求对水环境承载力进行系统深入的研究，以为流域水环境的有效保护提供科学支撑。其中，迫切需要开展的研究工作包括以下几方面。

(1) 水环境保护标准的理论方法。

(2) 水环境承载力指标体系。

(3) 流域水环境承载关键因子（包括生态需水量、环境用水量、生态安全度、区域协调度等）评价方法。

(4) 水环境可持续承载理论体系等。

三、生态需水量研究

1. 国内外关于生态需水定义的研究

生态需水是生态系统达到某种生态水平或者维持某种生态系统平衡所需要的水量，或

是发挥期望的生态功能所需要的水量，水量配置是合理、可持续的。对于一个特定生态系统，其生态需水有一个阈值范围，具有上限值和下限值，超过上下限值都会导致生态系统的退化和破坏。

有些研究者未把生态需水和环境需水进行区别，常统称为生态环境需水（Water Required for Ecology and Environment）或生态需水或环境需水。实际上，尽管生态需水与环境需水两者之间存在着交叉和重合的部分，但从概念上来讲是两个不同的概念，应该区别对待。生态需水主要侧重在生物维持其自身发展及保护生物多样性方面，环境需水则主要体现在环境改善方面。生态环境需水量是一个具有生态、环境和自然属性的概念，既反映了水生态系统的可持续性、水环境系统承受和恢复能力，又反映了水生态系统能维持社会发展的能力，其数量值是动态的，取决于自然水体功能、水资源数量、质量和时空分布特征及开发利用深度、排污、社会发展和技术水平、人类认识水平和社会文明进步等诸多因素。

2. 国内外关于生态需水研究成果

（1）河流生态需水量。美国在这方面研究工作开展得比较早，产生了许多计算和评价方法。其中最为典型的是美国的河道湿周法，以曼宁公式为基础的 R2CROSS 法和河道内流量增量法等。国内对河流生态需水计算研究刚刚起步，关注干旱地区生态用水和水质条件变化对河流水体生态影响的较多，迄今还没有明确一致的意见和公认的计算方法。一般采用的方法有 10 年最枯月平均流量法，即采用近 10 年最枯月平均流量或 90%保证率河流最枯月平均流量作为河流环境用水，最初用于水利工程建设的环境影响评价。以水质目标为约束的生态环境需水量计算方法，主要计算污染水质稀释自净的需水量，作为满足环境质量目标约束的城市河段最小流量。

（2）河道外生态需水的计算方法。河道外生态需水针对天然植被和人工植被的生态需水研究较多，国外在 20 世纪 20 年代开始对农作物需水进行研究，以此为基础建立了不同条件下农作物、森林和草地生态需水的计算和预报模型，可完成模拟土壤水分变化、植被（作物）生长需水过程的水平衡问题和需水预测，具有较成熟的理论和方法。中国学者主要集中对干旱区的生态用水的分类和计算方法研究上，而对生态环境需水的概念和理论方法研究较少，研究的目标是进行干旱区水资源的宏观调控，计算的方法和理论多为水量平衡理论，面积定额法等，多以植物耗水量（植被蒸腾量）代替生态需水量。

（3）维持景观、水上娱乐等环境需水量的计算方法。目前对保持景观河流流量和水上娱乐功能所需的水面面积及流量等需水，还没有统一的计算方法和标准。在美国等一些国家主要通过立法，将部分河流划定为自然风景类河流，供人们休闲娱乐和观光旅游使用，由此确定其需要保持的水量。在中国，部分城市进行规划时，常采用人均水面面积指标衡量和确定维持景观、娱乐水面面积和流量，绿地、美化环境等需水。

3. 国内外在研究中存在的问题及解决办法

依据上述生态环境需水计算评价方法的分析，目前生态环境需水多以单项组成计算研究较多，主要针对一定区域或流域生态环境需水的经验概算或估算，定性研究多，不能兼顾上下游及横向、垂向的关系，难以表述生态环境需水时空分布和动态性，且各单项生态需水量之间计算存在重复、交叉问题，成果可操作性差，对水资源进行合理配置

缺乏足够的支撑。

生态需水计算的内容不清楚，这表现在两个方面。①对是否将环境需水计入存在不同意见，有人认为植被是生态系统最基本的组成部分，生态需水应是指有植物第一性生产力的系统需水，而对没有植物作为第一性生产力的系统需水应作为环境需水，有人认为环境也是生态的组成部分，生态需水应计入环境需水。实际上，区分的生态需水和环境需水存在着交叉和重合部分。②对是否将降雨量计入存在不同看法。有人认为地带性植被所消耗的降雨人类不能控制利用，计算生态需水量时不考虑这部分水量；另有人认为生态需水是植被的全部需水量，计算生态需水量时应考虑这部分水量，同时考虑到人类不能控制利用这部分水量，将其作为不可控生态需水进行计算。

河道内生态需水量的确定比较复杂。原因在于：①河道生态运行机制比较复杂，一年四季河道内的流量变化不定，年际之间也相差很大，河流生物及沿岸各种生命系统与水资源的关系研究还不够深入。②人们对生态环境的价值观念认识不一。③沿河各种利益团体的利益竞争。因此，河道内生态环境需水量，不是一个简单的公式就能计算出来的。到底保留多少河水才能满足各种环境因素的需求，很难取得一致。即使更深入地理解了某条河流复杂的生态运行机制，也很难规定必需的径流量。必要时，需要通过协商、立法，权衡河道内流量与河道外用水的经济分析等办法来解决。适合中国国情的河道内生态需水量计算方法不多。中国由于认识生态需水量问题重要性的时间较晚，进行深入研究更晚，研究成果较少，上述河道内生态需水量计算方法多是国外的研究成果，那么，这些方法是否符合中国的国情，能否应用于中国，还是值得研究的问题。

植被生态需水量方法中多适用于农田、林草等植被，天然植被生态需水量的计算方法较少。天然植被，尤其是干旱区天然植被，降雨量少，主要依赖地下水生存，要准确计算天然植被生态需水量，就应该从植被生长的需水来源角度来研究生态需水，但目前还缺乏这方面的研究。

由蒸发散计算生态需水量是普遍的方法之一。下垫面因素、水文参数等空间的变异性和不均匀性，使得由蒸发散计算的生态需水在向大尺度的转换过程中产生了很大的误差，影响了计算结果的准确性。因此，需要加强不同时空尺度信息的转化研究。不同尺度的生态需水规律存在差异，而且这种规律不是简单的线性外延或叠加，如何把小尺度的研究成果应用到大尺度上，理论依据是什么，将是今后生态水文学和生态需水研究的重点问题。

4. 关于生态需水研究的未来工作的展望

生态环境需水问题无论对管理部门、还是对研究部门而言，都是一个全新的领域，有许多理论和方法问题需要进一步探讨和深入研究，同时在实践中得到充分验证。不但要从计算方法上，而且还要从评价指标体系上、需水阈值上进行系统化研究，为管理决策提供具有操作性的方案和准则。在这里，需要特别强调的未来工作是生态环境需水标准制定问题、法律法规问题和信息数据库问题。

（1）生态环境需水标准的制定。随着对生态环境需水认识的不断提高，迫切需要有一套完整和系统的需水标准以便于管理和操作。根据不同类型生态系统的基本特征和功能要求，动植物区系生态环境历史变化和生态环境潜在价值，首先需要确定出生态环境恢复的方案和目标。根据不同恢复方案和目标，制定相应的需水量标准，同时，根据流域或区域水资源的具体状况，对所制定的标准进行校核，使其成为符合实际便于操作的标准体系。需要指出的是，由于地表水、地下水、土壤水等水资源情势的变化改变了生物赖以生存的环境，导致生物的种群数量、群落结构乃至生态系统发生变化，生态环境需水也随之改变。因此，要研究流域或区域大规模开发前后生态环境变化的具体情况和原因，从生态环境现状出发，制定不同恢复方案的生态环境需水量标准。

（2）生态环境需水法律法规。目前，有关水资源方面的法律、法规文件很多，但涉及生态环境需水及其合理分配的内容并不多，使生态水、生活水和生产水发生了矛盾，产生冲突。没有了法律法规赋予的生态环境水权，野生动植物、生物栖息地、景观建设得不到有力保障，致使生物多样性受损、生态环境遭受破坏。因此，给野生动植物及其生存环境足够的水量，使其法制化和规范化，是当务之急。

（3）建立生态环境需水管理数据库。该数据库一方面要包括水文水资源系列数据，还要有生态系统类型及其相关特征的数据。以流域或区域为单元，进行相关数据的收集和整理，将水资源数据资料进行充分积累。无论是地表水还是地下水，供水量需要得到精确测定。地表水监测数据要包括在主要河段设置的水文站数据，并充分估计流域间水的输移。河流入库和水库容量的计算也要包含在内。同时用水状况的中央数据库与供水数据库同时建设，并建立水质数据库。生态系统类型及其生物资源中央数据库也同时需要建立，确保各类生态系统与水资源相对应。

（4）今后生态需水研究的方向应是以下几方面。

1）加强生态需水量基础理论研究。

2）研究适合中国国情的生态需水量计算方法。

3）重点研究不同生态系统类型的运行机制、需水特征，包括需水的时空分布等，研究建立生态水文学模型。

4）加强相关学科和多学科综合研究，为生态需水量研究提供依据。

5）加强生态环境与可持续发展的关系研究，确定可持续发展的生态环境标准。

四、水资源管理及保护研究

1. 水资源管理及保护取得的成效

水资源是基础性自然资源和战略性经济资源。在 2002 年南非约翰内斯堡举行的可持续发展世界首脑会议上，水被列为可持续发展的五大世界性课题之首，水与发展、水与环境，特别是水的管理问题得到了世界各国的高度关注。2010 年第十八届“世界水日”和中国第二十三届“中国水周”分别将“清洁用水、健康世界”和“严格水资源管理、保障可持续发展”作为宣传主题，水资源管理被提到了新的高度。随着经济社会发展和人口增长，全球水资源形势日趋严峻。目前，全球有 8.84 亿人没有安全的饮用水源，每年有 5 万多亿立方米水体被污染，全球气候变化导致极端水旱灾害事件呈突发频发并发重发趋势。

从目前中国水资源管理角度分析，未来中国水资源保护和利用面临着严峻的挑战。长远来看，中国水资源管理必须以生态文明建设为契机，努力推进治水理念转变和管理体制机制的创新，提高管理能力和水平，建设节水型社会，全面提高用水效率和效益，以水资

源的可持续利用保障经济社会可持续发展。

应该承认，新中国成立以来，中国水资源的开发利用和节约保护取得了很大成就：基本保障了用水安全；提高了用水效率和效益；水资源保护和水土流失治理取得初步成效；推进管理体制改革，加强了流域、区域水资源统一管理。尤其是近几年来，许多地方一方面在积极探索对水资源实行统一管理和综合管理的水务管理体制；另一方面在积极探索以经济手段解决水资源供需矛盾问题。如浙江东阳和义乌之间、余姚和慈溪之间的水权有偿转让，山东淄博的供水期货，山西引黄入晋的水价核算，甘肃张掖、四川绵阳等地节水型社会的试点，许多地方水资源费的调整，许多城市水价构成和标准的改革等。同时也引发了一些更深层次的思索，如在水资源配置中如何发挥市场机制的基础性作用？如何指导和规范各地不断出现的水权交易和水资源管理中的经济问题？如何重视用经济手段来促进水资源的优化配置和高效利用？如何推动节水型社会的建设？等等。

2. 水资源开发利用存在的问题

中国水资源开发利用中存在的问题主要有以下几方面。

一是经济社会快速发展与水资源短缺的矛盾相当尖锐。在目前正常需要和不超采地下水的情况下，正常年份全国缺水近 400 亿立方米。全国 669 座城市中有 400 余座供水不足，其中严重缺水的有 110 座。全国农田受旱面积年均 3 亿亩左右，平均每年减产粮食 280 多亿公斤。考虑到未来经济社会发展和人口增加，预计到 2030 年，中国人均水资源量将降至 1750 立方米，在充分考虑节水的情况下，全国用水总量将达到 7000 亿～8000 亿立方米，逼近中国实际可利用水资源量 8000 亿～9000 亿立方米的上限。

二是水环境与经济社会发展的矛盾日益突出。全国每年约有 1/3 的工业废水和 2/3 的生活污水未经处理直接排入水中。主要污染物排放总量大，水污染突发事故增多，水环境保护的长效机制和监管体制尚未形成。全国有相当数量的农村人口喝不上符合标准的饮用水，一些水资源相对丰富的地区，因水体污染造成水质型缺水，许多城市水源污染严重，饮水安全形势十分严峻。

三是水资源过度开发造成生态环境严重破坏。一些地区江河断流、湖泊萎缩、湿地减少、生态功能下降等生态问题十分突出。全国地下水超采区面积达到 19 万平方公里，年均超采超过 100 亿立方米，部分地区产生地面沉降、塌陷、海水入侵等严重问题。

四是水资源利用方式粗放，利用效率和效益低下。与发达国家相比，中国水资源利用的效率和效益仍处于较低水平。一些地区在经济社会发展中对水资源承载能力考虑不足，盲目建设大都市和城市群，盲目发展高耗水、高污染的产业，以浪费资源、牺牲环境为代价，换取短期内的经济增长。

3. 今后研究重点

为适应可持续发展需要，中国水资源管理必须按照科学发展观要求，从以下几方面着手，进行战略性转变。①水资源管理法规体系细化研究。②继续开展符合中国国情的水权制度和水市场培育等问题研究。③保障节水型社会建设的持久性的体系研究。④促进节水防污的经济与法律联合调控体系研究。⑤水价体系相关基础理论及贯彻执行可行性方面的研究。

第二节　农业工程建设与生态文明研究发展趋势

一、人类与自然和谐共处的工程理念研究

1. 水工学需要与生态学结合

现在的水利工程学简称水工学，是以对水流的控制为目标建造水工建筑物，经过计算设计，保证水工建筑物承载的安全性（强度、稳定及耐久性），以满足人们对于供水、防洪、水力发电、航运等需求。这些建筑物一定程度上破坏了水与生态系统的连续性和完整性，对整个生态环境有一定的负面影响。具体地说，目前的水工学的不足是以下几方面。

（1）裁弯取直工程严重影响了河流形态的多样化。自然状态的河流多呈弯曲形状，也有不少自然状态的河流处于分汊散乱状态。在自然界长期的演变过程中，河流的河势也处于演变之中，使得弯曲与裁弯两种作用交替发生。但是弯曲或微弯是河流的主要形态。当人们为了开垦土地等目的对河流进行开发时，往往将散乱状态的河流集中成一条主流。对于弯曲的河流未经充分论证而实施裁弯取直工程，把河流自然状态的弯曲形状改变成直线或折线。其影响除了降低了河道自身的调蓄洪能力，对行洪造成影响外，也导致浅滩中的湿地消失，而喜欢在急流中游泳的鱼类减少甚至绝迹，也会使其他动植物种类的减少。

（2）硬质化的堤防材料影响了河流湖泊与岸上生态系统的有机联系。河道断面、江河堤防迎水坡面采用硬质材料，如混凝土、浆砌块石等，使得植物难以生长，进而又影响到鱼类、两栖类动物和昆虫的栖息，而这些动物又是鸟类的食物，于是食物链就此中断。

（3）水库建成后，有时忽略了库区的植被建设，特别是忽略了恢复原有陆生及水生植物，为鱼类、鸟类及两栖动物的栖息与繁殖提供条件。

（4）大量沥青或混凝土的硬质不透水路面隔绝了地表水与地下水的联系通道，一方面给城市行洪排涝增加了压力，另一方面造成绿化植被根系缺水无法生长。

（5）在城市水域整治的景观建设中，往往将水流置于诸如楼台亭阁等混凝土与砌石形成的人工环境之中，目的是使人们赏心悦目，取悦于人的感官。这种人工环境也使河流失去了自身的美学价值，失去了在自然环境中生机勃勃的河流的生命。

2. 人类与自然和谐共处的工程理念

生态文明建设与可持续发展已经成为全球共识的大背景下，传统意义上的水工设计理念需要革新，人与自然和谐共处是未来水利工程的重要指导思想。未来的水利工程既能够实现人们期望的开发利用水的功能价值，又能兼顾建设一个健全的河流湖泊生态系统，实现水的可持续利用。未来的水利工程不仅是满足人们对水需求的工程，也是有利于改善和恢复健全的生态系统工程，是有利于环境保护的可持续发展工程。

水利工程结合生态建设，是一个发展的必然趋势。人与自然和谐理念早已经提出，一些示范性工程正在建设。其中包括新的河道整治工程设计，如可为鱼类及动物提供繁衍生息的空间的护岸工程设计、新型材料及新型过坝鱼道；具有曝气功能又有利于鱼类产卵栖息的新型丁坝；为鱼类和无脊椎动物提供栖息地的人工岛等。一些河流生态工程咨询与技术开发公司也应运而生，他们提供建筑产品，如用于堤防渠道护岸工程的生态型建筑砌

块，人工浮岛等生态型水体净化装置等。

中国在水利工程设计与生态治理结合上也做了一些有益的探索。如三峡工程设计中充分考虑了保护水生动物和生态治理的要求。这些成果和目前生态治理和恢复相比还存在巨大差距，为此必须尽快展开相关理论与技术的研究，以期为水利工程生态文明建设提供理论支撑和实践参考。

3. 今后研究实践内容

（1）生态型的农村雨洪利用排灌系统研究与实践。

（2）农业蓄水湖库的水生态系统恢复关键技术。

（3）建立起工程项目经济技术—生态环境效益评估指标体系，改变现行单一的经济技术评估指标体系。

（4）进一步开展在特定的生态系统中，特定的生物群落与水体相互依存的关系研究。

（5）研究适合当地野生的水生与陆生植物、鱼类与鸟类等动物的栖息繁衍的相应的技术方法和工程材料。

（6）规划设计有利于提高水体自净能力的库区或河岸、湖岸的植被种植和水生动物的放养，在充分利用当地野生生物物种的同时，引进可以提高水体自净能力的其他物种。

二、农业水利工程生态调度研究

1. 水利工程生态调度的产生

在江河干支流上修建水坝，既可以灌溉、发电，又能防止洪水泛滥，使人类能够对水资源进行更加有效的管理和充分的利用，兴利除弊，造福人类。与此同时，水库改变了河道自然流程，导致大量的湿地损失、沼泽和森林鸟类数量和物种减少、许多水生动植物灭绝，鱼类数量减少或者消失、水质被破坏等。上述问题的出现都对中国水利工程传统的调度方式（主要是考虑社会经济开发，生态环境方面考虑不多）提出了挑战，对现有工程调度运用方式进行调整，对工程的生态负效应进行有效补偿是近年来学术界一直关注的问题，并由此引出了水利工程的“生态调度”概念。

什么是“生态调度”？目前国内外学术界对“生态调度”还没有给出明确的定义。顾名思义，水利工程的生态调度的核心内容应该是指在水利工程运行与管理过程中更多地考虑生态因素。在过去若干年里，对大型水库建设和运行中存在的环境问题，虽然也有过大量的研究和探索，但是对于生态调度的考虑是不充分的。随着社会经济的不断发展，人们对生态与环境问题的认识逐步提高，生态调度理念渐渐引起了水利科学工作者以及相关管理部门的重视。

2. 目前研究进展

国外学者对水利工程生态调度相关理论和技术进行了大量的研究。1991—1996年，美国田纳西流域管理局（Tennessee Valley Authority，TVA）以下游河道最小流量和溶解氧浓度为指标，对20个水库的调度运行方式进行了优化调整，显著提高了下游河道最小流量和水库泄流的溶解氧浓度，在区域水质改善、娱乐和经济发展方面发挥了重要作用。与此同时，管理政策方面的调整也得到各级政府机构的重视，TVA对水库调度管理的相关议案进行了修改，在与原主要目标协调的基础上，批准水库为水质、娱乐的目标进行调度。在澳大利亚，要求每个州和地区都要对“水依赖的生态系统”做出评价，并且提出水的永续利用和恢复生态系统的分配方案。南非潘勾拉水库曾多次采用人造洪峰给下游鱼类创造适当的产卵条件，并取得了很好的效果。目前，哥伦比亚大古力水坝（GCD）的调度也由过去以发电为主转变为充分满足维持或增强溯河产卵的鱼类种群的寻址需求。

近年来，在利用水利工程合理调度改善生态环境方面，中国近期进行了积极有益的实践。为保证黄河下游生活、生产和生态用水，确保黄河不断流，小浪底水库电力调度服从水资源调度，多次弃电供水。此外，海河流域联合调度水利工程进行水生态的修复，景电二期延伸工程设计每年向石羊河流域下游民勤调水 6000 万立方米，缓解了红崖山水库周边地区用水紧张状况，这些实践活动都取得了显著的效果。

3. 水利工程生态调度研究内容

（1）基于生态水文学的河流生态环境需水量研究。河流生态与环境需水可以被视作为维护生态与环境不再恶化并有所改善所需的水资源总量，包括为保护和恢复内陆河流下游天然植被及生态与环境的用水、水土保持及水保范围之外的林草植被建设用水、维持河流水沙平衡及湿地和水域等生态环境的基流、回补区域地下水的水量等方面。国外关于这方面研究成果非常丰富。针对具体水利工程的运行情况，结合河流系统各个方面的用水需求，运用电脑模型和人工智能技术，掌握河流的基本生态环境需水量的变化，将会给水利工程实施生态调度提供理论依据和操作指南。

（2）水库调度与水库营养物控制研究。水库水质污染所导致的富营养化，可以通过适当的水库调度来减轻。水库水质分布具有时间分布特征和竖向分层特征，因此，根据污染物入库的时间分布规律制定相应的泄水方案，通过水坝竖向分层泄水，能将底层氮、磷浓度较高的水排泄出去，利用坝下流量进行稀释，可以有效控制库区水污染。另外，还可以通过设计前置水库，拦截入库污染物，控制水库的富营养化。至于坝下区域则需要将具体时段和地点的水质监测情况及时进行反馈，以制定相应的释放水策略。

（3）水库调度的工程措施研究。进一步研究水库大坝的功能设计，如溯河洄游鱼类通道设计、对水轮机设备进行技术改造等工程技术措施的改进有望更好地解决大型水库泥沙的冲淤平衡问题，延长水库寿命直至能永久使用；减小水库水温分层对水生生物环境带来的不利影响；缓解水坝下泄水流中溶解氧不足、或者是溶解气体过饱和对下游鱼类生长与繁殖的影响等。

（4）调度支持技术研究。水利工程生态与环境调度的实施，需要包括水文预报技术、监测控制技术等一系列技术的支持。在保证湖库安全的前提下，通过水位调度改善生态环境需要水文预报技术提供技术保障，调度的水量分配、调度效果等方面的信息需要依靠健全的监测体系，调度的实施需要可靠的控制体系，需要对这些支持技术的内容和指标进行分析。

（5）水利工程生态调度管理体制研究。大型水利工程的调度牵涉到很多方面，要想协调各部门利益，取得最大的综合效益，首先需要有科学的认识和正确的价值观念，其次还必须建立具有相对完善的、运作高效的管理体制。管理体制主要包括技术主管部门的技术规范、行政主管部门的政策导向、地方用水户的协商机制等，运行机制主要包括改善区域水环境工程费用分摊机制、生态环境监测评估、供水监督体系等。研究工作需要调查国内

外在水利工程生态与环境调度方面的政策规定、管理机构设置和权限等方面的经验，对适合中国国情的管理体制进行分析。建立相应的指标体系，对补偿成本和工程成本合理的分摊机制进行研究，以保证工程调度的可持续性。

（6）水利工程生态调度法理、法规研究。在科学研究的基础上，逐步制定和完善相关的生态法律、法规，使大型水利工程的生态调度在法律的约束和保障之下有序地开展，同时也可以减少不同行业之间的利益纷争。

第三节　农业水利生态文明建设交叉学科的发展

农业水利生态文明的建设是一个系统工程，需要水利学科与环境学科、农学、林学、信息等学科的相关知识和内容支撑，同时，这些学科必将随着农业水利生态文明建设进程的推进而不断交叉、融合，新型交叉学科将会孕育和加强，具体体现在以下几个方面。

一、与生态学交叉，形成生态水利学

近年来中国旱涝灾害暴露出的许多问题，使得生物治水措施措施再一次被提到了新的高度。以流域生态环境建设为基础，运用工程、生物和管理等综合措施，科学防治水患，合理利用和保护水资源成为未来治水方略关键内容，这种体系的建立必须结合传统水利学科和生态学的基本理论，发挥两个学科的综合优势，开展生态经济系统理论、水资源生态系统理论、生态水工学理论等重大课题研究。

二、与环境学科交叉，形成环境水利学

随着水利建设的发展，自然环境也不断地发生着变化。人类活动影响改变着水环境状况，水量和水质发生了新的变化，对水利提出了新要求。水资源从过去单目标开发到多目标开发，从只考虑水量到水量和水质并重，从只考虑人类社会活动用水到同时考虑社会活动用水与自然保护用水。现代水利不仅要有工程观点、经济观点，还要有生态与环境观点。水利工程环境影响评价、水资源保护规划、流域或区域规划环境影响评价、环境水利工程设计、施工环保工作等需要结合水利学科与环境学科的基础理论，开展①水文情势改变引起的环境影响；②工程引起的水质变化和水质变化引起的环境影响；③泥沙淤积和河道冲刷引起的环境影响；④局地气候变化引起的环境影响；⑤水库水温结构改变引起的环境影响；⑥工程建设对珍稀动、植物的影响；⑦水库淹没土地及移民安置对地区自然和社会环境的影响；⑧工程建设对当地人群健康状况的影响；⑨工程建设对铁路、公路、航运和漂木的影响；⑩工程建设对自然保护区、风景名胜、文物古迹、疗养区以及重要的政治、军事、文化设施的影响；⑪水利工程引起环境水文地质问题：坍岸、浸没、水库诱发地震等；⑫研究水利工程对水生物，特别是水产资源的影响；⑬水工程对入海河口的影响；⑭对土壤、地下水等环境的影响，等等研究工作，使有利影响得到充分利用，对不利影响提出并采取减免和改善措施，获得水利工程最佳的经济效益、社会效益和环境效益。

同时应开展水资源保护领域研究，主要有①水体水质调查与监测；②水域纳污能力分析；③水体环境功能区的划分；④污染物排放总量控制；⑤排污口调查；⑥水质管理，包

括水体污染源的管理和河流、湖库等水体环境质量的管理；⑦研究制定水环境保护标准。

三、水文学与生态学交叉，形成生态水文学

生态水文学是生态学和水文学的交叉学科，它所关心的是水文过程对生态系统配置、结构和动态的影响，以及生物过程对水循环要素的影响。水文循环深刻地影响着全球生态系统的结构和演变，包括自然界中一系列的物理过程、化学过程和生物过程，是其他物质循环的基础。因此，确定某一生态系统需水时，只有以水文过程为基础，结合生态系统的特性需求，才能较为合理地计算生态需水量。这也是今后生态需水理论与实践研究的重要发展方向。

四、与3S技术交叉，建立水利信息系统

为了科学合理开发水资源、充分开发江河流域的自然与旅游资源，有必要建立与流域综合开发、生态环境的可持续发展、航运和河道整治有关的信息系统，以对各种生产活动进行科学评价，进而提出流域总体建设开发方案，这不仅是促进流域整体发展需要，也是水利生态文明建设的重要内容。为此需要及时掌握河流水系的基本情况，如河道建工程前的原始情况、建设过程中的演变及港口、码头的变迁等。传统的实地调查测量的方法缺乏宏观性和实时性，而且费时费钱，人工分析的手段亦难以顾及众多因素并进行大规模的快速综合分析。因此，利用遥感（RS）与地理信息系统（GIS）及卫星定位系统（GPS）技术进行与流域综合开发相关的信息调查分析，为规划决策部门提供快速准确的信息，这在生产实践中将具有重要的意义。

五、与人工智能、人工神经网络方面的研究交叉，研究流域产流产沙、汇流模拟方法

人工神经网络是在研究生物神经系统中发展起来的一种信息处理方法。它能够靠过去的经验来学习，可以处理模糊的、非线性的、含有噪声的数据。可用于预测、模式识别、非线性回归、过程控制等各种数据处理的场合。流域产流、汇流、产沙、水沙运移等过程受地域、气候、植被、季节等诸多因素影响，不管是数学模拟还是实体模型试验，都需要大量的实测资料来验证，复杂多变的边界和初始条件亦是研究结果难以达到需要的精度。应用人工神经网络方法建立模型，只注重起始条件和结果，能通过部分准确样本的自学来体现各因子之间复杂的内在联系，比普通数学模型具有更好的适应性和稳定性，许多学者在这方进行了有益的探索，取得了一些有价值的成果。

附录　国家关于加快水利发展和生态文明建设的相关文件

附录Ⅰ：中共中央国务院关于加快水利改革发展的决定

中共中央印发2011年1号文件（全文）

（2010年12月31日）

水是生命之源、生产之要、生态之基。兴水利、除水害，事关人类生存、经济发展、社会进步，历来是治国安邦的大事。促进经济长期平稳较快发展和社会和谐稳定，夺取全面建设小康社会新胜利，必须下决心加快水利发展，切实增强水利支撑保障能力，实现水资源可持续利用。近年来我国频繁发生的严重水旱灾害，造成重大生命财产损失，暴露出农田水利等基础设施十分薄弱，必须大力加强水利建设。现就加快水利改革发展，作出如下决定。

一、新形势下水利的战略地位

（一）水利面临的新形势。新中国成立以来，特别是改革开放以来，党和国家始终高度重视水利工作，领导人民开展了气壮山河的水利建设，取得了举世瞩目的巨大成就，为经济社会发展、人民安居乐业作出了突出贡献。但必须看到，人多水少、水资源时空分布不均是我国的基本国情水情。洪涝灾害频繁仍然是中华民族的心腹大患，水资源供需矛盾突出仍然是可持续发展的主要瓶颈，农田水利建设滞后仍然是影响农业稳定发展和国家粮食安全的最大硬伤，水利设施薄弱仍然是国家基础设施的明显短板。随着工业化、城镇化深入发展，全球气候变化影响加大，我国水利面临的形势更趋严峻，增强防灾减灾能力要求越来越迫切，强化水资源节约保护工作越来越繁重，加快扭转农业主要“靠天吃饭”局面任务越来越艰巨。2010年西南地区发生特大干旱、多数省区市遭受洪涝灾害、部分地方突发严重山洪泥石流，再次警示我们加快水利建设刻不容缓。

（二）新形势下水利的地位和作用。水利是现代农业建设不可或缺的首要条件，是经济社会发展不可替代的基础支撑，是生态环境改善不可分割的保障系统，具有很强的公益性、基础性、战略性。加快水利改革发展，不仅事关农业农村发展，而且事关经济社会发展全局；不仅关系到防洪安全、供水安全、粮食安全，而且关系到经济安全、生态安全、国家安全。要把水利工作摆上党和国家事业发展更加突出的位置，着力加快农田水利建设，推动水利实现跨越式发展。

二、水利改革发展的指导思想、目标任务和基本原则

（三）指导思想。全面贯彻党的十七大和十七届三中、四中、五中全会精神，以邓小

平理论和“三个代表”重要思想为指导，深入贯彻落实科学发展观，把水利作为国家基础设施建设的优先领域，把农田水利作为农村基础设施建设的重点任务，把严格水资源管理作为加快转变经济发展方式的战略举措，注重科学治水、依法治水，突出加强薄弱环节建设，大力发展民生水利，不断深化水利改革，加快建设节水型社会，促进水利可持续发展，努力走出一条中国特色水利现代化道路。

（四）目标任务。力争通过5年到10年努力，从根本上扭转水利建设明显滞后的局面。到2020年，基本建成防洪抗旱减灾体系，重点城市和防洪保护区防洪能力明显提高，抗旱能力显著增强，“十二五”期间基本完成重点中小河流（包括大江大河支流、独流入海河流和内陆河流）重要河段治理、全面完成小型水库除险加固和山洪灾害易发区预警预报系统建设；基本建成水资源合理配置和高效利用体系，全国年用水总量力争控制在6700亿立方米以内，城乡供水保证率显著提高，城乡居民饮水安全得到全面保障，万元国内生产总值和万元工业增加值用水量明显降低，农田灌溉水有效利用系数提高到0.55以上，“十二五”期间新增农田有效灌溉面积4000万亩；基本建成水资源保护和河湖健康保障体系，主要江河湖泊水功能区水质明显改善，城镇供水水源地水质全面达标，重点区域水土流失得到有效治理，地下水超采基本遏制；基本建成有利于水利科学发展的制度体系，最严格的水资源管理制度基本建立，水利投入稳定增长机制进一步完善，有利于水资源节约和合理配置的水价形成机制基本建立，水利工程良性运行机制基本形成。

（五）基本原则。一要坚持民生优先。着力解决群众最关心最直接最现实的水利问题，推动民生水利新发展。二要坚持统筹兼顾。注重兴利除害结合、防灾减灾并重、治标治本兼顾，促进流域与区域、城市与农村、东中西部地区水利协调发展。三要坚持人水和谐。顺应自然规律和社会发展规律，合理开发、优化配置、全面节约、有效保护水资源。四要坚持政府主导。发挥公共财政对水利发展的保障作用，形成政府社会协同治水兴水合力。五要坚持改革创新。加快水利重点领域和关键环节改革攻坚，破解制约水利发展的体制机制障碍。

三、突出加强农田水利等薄弱环节建设

（六）大兴农田水利建设。到2020年，基本完成大型灌区、重点中型灌区续建配套和节水改造任务。结合全国新增千亿斤粮食生产能力规划实施，在水土资源条件具备的地区，新建一批灌区，增加农田有效灌溉面积。实施大中型灌溉排水泵站更新改造，加强重点涝区治理，完善灌排体系。健全农田水利建设新机制，中央和省级财政要大幅增加专项补助资金，市、县两级政府也要切实增加农田水利建设投入，引导农民自愿投工投劳。加快推进小型农田水利重点县建设，优先安排产粮大县，加强灌区末级渠系建设和田间工程配套，促进旱涝保收高标准农田建设。因地制宜兴建中小型水利设施，支持山丘区小水窖、小水池、小塘坝、小泵站、小水渠等“五小水利”工程建设，重点向革命老区、民族地区、边疆地区、贫困地区倾斜。大力发展节水灌溉，推广渠道防渗、管道输水、喷灌滴灌等技术，扩大节水、抗旱设备补贴范围。积极发展旱作农业，采用地膜覆盖、深松深耕、保护性耕作等技术。稳步发展牧区水利，建设节水高效灌溉饲草料地。

（七）加快中小河流治理和小型水库除险加固。中小河流治理要优先安排洪涝灾害易

发、保护区人口密集、保护对象重要的河流及河段，加固堤岸，清淤疏浚，使治理河段基本达到国家防洪标准。巩固大中型病险水库除险加固成果，加快小型病险水库除险加固步伐，尽快消除水库安全隐患，恢复防洪库容，增强水资源调控能力。推进大中型病险水闸除险加固。山洪地质灾害防治要坚持工程措施和非工程措施相结合，抓紧完善专群结合的监测预警体系，加快实施防灾避让和重点治理。

（八）抓紧解决工程性缺水问题。加快推进西南等工程性缺水地区重点水源工程建设，坚持蓄引提与合理开采地下水相结合，以县域为单元，尽快建设一批中小型水库、引提水和连通工程，支持农民兴建小微型水利设施，显著提高雨洪资源利用和供水保障能力，基本解决缺水城镇、人口较集中乡村的供水问题。

（九）提高防汛抗旱应急能力。尽快健全防汛抗旱统一指挥、分级负责、部门协作、反应迅速、协调有序、运转高效的应急管理机制。加强监测预警能力建设，加大投入，整合资源，提高雨情汛情旱情预报水平。建立专业化与社会化相结合的应急抢险救援队伍，着力推进县乡两级防汛抗旱服务组织建设，健全应急抢险物资储备体系，完善应急预案。建设一批规模合理、标准适度的抗旱应急水源工程，建立应对特大干旱和突发水安全事件的水源储备制度。加强人工增雨（雪）作业示范区建设，科学开发利用空中云水资源。

（十）继续推进农村饮水安全建设。到2013年解决规划内农村饮水安全问题，“十二五”期间基本解决新增农村饮水不安全人口的饮水问题。积极推进集中供水工程建设，提高农村自来水普及率。有条件的地方延伸集中供水管网，发展城乡一体化供水。加强农村饮水安全工程运行管理，落实管护主体，加强水源保护和水质监测，确保工程长期发挥效益。制定支持农村饮水安全工程建设的用地政策，确保土地供应，对建设、运行给予税收优惠，供水用电执行居民生活或农业排灌用电价格。

四、全面加快水利基础设施建设

（十一）继续实施大江大河治理。进一步治理淮河，搞好黄河下游治理和长江中下游河势控制，继续推进主要江河河道整治和堤防建设，加强太湖、洞庭湖、鄱阳湖综合治理，全面加快蓄滞洪区建设，合理安排居民迁建。搞好黄河下游滩区安全建设。“十二五”期间抓紧建设一批流域防洪控制性水利枢纽工程，不断提高调蓄洪水能力。加强城市防洪排涝工程建设，提高城市排涝标准。推进海堤建设和跨界河流整治。

（十二）加强水资源配置工程建设。完善优化水资源战略配置格局，在保护生态前提下，尽快建设一批骨干水源工程和河湖水系连通工程，提高水资源调控水平和供水保障能力。加快推进南水北调东中线一期工程及配套工程建设，确保工程质量，适时开展南水北调西线工程前期研究。积极推进一批跨流域、区域调水工程建设。着力解决西北等地区资源性缺水问题。大力推进污水处理回用，积极开展海水淡化和综合利用，高度重视雨水、微咸水利用。

（十三）搞好水土保持和水生态保护。实施国家水土保持重点工程，采取小流域综合治理、淤地坝建设、坡耕地整治、造林绿化、生态修复等措施，有效防治水土流失。进一步加强长江上中游、黄河上中游、西南石漠化地区、东北黑土区等重点区域及山洪地质灾害易发区的水土流失防治。继续推进生态脆弱河流和地区水生态修复，加快污染严重江河

湖泊水环境治理。加强重要生态保护区、水源涵养区、江河源头区、湿地的保护。实施农村河道综合整治，大力开展生态清洁型小流域建设。强化生产建设项目水土保持监督管理。建立健全水土保持、建设项目占用水利设施和水域等补偿制度。

（十四）合理开发水能资源。在保护生态和农民利益前提下，加快水能资源开发利用。统筹兼顾防洪、灌溉、供水、发电、航运等功能，科学制定规划，积极发展水电，加强水能资源管理，规范开发许可，强化水电安全监管。大力发展农村水电，积极开展水电新农村电气化县建设和小水电代燃料生态保护工程建设，搞好农村水电配套电网改造工程建设。

（十五）强化水文气象和水利科技支撑。加强水文气象基础设施建设，扩大覆盖范围，优化站网布局，着力增强重点地区、重要城市、地下水超采区水文测报能力，加快应急机动监测能力建设，实现资料共享，全面提高服务水平。健全水利科技创新体系，强化基础条件平台建设，加强基础研究和技术研发，力争在水利重点领域、关键环节和核心技术上实现新突破，获得一批具有重大实用价值的研究成果，加大技术引进和推广应用力度。提高水利技术装备水平。建立健全水利行业技术标准。推进水利信息化建设，全面实施“金水工程”，加快建设国家防汛抗旱指挥系统和水资源管理信息系统，提高水资源调控、水利管理和工程运行的信息化水平，以水利信息化带动水利现代化。加强水利国际交流与合作。

五、建立水利投入稳定增长机制

（十六）加大公共财政对水利的投入。多渠道筹集资金，力争今后10年全社会水利年平均投入比2010年高出一倍。发挥政府在水利建设中的主导作用，将水利作为公共财政投入的重点领域。各级财政对水利投入的总量和增幅要有明显提高。进一步提高水利建设资金在国家固定资产投资中的比重。大幅度增加中央和地方财政专项水利资金。从土地出让收益中提取10%用于农田水利建设，充分发挥新增建设用地土地有偿使用费等土地整治资金的综合效益。进一步完善水利建设基金政策，延长征收年限，拓宽来源渠道，增加收入规模。完善水资源有偿使用制度，合理调整水资源费征收标准，扩大征收范围，严格征收、使用和管理。有重点防洪任务和水资源严重短缺的城市要从城市建设维护税中划出一定比例用于城市防洪排涝和水源工程建设。切实加强水利投资项目和资金监督管理。

（十七）加强对水利建设的金融支持。综合运用财政和货币政策，引导金融机构增加水利信贷资金。有条件的地方根据不同水利工程的建设特点和项目性质，确定财政贴息的规模、期限和贴息率。在风险可控的前提下，支持农业发展银行积极开展水利建设中长期政策性贷款业务。鼓励国家开发银行、农业银行、农村信用社、邮政储蓄银行等银行业金融机构进一步增加农田水利建设的信贷资金。支持符合条件的水利企业上市和发行债券，探索发展大型水利设备设施的融资租赁业务，积极开展水利项目收益权质押贷款等多种形式融资。鼓励和支持发展洪水保险。提高水利利用外资的规模和质量。

（十八）广泛吸引社会资金投资水利。鼓励符合条件的地方政府融资平台公司通过直接、间接融资方式，拓宽水利投融资渠道，吸引社会资金参与水利建设。鼓励农民自力更生、艰苦奋斗，在统一规划基础上，按照多筹多补、多干多补原则，加大一事一议财政奖补力度，充分调动农民兴修农田水利的积极性。结合增值税改革和立法进程，完善农村水电增值税政策。完善水利工程耕地占用税政策。积极稳妥推进经营性水利项目进行市场融资。

六、实行最严格的水资源管理制度

（十九）建立用水总量控制制度。确立水资源开发利用控制红线，抓紧制定主要江河水量分配方案，建立取用水总量控制指标体系。加强相关规划和项目建设布局水资源论证工作，国民经济和社会发展规划以及城市总体规划的编制、重大建设项目的布局，要与当地水资源条件和防洪要求相适应。严格执行建设项目水资源论证制度，对擅自开工建设或投产的一律责令停止。严格取水许可审批管理，对取用水总量已达到或超过控制指标的地区，暂停审批建设项目新增取水；对取用水总量接近控制指标的地区，限制审批新增取水。严格地下水管理和保护，尽快核定并公布禁采和限采范围，逐步削减地下水超采量，实现采补平衡。强化水资源统一调度，协调好生活、生产、生态环境用水，完善水资源调度方案、应急调度预案和调度计划。建立和完善国家水权制度，充分运用市场机制优化配置水资源。

（二十）建立用水效率控制制度。确立用水效率控制红线，坚决遏制用水浪费，把节水工作贯穿于经济社会发展和群众生产生活全过程。加快制定区域、行业和用水产品的用水效率指标体系，加强用水定额和计划管理。对取用水达到一定规模的用水户实行重点监控。严格限制水资源不足地区建设高耗水型工业项目。落实建设项目节水设施与主体工程同时设计、同时施工、同时投产制度。加快实施节水技术改造，全面加强企业节水管理，建设节水示范工程，普及农业高效节水技术。抓紧制定节水强制性标准，尽快淘汰不符合节水标准的用水工艺、设备和产品。

（二十一）建立水功能区限制纳污制度。确立水功能区限制纳污红线，从严核定水域纳污容量，严格控制入河湖排污总量。各级政府要把限制排污总量作为水污染防治和污染减排工作的重要依据，明确责任，落实措施。对排污量已超出水功能区限制排污总量的地区，限制审批新增取水和入河排污口。建立水功能区水质达标评价体系，完善监测预警监督管理制度。加强水源地保护，依法划定饮用水水源保护区，强化饮用水水源应急管理。建立水生态补偿机制。

（二十二）建立水资源管理责任和考核制度。县级以上地方政府主要负责人对本行政区域水资源管理和保护工作负总责。严格实施水资源管理考核制度，水行政主管部门会同有关部门，对各地区水资源开发利用、节约保护主要指标的落实情况进行考核，考核结果交由干部主管部门，作为地方政府相关领导干部综合考核评价的重要依据。加强水量水质监测能力建设，为强化监督考核提供技术支撑。

七、不断创新水利发展体制机制

（二十三）完善水资源管理体制。强化城乡水资源统一管理，对城乡供水、水资源综合利用、水环境治理和防洪排涝等实行统筹规划、协调实施，促进水资源优化配置。完善流域管理与区域管理相结合的水资源管理制度，建立事权清晰、分工明确、行为规范、运

转协调的水资源管理工作机制。进一步完善水资源保护和水污染防治协调机制。

（二十四）加快水利工程建设和管理体制改革。区分水利工程性质，分类推进改革，健全良性运行机制。深化国有水利工程管理体制改革，落实好公益性、准公益性水管单位基本支出和维修养护经费。中央财政对中西部地区、贫困地区公益性工程维修养护经费给予补助。妥善解决水管单位分流人员社会保障问题。深化小型水利工程产权制度改革，明确所有权和使用权，落实管护主体和责任，对公益性小型水利工程管护经费给予补助，探索社会化和专业化的多种水利工程管理模式。对非经营性政府投资项目，加快推行代建制。充分发挥市场机制在水利工程建设和运行中的作用，引导经营性水利工程积极走向市场，完善法人治理结构，实现自主经营、自负盈亏。

（二十五）健全基层水利服务体系。建立健全职能明确、布局合理、队伍精干、服务到位的基层水利服务体系，全面提高基层水利服务能力。以乡镇或小流域为单元，健全基层水利服务机构，强化水资源管理、防汛抗旱、农田水利建设、水利科技推广等公益性职能，按规定核定人员编制，经费纳入县级财政预算。大力发展农民用水合作组织。

（二十六）积极推进水价改革。充分发挥水价的调节作用，兼顾效率和公平，大力促进节约用水和产业结构调整。工业和服务业用水要逐步实行超定额累进加价制度，拉开高耗水行业与其他行业的水价差价。合理调整城市居民生活用水价格，稳步推行阶梯式水价制度。按照促进节约用水、降低农民水费支出、保障灌排工程良性运行的原则，推进农业水价综合改革，农业灌排工程运行管理费用由财政适当补助，探索实行农民定额内用水享受优惠水价、超定额用水累进加价的办法。

八、切实加强对水利工作的领导

（二十七）落实各级党委和政府责任。各级党委和政府要站在全局和战略高度，切实加强水利工作，及时研究解决水利改革发展中的突出问题。实行防汛抗旱、饮水安全保障、水资源管理、水库安全管理行政首长负责制。各地要结合实际，认真落实水利改革发展各项措施，确保取得实效。各级水行政主管部门要切实增强责任意识，认真履行职责，抓好水利改革发展各项任务的实施工作。各有关部门和单位要按照职能分工，尽快制定完善各项配套措施和办法，形成推动水利改革发展合力。把加强农田水利建设作为农村基层开展创先争优活动的重要内容，充分发挥农村基层党组织的战斗堡垒作用和广大党员的先锋模范作用，带领广大农民群众加快改善农村生产生活条件。

（二十八）推进依法治水。建立健全水法规体系，抓紧完善水资源配置、节约保护、防汛抗旱、农村水利、水土保持、流域管理等领域的法律法规。全面推进水利综合执法，严格执行水资源论证、取水许可、水工程建设规划同意书、洪水影响评价、水土保持方案等制度。加强河湖管理，严禁建设项目非法侵占河湖水域。加强国家防汛抗旱督察工作制度化建设。健全预防为主、预防与调处相结合的水事纠纷调处机制，完善应急预案。深化水行政许可审批制度改革。科学编制水利规划，完善全国、流域、区域水利规划体系，加快重点建设项目前期工作，强化水利规划对涉水活动的管理和约束作用。做好水库移民安置工作，落实后期扶持政策。

（二十九）加强水利队伍建设。适应水利改革发展新要求，全面提升水利系统干部职工队伍素质，切实增强水利勘测设计、建设管理和依法行政能力。支持大专院校、中等职业学校水利类专业建设。大力引进、培养、选拔各类管理人才、专业技术人才、高技能人才，完善人才评价、流动、激励机制。鼓励广大科技人员服务于水利改革发展第一线，加大基层水利职工在职教育和继续培训力度，解决基层水利职工生产生活中的实际困难。广大水利干部职工要弘扬“献身、负责、求实”的水利行业精神，更加贴近民生，更多服务基层，更好地服务经济社会发展全局。

（三十）动员全社会力量关心支持水利工作。加大力度宣传国情水情，提高全民水患意识、节水意识、水资源保护意识，广泛动员全社会力量参与水利建设。把水情教育纳入国民素质教育体系和中小学教育课程体系，作为各级领导干部和公务员教育培训的重要内容。把水利纳入公益性宣传范围，为水利又好又快发展营造良好舆论氛围。对在加快水利改革发展中取得显著成绩的单位和个人，各级政府要按照国家有关规定给予表彰奖励。

加快水利改革发展，使命光荣，任务艰巨，责任重大。我们要紧密团结在以胡锦涛同志为总书记的党中央周围，与时俱进，开拓进取，扎实工作，奋力开创水利工作新局面！

附录Ⅱ：十七大报告（建设生态文明部分）

全面推进党的建设新的伟大工程

（建设生态文明部分）

四、实现全面建设小康社会奋斗目标的新要求

5. 建设生态文明，基本形成节约能源资源和保护生态环境的产业结构、增长方式、消费模式。循环经济形成较大规模，可再生能源比重显著上升。主要污染物排放得到有效控制，生态环境质量明显改善。生态文明观念在全社会牢固树立。

到二○二○年全面建设小康社会目标实现之时，我们这个历史悠久的文明古国和发展中社会主义大国，将成为工业化基本实现、综合国力显著增强、国内市场总体规模位居世界前列的国家，成为人民富裕程度普遍提高、生活质量明显改善、生态环境良好的国家，成为人民享有更加充分民主权利、具有更高文明素质和精神追求的国家，成为各方面制度更加完善、社会更加充满活力而又安定团结的国家，成为对外更加开放、更加具有亲和力、为人类文明作出更大贡献的国家。

附录Ⅲ：十八大报告（推进生态文明建设部分）

十八大报告：坚定不移沿着中国特色社会主义道路前进，为全面建成小康社会而奋斗（推进生态文明建设部分）

八、大力推进生态文明建设

建设生态文明，是关系人民福祉、关乎民族未来的长远大计。面对资源约束趋紧、环境污染严重、生态系统退化的严峻形势，必须树立尊重自然、顺应自然、保护自然的生态文明理念，把生态文明建设放在突出地位，融入经济建设、政治建设、文化建设、社会建设各方面和全过程，努力建设美丽中国，实现中华民族永续发展。

坚持节约资源和保护环境的基本国策，坚持节约优先、保护优先、自然恢复为主的方针，着力推进绿色发展、循环发展、低碳发展，形成节约资源和保护环境的空间格局、产业结构、生产方式、生活方式，从源头上扭转生态环境恶化趋势，为人民创造良好生产生活环境，为全球生态安全作出贡献。

（一）优化国土空间开发格局。国土是生态文明建设的空间载体，必须珍惜每一寸国土。要按照人口资源环境相均衡、经济社会生态效益相统一的原则，控制开发强度，调整空间结构，促进生产空间集约高效、生活空间宜居适度、生态空间山清水秀，给自然留下更多修复空间，给农业留下更多良田，给子孙后代留下天蓝、地绿、水净的美好家园。加快实施主体功能区战略，推动各地区严格按照主体功能定位发展，构建科学合理的城市化格局、农业发展格局、生态安全格局。提高海洋资源开发能力，发展海洋经济，保护海洋生态环境，坚决维护国家海洋权益，建设海洋强国。

（二）全面促进资源节约。节约资源是保护生态环境的根本之策。要节约集约利用资源，推动资源利用方式根本转变，加强全过程节约管理，大幅降低能源、水、土地消耗强度，提高利用效率和效益。推动能源生产和消费革命，控制能源消费总量，加强节能降耗，支持节能低碳产业和新能源、可再生能源发展，确保国家能源安全。加强水源地保护和用水总量管理，推进水循环利用，建设节水型社会。严守耕地保护红线，严格土地用途管制。加强矿产资源勘查、保护、合理开发。发展循环经济，促进生产、流通、消费过程的减量化、再利用、资源化。

（三）加大自然生态系统和环境保护力度。良好生态环境是人和社会持续发展的根本基础。要实施重大生态修复工程，增强生态产品生产能力，推进荒漠化、石漠化、水土流失综合治理，扩大森林、湖泊、湿地面积，保护生物多样性。加快水利建设，增强城乡防洪抗旱排涝能力。加强防灾减灾体系建设，提高气象、地质、地震灾害防御能力。坚持预

防为主、综合治理，以解决损害群众健康突出环境问题为重点，强化水、大气、土壤等污染防治。坚持共同但有区别的责任原则、公平原则、各自能力原则，同国际社会一道积极应对全球气候变化。

（四）加强生态文明制度建设。保护生态环境必须依靠制度。要把资源消耗、环境损害、生态效益纳入经济社会发展评价体系，建立体现生态文明要求的目标体系、考核办法、奖惩机制。建立国土空间开发保护制度，完善最严格的耕地保护制度、水资源管理制度、环境保护制度。深化资源性产品价格和税费改革，建立反映市场供求和资源稀缺程度、体现生态价值和代际补偿的资源有偿使用制度和生态补偿制度。积极开展节能量、碳排放权、排污权、水权交易试点。加强环境监管，健全生态环境保护责任追究制度和环境损害赔偿制度。加强生态文明宣传教育，增强全民节约意识、环保意识、生态意识，形成合理消费的社会风尚，营造爱护生态环境的良好风气。

我们一定要更加自觉地珍爱自然，更加积极地保护生态，努力走向社会主义生态文明新时代。

附录Ⅳ：2012年中央一号文件（加强农田水利和搞好生态建设部分）

关于加快推进农业科技创新持续增强农产品供给保障能力的若干意见
（加强农田水利和搞好生态建设部分）

五、改善设施装备条件，不断夯实农业发展物质基础

17. 坚持不懈加强农田水利建设。加快推进水源工程建设、大江大河大湖和中小河流治理、病险水库水闸除险加固、山洪地质灾害防治，加大大中型灌区续建配套与节水改造、大中型灌溉排水泵站更新改造力度，在水土资源条件具备的地方新建一批灌区，努力扩大有效灌溉面积。继续增加中央财政小型农田水利设施建设补助专项资金，实现小型农田水利重点县建设基本覆盖农业大县。加大山丘区“五小水利”工程建设、农村河道综合整治、塘堰清淤力度，发展牧区水利。大力推广高效节水灌溉新技术、新设备，扩大设备购置补贴范围和贷款贴息规模，完善节水灌溉设备税收优惠政策。创新农田水利建设管理机制，加快推进土地出让收益用于农田水利建设资金的中央和省级统筹，落实农业灌排工程运行管理费用由财政适当补助政策。发展水利科技推广、防汛抗旱、灌溉试验等方面的专业化服务组织。

20. 搞好生态建设。巩固退耕还林成果，在江河源头、湖库周围等国家重点生态功能区适当扩大退耕还林规模。落实天然林资源保护工程二期实施方案，统筹解决就业困难的一次性安置职工社会保险补贴问题。逐步提高防护林造林投资中央补助标准，加强“三北”、沿海、长江等防护林体系工程建设。抓紧编制京津风沙源治理二期工程规划，扩大石漠化综合治理实施范围，开展沙化土地封禁保护补助试点。构建青藏高原生态安全屏障，启动区域性重点生态工程。适当扩大林木良种和造林补贴规模，完善森林抚育补贴政策。完善林权抵押贷款管理办法，增加贷款贴息规模。探索国家级公益林赎买机制。支持发展木本粮油、林下经济、森林旅游、竹藤等林产业。鼓励企业等社会力量运用产业化方式开展防沙治沙。扩大退牧还草工程实施范围，支持草原围栏、饲草基地、牲畜棚圈建设和重度退化草原改良。加强牧区半牧区草原监理工作。继续开展渔业增殖放流。加大国家水土保持重点建设工程实施力度，加快坡耕地整治步伐，推进清洁小流域建设，强化水土流失监测预报和生产建设项目水土保持监督管理。把农村环境整治作为环保工作的重点，完善以奖促治政策，逐步推行城乡同治。推进农业清洁生产，引导农民合理使用化肥农药，加强农村沼气工程和小水电代燃料生态保护工程建设，加快农业面源污染治理和农村污水、垃圾处理，改善农村人居环境。

附录Ⅴ：2013年中央1号文件（推进农村生态文明建设部分）

关于加快发展现代农业、进一步增强农村发展活力的若干意见

（2012年12月31日）

六、改进农村公共服务机制，积极推进城乡公共资源均衡配置

4. 推进农村生态文明建设。加强农村生态建设、环境保护和综合整治，努力建设美丽乡村。加大三北防护林、天然林保护等重大生态修复工程实施力度，推进荒漠化、石漠化、水土流失综合治理。巩固退耕还林成果，统筹安排新的退耕还林任务。探索开展沙化土地封禁保护区建设试点工作。加强国家木材战略储备基地和林区基础设施建设，提高中央财政国家级公益林补偿标准，增加湿地保护投入，完善林木良种、造林、森林抚育等林业补贴政策，积极发展林下经济。继续实施草原生态保护补助奖励政策。加强农作物秸秆综合利用。搞好农村垃圾、污水处理和土壤环境治理，实施乡村清洁工程，加快农村河道、水环境综合整治。发展乡村旅游和休闲农业。创建生态文明示范县和示范村镇。开展宜居村镇建设综合技术集成示范。

附录Ⅵ：水利部关于加快推进水生态文明建设工作的意见

（水资源〔2013〕1号）

各流域机构，各省、自治区、直辖市水利（水务）厅（局），各计划单列市水利（水务）局，新疆生产建设兵团水利局：

为贯彻落实党的十八大关于加强生态文明建设的重要精神，加快推进水生态文明建设，促进经济社会发展与水资源水环境承载能力相协调，不断提升我国生态文明水平，努力建设美丽中国，提出意见如下：

一、充分认识加快推进水生态文明建设的重要意义

水是生命之源、生产之要、生态之基，水生态文明是生态文明的重要组成和基础保障。长期以来，我国经济社会发展付出的水资源、水环境代价过大，导致一些地方出现水资源短缺、水污染严重、水生态退化等问题。加快推进水生态文明建设，从源头上扭转水生态环境恶化趋势，是在更深层次、更广范围、更高水平上推动民生水利新发展的重要任务，是促进人水和谐、推动生态文明建设的重要实践，是实现“四化同步发展”、建设美丽中国的重要基础和支撑，也是各级水行政主管部门的重要职责。

各流域机构、各级水行政主管部门必须深刻领会党的十八大精神，从保障国家可持续发展和水生态安全的战略高度，加强学习、提高认识，增强紧迫感和责任感，把水生态文明建设工作放在更加突出的位置，加大推进力度，落实保障措施，加快实现从供水管理向需水管理转变，从水资源开发利用为主向开发保护并重转变，从局部水生态治理向全面建设水生态文明转变，切实把水生态文明建设工作抓实抓好。

二、水生态文明建设的指导思想、基本原则和目标

水生态文明建设的指导思想是：以科学发展观为指导，全面贯彻党的十八大关于生态文明建设战略部署，把生态文明理念融入到水资源开发、利用、治理、配置、节约、保护的各方面和水利规划、建设、管理的各环节，坚持节约优先、保护优先和自然恢复为主的方针，以落实最严格水资源管理制度为核心，通过优化水资源配置、加强水资源节约保护、实施水生态综合治理、加强制度建设等措施，大力推进水生态文明建设，完善水生态保护格局，实现水资源可持续利用，提高生态文明水平。

水生态文明建设的基本原则是：

——坚持人水和谐，科学发展。牢固树立人与自然和谐相处理念，尊重自然规律和经

济社会发展规律，充分发挥生态系统的自我修复能力，以水定需、量水而行、因水制宜，推动经济社会发展与水资源和水环境承载力相协调。

——坚持保护为主，防治结合。规范各类涉水生产建设活动，落实各项监管措施，着力实现从事后治理向事前保护转变。在维护河湖生态系统的自然属性，满足居民基本水资源需求基础上，突出重点，推进生态脆弱河流和地区水生态修复，适度建设水景观，避免借生态建设名义浪费和破坏水资源。

——坚持统筹兼顾，合理安排。科学谋划水生态文明建设布局，统筹考虑水的资源功能、环境功能、生态功能，合理安排生活、生产和生态用水，协调好上下游、左右岸、干支流、地表水和地下水关系，实现水资源的优化配置和高效利用。

——坚持因地制宜，以点带面。根据各地水资源禀赋、水环境条件和经济社会发展状况，形成各具特色的水生态文明建设模式。选择条件相对成熟、积极性较高的城市或区域，开展试点和创建工作，探索水生态文明建设经验，辐射带动流域、区域水生态的改善和提升。

水生态文明建设的目标是：最严格水资源管理制度有效落实，“三条红线”和“四项制度”全面建立；节水型社会基本建成，用水总量得到有效控制，用水效率和效益显著提高；科学合理的水资源配置格局基本形成，防洪保安能力、供水保障能力、水资源承载能力显著增强；水资源保护与河湖健康保障体系基本建成，水功能区水质明显改善，城镇供水水源地水质全面达标，生态脆弱河流和地区水生态得到有效修复；水资源管理与保护体制基本理顺，水生态文明理念深入人心。

三、水生态文明建设的主要工作内容

（一）落实最严格水资源管理制度

把落实最严格水资源管理制度作为水生态文明建设工作的核心，抓紧确立水资源开发利用控制、用水效率控制、水功能区限制纳污“三条红线”，建立和完善覆盖流域和省、市、县三级行政区域的水资源管理控制指标，纳入各地经济社会发展综合评价体系。全面落实取水许可和水资源有偿使用、水资源论证等管理制度；加快制定区域、行业和用水产品的用水效率指标体系，加强用水定额和计划用水管理，实施建设项目节水设施与主体工程“三同时”制度；充分发挥水功能区的基础性和约束性作用，建立和完善水功能区分类管理制度，严格入河湖排污口设置审批，进一步完善饮用水水源地核准和安全评估制度；健全水资源管理责任与考核制度，建立目标考核、干部问责和监督检查机制。充分发挥“三条红线”的约束作用，加快促进经济发展方式转变。

（二）优化水资源配置

严格实行用水总量控制，制定主要江河流域水量分配和调度方案，强化水资源统一调度。着力构建我国“四横三纵、南北调配、东西互济、区域互补”的水资源宏观配置格局。在保护生态前提下，建设一批骨干水源工程和河湖水系连通工程，加快形成布局合理、生态良好，引排得当、循环通畅，蓄泄兼筹、丰枯调剂，多源互补、调控自如的江河湖库水系连通体系，提高防洪保安能力、供水保障能力、水资源与水环境承载能力。大力推进污水处理回用，鼓励和积极发展海水淡化和直接利用，高度重视雨水和微咸水利用，将非常规水源纳入水资源统一配置。

（三）强化节约用水管理

建设节水型社会，把节约用水贯穿于经济社会发展和群众生产生活全过程，进一步优化用水结构，切实转变用水方式。大力推进农业节水，加快大中型灌区节水改造，推广管道输水、喷灌和微灌等高效节水灌溉技术。严格控制水资源短缺和生态脆弱地区高用水、高污染行业发展规模。加快企业节水改造，重点抓好高用水行业节水减排技改以及重复用水工程建设，提高工业用水的循环利用率。加大城市生活节水工作力度，逐步淘汰不符合节水标准的用水设备和产品，大力推广生活节水器具，降低供水管网漏损率。建立用水单位重点监控名录，强化用水监控管理。

（四）严格水资源保护

编制水资源保护规划，做好水资源保护顶层设计。全面落实《全国重要江河湖泊水功能区划》，严格监督管理，建立水功能区水质达标评价体系，加强水功能区动态监测和科学管理。从严核定水域纳污容量，制定限制排污总量意见，把限制排污总量作为水污染防治和污染减排工作的重要依据。加强水资源保护和水污染防治力度，严格入河湖排污口监督管理和入河排污总量控制，对排污量超出水功能区限排总量的地区，限制审批新增取水和入河湖排污口，改善重点流域水环境质量。严格饮用水水源地保护，划定饮用水水源保护区，按照“水量保证、水质合格、监控完备、制度健全”要求，大力开展重要饮用水水源地安全保障达标建设，进一步强化饮用水水源应急管理。

（五）推进水生态系统保护与修复

确定并维持河流合理流量和湖泊、水库以及地下水的合理水位，保障生态用水基本需求，定期开展河湖健康评估。加强对重要生态保护区、水源涵养区、江河源头区和湿地的保护，综合运用调水引流、截污治污、河湖清淤、生物控制等措施，推进生态脆弱河湖和地区的水生态修复。加快生态河道建设和农村沟塘综合整治，改善水生态环境。严格控制地下水开采，尽快建立地下水监测网络，划定限采区和禁采区范围，加强地下水超采区和海水入侵区治理。深入推进水土保持生态建设，加大重点区域水土流失治理力度，加快坡耕地综合整治步伐，积极开展生态清洁小流域建设，禁止破坏水源涵养林。合理开发农村水电，促进可再生能源应用。建设亲水景观，促进生活空间宜居适度。

（六）加强水利建设中的生态保护

在水利工程前期工作、建设实施、运行调度等各个环节，都要高度重视对生态环境的保护，着力维护河湖健康。在河湖整治中，要处理好防洪除涝与生态保护的关系，科学编制河湖治理、岸线利用与保护规划，按照规划治导线实施，积极采用生物技术护岸护坡，防止过度“硬化、白化、渠化”，注重加强江河湖库水系连通，促进水体流动和水量交换。同时要防止以城市建设、河湖治理等名义盲目裁弯取直、围垦水面和侵占河道滩地；要严格涉河湖建设项目管理，坚决查处未批先建和不按批准建设方案实施的行为。在水库建设

中，要优化工程建设方案，科学制定调度方案，合理配置河道生态基流，最大程度地降低工程对水生态环境的不利影响。

（七）提高保障和支撑能力

充分发挥政府在水生态文明建设中的领导作用，建立部门间联动工作机制，形成工作合力。进一步强化水资源统一管理，推进城乡水务一体化。建立政府引导、市场推动、多元投入、社会参与的投入机制，鼓励和引导社会资金参与水生态文明建设。完善水价形成机制和节奖超罚的节水财税政策，鼓励开展水权交易，运用经济手段促进水资源的节约与保护，探索建立以重点功能区为核心的水生态共建与利益共享的水生态补偿长效机制。注重科技创新，加强水生态保护与修复技术的研究、开发和推广应用。制定水生态文明建设工作评价标准和评估体系，完善有利于水生态文明建设的法制、体制及机制，逐步实现水生态文明建设工作的规范化、制度化、法制化。

（八）广泛开展宣传教育

开展水生态文明宣传教育，提升公众对于水生态文明建设的认知和认可，倡导先进的水生态伦理价值观和适应水生态文明要求的生产生活方式。建立公众对于水生态环境意见和建议的反映渠道，通过典型示范、专题活动、展览展示、岗位创建、合理化建议等方式，鼓励社会公众广泛参与，提高珍惜水资源、保护水生态的自觉性。大力加强水文化建设，采取人民群众喜闻乐见、容易接受的形式，传播水文化，加强节水、爱水、护水、亲水等方面的水文化教育，建设一批水生态文明示范教育基地，创作一批水生态文化作品。

四、开展水生态文明建设试点和创建活动

为加快推进水生态文明建设，充分吸收节水型社会建设、水生态系统保护与修复、水土保持和水利风景区建设等工作经验，我部拟选择一批基础条件较好、代表性和典型性较强的市，开展水生态文明建设试点工作，探索符合我国水资源、水生态条件的水生态文明建设模式。在此基础上，尽快启动全国水生态文明市创建活动，在更大范围、更高层面上推进水生态文明建设工作。通过水生态文明建设试点和创建活动，树立典型，发挥示范带动效应。各省（自治区、直辖市）水行政主管部门可结合当地工作实际，组织开展本省（自治区、直辖市）水生态文明建设试点或创建活动。水生态文明建设试点和创建工作相关要求另行制定。加强水生态文明建设是一项长期而复杂的系统工程，各流域机构和各级水行政主管部门主要负责同志要亲自抓，积极安排部署，认真督促检查，及时研究解决工作中的重大问题，确保各项工作落到实处。要按照本意见的要求，抓紧制定具体工作方案，加快推进水生态文明建设工作，及时将有关情况报我部。

附录Ⅶ：农业水利工程知名专家

禹（约公元前21世纪），中国传说中古代部落联盟领袖，是中国最早治理大洪水的领袖人物。帝尧时，中原洪水泛滥造成水患灾祸，百姓愁苦不堪。帝尧命令鲧治水，鲧受命治理洪水水患，鲧用障水法，也就是在岸边设置河堤，但水却越淹越高，历时九年未能平息洪水灾祸。接着命鲧的儿子禹继任治水之事。禹总结了其父亲治水失败的教训，改革治水方法以疏导河川治水为主导，用水利向低处流的自然趋势，疏通了九河。治水期间，禹翻山越岭，淌河过川，拿着量测仪工具，从西向东，一路测度地形的高低，树立标杆，规划水道。他带领治水的民工走遍各地，根据标杆，逢山开山，遇洼筑堤，以疏通水道，引洪水入海。禹为了治水，费尽脑筋，不怕劳苦，从来不敢休息。他治水十三年，三过家门而不入的精神，至今为人所传颂。他的治水思想至今仍值得借鉴。

大禹整治黄河水患有功，受舜禅让继帝位。夏禹王登天子之位，并以自己的封国夏为天下之号，宣告夏王朝正式建立。

孙叔敖（公元前770—前476年），楚国期思（今河南淮滨县期思）人，当时的政治家、军事家和水利家。孙叔敖出身楚国大贵族之家，年少时父亲遭人陷害被杀，举家搬迁到期思邑（今河南省淮滨县期思镇）居住。在湖北楚都海子湖边被楚庄王举用，孟子在《生于忧患，死于安乐》中写到“孙叔敖举于海”被举于楚国令尹，以贤能闻名于世。《淮南子·人间训》：孙叔敖在出任令尹前，“决期思之水（今河南固始县境的史河），而灌雩雩之野”，即带领当地人民兴建水利工程，灌溉农作物，这项水利工程，就是中国古代历史上著名的“期思陂”（相当于现代新建的梅山灌区中干渠所灌地区）。公元前598—前591领导修建了淮河流域著名古陂塘灌溉工程，以称“芍陂”（今安徽省寿县城南安丰塘）。

除上述工程外，孙叔敖还兴建安徽霍邱县的水门塘，治理湖北的沮水和云梦泽，促进了楚国的农业发展，后人为纪念他，在安丰塘北堤建有孙公祠，在湖北沙市公园建有孙叔敖衣冠冢，在期思集立碑并建有楚相孙公庙。1957年毛泽东路过信阳，称赞孙叔敖是水利专家。

西门豹

西门豹，河北人，战国时期魏国人，是我国历史上著名的政治家和水利家。魏文侯时曾任邺令，主持修筑引漳十二渠灌溉工程，在漳河上建无坝取水枢纽和12座低溢流堰，引出12条灌渠，既减少了河水泛滥之祸，又肥沃了土壤。引漳十二渠经人们的不断整治，灌溉效益一直延续到唐代至德年间（756—758 年），有 1000 多年。西门豹死后，邺地百姓在他治水的地方兴建了西门豹大夫庙，宋、明、清三朝还为他树立了碑碣。直到现在，河北临漳地区还有一条渠道叫西门子渠。

李冰，今山西省运城市盐湖区解州镇郊斜村人，是战国时期的水利家，对天文地理也有研究。秦昭襄王末年（约公元前 256～前 251 年）为蜀郡守，在今四川省都江堰市（原灌县）岷江出山口处主持兴建了中国早期的灌溉工程都江堰，因而使成都平原富庶起来。

据《华阳国志·蜀志》记载，李冰曾在都江堰安设石人水尺，这是中国早期的水位观测设施。他还在今宜宾、乐山境开凿滩险，疏通航道，又修建汶井江（今崇庆县西河）、白木江（今邛崃南河）、洛水（今石亭江）、绵水（今绵远河）等灌溉和航运工程，以及修索桥，开盐井等。他也修筑了一条连接中原、四川与云南的五尺道。老百姓怀念他的功绩，建造庙宇加以纪念。北宋以后还流传着李冰之子李二郎协助李冰治水的故事。

李冰为蜀地的发展做出了不可磨灭的贡献，人们永远怀念他。两千多年来，四川人民把李冰尊为“川主”。1974 年，在都江堰枢纽工程中，发现了李冰的石像，其上题记：“故蜀郡李府郡讳冰”。这说明早在 1800 年前，李冰的业绩已为人民所传颂。近人对李冰的功绩也极为赞赏。1955 年，郭沫若到灌县时，题词：“李冰掘离堆，凿盐井，不仅嘉惠蜀人，实为中国二千数百年前卓越之工程技术专家。”

郑国，战国时期韩国人，水利家，韩国水工。秦始皇元年（公元前 247 年），受命入秦游说，建议引泾水东注北洛水为渠，企图疲劳秦人，勿使伐韩。秦王采纳其议，命他主持开凿工程。工程进程中被秦察觉此意图欲杀之，他说渠凿成亦秦利，因得继续施工，终于完成。是渠从仲山（今陕西泾阳西北）引泾水向西到瓠口作为渠口，利用西北微高、东南略低地形，沿北山南麓引水向东伸展，注入北洛水，全长三百多里。利用泾水含沙而有肥效的特点，用以灌溉，并冲压、降低耕土层中的盐咸含量，收到改良土壤的效用。灌溉土地四万余顷，使每亩增产到一钟（六石四斗），关中之地成为沃野，大大增强了秦国实力，为秦统一六国奠定了基础。该渠被命名为郑国渠，以纪念郑国的功绩。

王景（约公元 20—90 年），琅琊不其（今山东即墨县西南）人，东汉水利家。自幼“广窥众书”，学识渊博，掌握多种技艺，尤其热心于水利工程建设。王景进行的治水工作，现存记载相当简略。他配合王吴疏浚浚仪渠（可能是汴渠的开封段）。东汉永平十二年（69 年）主持由几十万人参加的治理黄河、汴河。使桀骜不驯的黄河安流 800 年，后人对王景“河、汴分流”，固定了河道，给予很高的评价。历史上对王景充满了赞扬之词：“王景治河，千载无患”。

范仲淹（989—1052 年），苏州吴县人，北宋杰出的政治家、军事家、文学家。范仲淹出生在一个贫苦农家，两岁丧父。他从小有志，发愤读书。26 岁中进士，开始做官。文官至参知政事（副宰相），武官至枢密副使（宋朝军事机关枢密院的副长官），提出“先天下之忧而忧，后天下之乐而乐”的倡言。他在水利方面也作出了不朽业绩。曾在江苏东部海滨修筑捍海大堤——范公堤，恩泽后代。在治理太湖时期，结合自己的治水实践，提出了“浚河、修圩、置闸”三者并重的治水方针，较妥善地解决了蓄与泄、挡与排、水与田之间的矛盾，至今仍具有一定的指导意义。

王安石（1021—1086年），江西抚州人，北宋政治家、改革家、文学家和思想家。他所主持的变法，在历史上有较大影响。变法期间，他制订了发展农业的各种新法，其中《农田水利约束》是我国第一部比较完整的农田水利法。《农田水利约束》的颁布和实施，大大调动了全国人民兴修水利的积极性。形成了"四方争言农田水利，古堰陂塘，悉务兴复"的喜人景象。许多地方在新法的鼓励下，自动组织起来，大兴农田水利，形成了一次水利建设高潮。

郭守敬（1231—1316年），河北邢台人，元代杰出的科学家，对天文、历法、水利三方面贡献很大。元中统三年（1262年）提出修治燕京附近运道、开发邢台、磁州农田水利及豫北沁河、丹河水利等六项建议，这些建议得到元始祖忽必烈的称赞，并被任命为"提举诸路河渠"，受命负责河流与渠道的整修、管理事务。中统四年（1263年），郭守敬因兴修水利有功，升任副河渠使。1264年在西夏地方行政长官张文谦的支持下，在宁夏等地修复、新建了数十条引黄灌溉渠道，并修建了许多水闸。至今仍在发挥作用的唐徕渠、汉延渠等十几条渠道就是当时重修的。次年郭守敬升任都水少监，协助都水掌管全国的水利事务。回到大都后，郭守敬提出重开金口河，以引浑河（今永定河）之水入大都，兴漕运与灌溉之利。至1266年，全面整修了金口河，使这条旧渠道起到了既能灌溉又能漕运的作用。至元八年（1271年）郭守敬升任都水监，掌管全国水利工作。元十二年（1275年）元朝庭开始修筑京杭大运河，郭守敬奉命勘察了今山东西南的泗水、汶水、御河等主要河流，设计了京杭大运河山东段的河道线路，为运河全面沟通奠定了基础。至元十三年任工部郎中，不久又调至太史局，负责制订新历法。至元十七年完成了我国历史上使用时间最长、最精确的《授时历》。郭守敬还研制成功了近二十种观测天象仪器，组织实施了规模宏大的"四海测"计划。提出了以海平面为地形测量的基点的科学理论及"海拔"的概念。元二十八年复任都水监，修复通惠河工程。至元三十一年任文馆大学士知太史院事。郭守敬是与张衡、祖冲之等人齐名的我国古代八大科学家之一，是13世纪末登上世界科学高峰的杰出人物。

潘季驯（1521—1595年），乌程（今浙江湖州）人，明工治河专家。30岁中进士，明嘉靖末至明万历中，4次任总理河道大臣，主持治理黄河、运河等，在实践上和理论上都有重要贡献。提出著名的"束水攻沙"理论，对以后治河有很大影响。其代表作《河防一览》，共14卷。

林则徐，1785（清乾隆五十年）—1850年（清道光三十年），汉族，福建侯官人。是清朝后期政治家、思想家和诗人，是中华民族抵御外辱过程中伟大的民族英雄。

清道光十年（1830年）秋任湖北布政使，翌年春调任河南布政使，擢东河河道总督。从六月到次年七月，林则徐先后任湖北、河南、江宁布政使。面对关系到河道民生重大问题，决心"破除情面"，"力振因循"，以求"弊除帑节，工固澜安。"为了治理黄河，亲自顶着寒风，步行几百里，对备用的几千个治水商梁秸进行检查，还将沿河地势，水流情况。绘画张挂，便于了解和治理。

清道光十二年（1832年）二月，调任江苏巡抚。从这一年起到十六年间，他对农业、漕务、水利、救灾、吏治各方面都做出过成绩，尤重提倡新的农耕技术，推广新农具。他在实践活动中认识到："地力必资人力，土功皆属农功。水道多一分之疏通，即田畴多一分之利赖。"林则徐这种农耕思想，是在实际考察中体验出来的。

清道光十七年（1837 年）正月，升任湖广总督。面对湖北境内每到夏季大河常泛滥成灾，林则徐采取有力措施，提出“修防兼重”，使“江汉数千里长堤，安澜普庆，并支河里堤，亦无一处漫口，”对保障江汉沿岸州县的生命财产，做出了不可磨灭的贡献。

李仪址（1882—1938 年），陕西省蒲城县人。我国近代水利科学家、水土保持专家、教育家、剧作家，同盟会会员，爱国志士。他学识渊博，才华横溢，为兴修关中农田水利、治理黄河、导江治淮、贩灾济民、兴教办学，呕心沥血、鞠躬尽瘁。1909 年毕业于京师大学堂，先后赴德国皇家工程大学和但泽工业大学学习土木工程和水利，1915 年与张謇一道创办了南京河海工程学校（现河海大学的前身），引进西方水利技术。主持兴建了陕西泾惠渠、渭惠渠等灌溉工程。曾任陕西省水利局局长、渭北水利工程总局总工程师、担任中国水利工程学会第一至第六任会长，黄河水利委员会委员长兼总工程师，导淮委员总工程师、扬子江水利委员会顾问等，为我国近代治水的先驱。

他写出了平生著作中较为重要的几部，如《最小二乘式》、《实用微积术》、《水功学》、《五十年来中国之水利》等。这些都是以实用为目的的译著和教材，其中《水功学》后来经过多次增补修订，成为“仪师一生心血结晶，全国水利建设之模范，在译著中最宝贵者”。

李书田，字耕砚，1900 年 2 月 10 日出生于河北省卢龙县。1923 年，李书田以第一名的成绩毕业于北洋大学（现天津大学）土木系，随后赴美国康奈尔大学研究院继续攻读土木工程专业。1927 年李书田回国后，即被聘为顺直水利委员会秘书长，主持日常工作并兼任北洋大学教授。1928 年改组成立华北水利委员会，继续任秘书长，辅佐李仪祉主持日常工作。以华北各河湖流域及沿海区域为管辖范围，开展防洪、灌溉、航运、水力及水利工程，附设测候所，在治河史上有很高的地位。李书田积极倡办华北灌溉讲学班，设置黄河水文站，组织运河讨论会，指导参与了潮白河、滹沱河灌溉工程、永定河善后工程、永定河治本工程等水利工程的规划设计工作。

为研究水利学术问题，促进水利建设，1928 年，李书田提出成立中国水利工程师协会。经多方努力，终于在 1931 年 4 月 22 日成立了中国水利工程学会（中国水利学会的前身），李仪祉为会长，李书田为副会长，茅以升、陈懋解、沈百先、张含英、须恺、孙辅世为董事。1931 年 7 月中国水利工程学会创办了会刊《水利》月刊。

1932 年，由北洋工学院院长李书田发起筹建水工试验所，1934 年奠基，1935 年建成了中国第一水工试验所，成为中国水利史上的一件大事。它标志着中国水利由经验水利转变为科学水利，具有里程碑意义。

从 1934 年起，李书田为黄河水利委员会委员，并于 1943 年担任副委员长职务。他对中华民族的母亲河黄河十分关注，致力于黄河治本的勘测研究工作，“渭河治理”、“宁夏灌区的改建与发展”、“黄河下游治理”等重要课题都倾注了他的心血。撰写了《中国历代治河名人录及其事迹述略》《中国治河原理、工程用具发明考》《华北水利资源概况》等文章，完成了《农田水利出版物之搜集》《华北水利建设之概况》等多部著作，尤其主编了《中国水利问题》巨著。这是新中国成立前中国水利研究方面的权威著作，资料丰富、论述新颖、体例独特，富有创造性，其重大学术价值影响了中国水利几代人。这部书确定了李书田“新中国成立前水利学科第一把交椅的地位。”

李书田任北洋大学工学院院长期间，于 1933 年建立了中国首批水利专业和水利系，开创研究生教育之先河。

黄万里，（1911—2001年）祖籍为原川沙县（今上海），是著名教育家、革命家黄炎培第三子；1924年黄万里入无锡实业学校学习，1927年进入唐山交通大学（现西南交通大学），1932年毕业。1933年任杭江铁路见习工程师，参与江山江铁桥的建造。1934年赴美留学，1935年获得美国康奈尔大学硕士学位，1937年获得美国伊利诺伊大学香槟分校工程博士学位。黄万里是中国第一个获得水利工程学博士的人。

黄万里教授早年在唐山交通大学学习，有深厚的数学和力学功底。1932年毕业以后，任浙赣铁路见习工程师。1931年和1933年长江、黄河的大水灾，促使他改行立志，学水利，治黄河，救国救民。在留学美国康奈尔大学、爱沃华大学和伊利诺大学期间，他不仅学习水利工程的科目，更潜心研读有关的水文、气象和地理等学科。1935年和1936年先后获得硕士与博士学位。1937年回国后，任经济委员会水利处工程师，四川省水利局工程师，涪江航道工程处处长，从底层的实际工作做起。1947年，担任甘肃省水利局局长兼总工程师，又兼任水利部河西勘测设计总队队长，主持陇西农田水利工程。1948年应邀去东北解放区任东北水利总局顾问。

新中国成立以后，黄万里教授到唐山铁道学院任教。1953年全国高校院系调整，到清华大学水利工程系担任教授。1957年，他力陈黄河泥沙问题的严重性，批评苏联专家建议的三门峡水库规划是错误的。指出建库后泥沙淤积将使黄河北干流与渭河两岸大量耕地淤没，居民将被迫迁移，三门峡水库不可以修建。同年，因一篇《花丛小语》，被定为“右派”。1964年，三门峡水库因泥沙淤积严重而讨论工程改建时，他不顾自己仍然戴着“右派”帽子，积极提出改建意见。“文化大革命”中他更遭厄运，作为“牛鬼蛇神”被扫地出门，从清华新林院的教授洋房被赶到了地板下积着陈年脏水的北院小屋，每月只领得20元生活费。后又被送到江西鲤鱼洲农场“劳动改造”，1973年，被派到清华大学三门峡基地打扫厕所和接受批判。1978年，这时他几乎是全国最后的一名“右派”，终于也得到平反改正。以后，他在清华大学泥沙研究室工作，为教师和研究生开设《统计与随机理论》、《治河方略》和《治水原理》等课程。同时继续研究连续介体动力学最大能量耗散率定律、分流淤灌治理黄河策略、华北水资源利用、长江三峡工程，以及明渠不恒定流力学等问题。九十年代以来，他极力反对长江三峡工程的开工，提出了许多十分尖锐的问题，引起世人瞩目。

张光斗，（1912—2013年），水利水电工程结构专家。1912年5月出生于江苏苏州常熟市（今属张家港市鹿苑街道）。1934年获交通大学（现西安交通大学、上海交通大学前身）土木工程学士学位；1936年，获美国加州大学土木工程硕士学位；1937年获美国哈佛大学土木工程硕士学位，攻读博士学位。抗战爆发后，弃学回国，先后在资源委员会龙溪河水电工程处任设计科长和壤渡河水电工程处主任。1943年去美国坦河流域局和垦务局任工程师。1955年当选为中国科学院院士，1994年当选为中国工程院院士。

经他数年的辛勤努力，相继于1992年、1994年、1999年出版了《水工建筑物》上下册和《专门水工建筑物》三部专著，以此作为他对祖国工程教育事业的再次奉献。

经十多年的努力，到1994年，随着国家工程技术的发展和需要，张光斗与王大珩等六人向党中央国务院上书成立中国工程院，终于得到批准，正式成立了中国工程院。张光斗被聘为首批中国工程院院士。

1998年张光斗等人又向中国工程院建议，设立《中国可持续发展水资源战略研究》咨询项目，得到工程院的同意和国务院的支持，成立了由钱正英任组长，张光斗任副组长的项目综合组，组织43位两院院士，300多位专家，历经两年的工作，提出了综合报告和专题报告，为我国可持续发展水资源提出了总体战略。

钱正英，女，1923年7月4日出生于上海。原籍浙江省诸暨市。1942年参加革命，先后在苏皖边区政府和黄河河务局从事治淮、治黄等水利工作，历任水利部、水利电力部部长，曾担任第七届、八届、九届全国政协副主席。1952年12月—1955年3月任华东水利学院（现河海大学）第一任院长、河海大学兼职院士。1997年当选为中国工程院院士。

钱正英教授长期主持中国的水利电力工作。主持研究、制定了一系列关于中国水资源开发利用、管理与保护的方针政策和管理办法，主持编制了黄河、长江、淮河、海河等流域的治理、规划和全国水利建设长远发展纲要，主持完成了《中华人民共和国水法》、《中华人民共和国水土保持法》的起草工作，主持审定、决策了许多重大的水利水电工程建设项目，并具体参与研究解决建设中的重大技术问题，主持领导了三峡工程的可行性论证工作，主编出版了《中国百科全书水利卷》、《中国水利》（中、英文版）等。

茆智，1932年生，农田水利学家，教育家。长期从事作物需水规律与农田灌溉研究与教学工作。20世纪50年代提出依据水汽扩散原理计算作物需水量的半经验公式，60年代开拓橡胶灌溉试验研究。80年代以来，提出节水灌溉条件下作物需水与灌溉的实时预报方法、作物水分生产函数时空变化规律分析、计算的原理与方法，以及利用作物受旱复水后生长与耗水的“反弹”效应指导作物节水灌溉的观点与方法。对提高中国作物灌溉技术有重要贡献。60年代他主持了橡胶灌溉研究的国家课题。

20世纪80年代以来，茆智率科研组研究节水条件下农作物的需水规律。他在河北、湖北、广西等布站进行田间试验研究，提出了农作物需水量与灌溉的实时预报方法，促进了农作物的节水高产，受到联合国粮农组织和国际灌排委员会的高度评价，成果被鉴定为国际先进水平。

20世纪90年代初，他主持了“水稻水分生产函数及稻田非充分灌溉原理研究”等3个国家自然科学基金研究项目。他在国内外首次发现水稻水分函数与反映大气干湿程度综合气象指标——参照作物需水量存在密切关系，提出了相关的数学模型，并根据该模型提出探索与分析作物水分生产函数时、空变化规范的理论与方法，为国内外此项研究开拓了新的途径。在节水机理方面，提出了作物早期和中期受轻度、中度干旱再复水后作物的生

长、耗水会产生“反弹效应”的理论，从而提出了利用“反弹效应”指导节水灌溉和非充分灌溉的方法，研究成果填补了国内外空白，获国家科技进步二等奖，居国际先进水平。

雷志栋，1938年生，湖南澧县人。中国工程院院士，1960年清华大学水利系水工建筑专业本科毕业，1965年水资源利用专业研究生毕业。毕业后在清华大学任教，先后担任水利系水资源工程教研组主任，水利水电工程系主任，中国水利学会第七届、第八届理事会理事等职，担任土木水利学院学术委员会主任。雷志栋教授多年来在土壤水和农田灌溉方面进行了开创性的研究工作，对推动中国土壤水问题研究和农田水利学科发展做出了重要的贡献。他主编的《土壤水动力学》专著等在中国有较大的影响。他30年来长期与新疆叶尔羌、宁夏青铜峡和山东位山等特大型灌区保持密切的合作关系，进行灌区水资源配置与合理利用的咨询研究，1999—2001年在叶尔羌、青铜峡灌区续建配套与节水改造规划中，作为技术咨询负责人发挥了重要的作用。根据干旱半干旱区灌区的特点，他提出的水资源平衡、盐分平衡等的分析思路和方法，在理论和应用方面均具有重要价值。80年代在华北地区，90年代以后在西北地区，对地下水资源科学评价与合理利用进行了较深入的研究，做出了一定的贡献。

雷志栋教授自1991年以来，长期在新疆进行调查、监测、试验与工程咨询，作为技术负责人完成的渭干河、喀什噶尔等4个大型绿洲灌区的水盐监测，对当地的水利规划与管理有重要价值，是中国大型灌区水盐监测的范例。在叶尔羌绿洲四水转化研究，塔里木河水资源与生态保护研究中，他均取得了重要的创新性成果，为塔里木河综合治理规划提供了一定的科学依据，这两项成果均获得2002年国家科技进步二等奖，在西部大开发的水利建设中发挥了积极的作用。

康绍忠，教授，博士研究生导师，中国工程院院士。1962年11月22日生，湖南桃源人。1982年7月武汉水利电力大学农田水利工程专业本科毕业，获学士学位。先后赴澳大利亚CSIRO水土研究所和维多利亚州持续灌溉农业研究所、以色列农业研究组织水土与环境科学研究所、香港浸会大学进行合作研究。现任中国农业大学中国农业水问题研究中心主任，农业水土工程学科教授、博士生导师。1994年首批入选中国科学院“百人计划”，1997年获国家杰出青年科学基金，2001年批准为教育部“长江学者奖励计划”特聘教授，2006年入选教育部创新团队。2011年12月当选为中国工程院院士。

主著和合著科技专著9部，其中主著的《SPAC水分传输理论及其应用》、《西北地区农业节水与水资源持续利用》分别获水利部首届科技专著出版基金和首届中华农业科教专著出版基金的资助，被作为重点图书出版，《中国主要农作物需水量与灌溉》专著获水利部优秀水利科技著作一等奖。

在《Agricultural Water Management》、《Pedosphere》、《Field Crops Research》、《Irrigation Science》、《中国农业科学》、《水利学报》、《土壤学报》、《生态学报》、《地理学报》等国内外期刊上公开发表学术论文120余篇，有10余篇论文曾分别获陕西省自然科学优

秀学术论文奖等奖励。

他的研究一直把农业节水原理与技术、水资源高效利用作为主攻方向，以连续、系统、动态的观点和定量的方法为基础，使该领域的研究由单纯的实验性质变为一门有较严谨的理论基础和定量方法的科学，促进了多学科交叉渗透，开拓了新的领域，形成了具有鲜明特色的研究体系，在国内外具有一定的影响。

首次系统地探索了SPAC水分传输的力能关系，修正并完善了国际上采用较多的Van den Honert关于SPAC水流通量与水势差关系的假设。建立的作物根系吸水模式经许多专家应用明显优于目前国际上通用的Novak等模型，提出的作物叶面蒸腾与棵间蒸发分摊系数计算模式明显优于Richie和Burnet及Childs等建立的模式。应用SPAC水分传输理论，首次提出了“664空制性分根交替灌溉”新方法，经实际应用节水36.4%，为我国北方旱区农业节水开辟了新的途径。

在试验研究和理论分析计算的基础上，绘制了陕西省不同水文年份和不同土壤条件下几种主要农作物的净灌溉需水量等位线图，提出了适合陕西省不同区域使用的主要农作物节水、高产、高效灌溉模式和节水、优产、高效灌溉模式。提出了SPAC中水分转化效率的计算模式、以节水高产为目标的土壤水调节模型，建立了土壤墒情预报的经验模型、水量平衡模型。

注释及参考文献

上篇注释：

①马克思：《不列颠在印度的统治》；《马克思恩格斯选集》第二卷，北京：人民出版社，1957年版，第64页

②马克思：《马克思恩格斯论中国》人民出版社，1957年版，第13页

③毛泽东：《毛泽东选集》第1卷，北京：人民出版社，1951年版，第27页

④《周礼·稻人》．十三经注疏本，第746页

⑤《水经·谬水注》卷31

⑥《史记·河渠书》．二十五史河渠志注释本，第18～19页

⑦《汉书·西域传》卷96

⑧《庄子·逍遥游》，诸子集成本，中华书局，1986年版，第12页

⑨《汉书·儿宽传》

⑩石声汉：《汜胜之书今释》，科学出版社，1956年版，第49页

⑪石声汉：《汜胜之书今释》，科学出版社，1956年版，第51页

⑫林海村：《楼兰尼雅出土文书》文物出版社，1985年版。其中第12，481，584，609等简中有水曹官职的记载。

⑬《周书·异域志》卷50

⑭中国科学院新疆分院民族研究所王广智译：《佉卢文残卷译文集》（打印稿）第72条和604条

⑮《寄陇居论文集》，齐鲁书社，1981年版，第220页

⑯吐鲁番地区文管所，吐鲁番出土十六国时期的文书，1983年版，第1期

⑰《汉书》卷五十八《倪宽传》，中华书局，1962年版，第2628页

⑱《册府元龟》卷497

⑲《新唐书·李景略传》

⑳《新唐书·韦丹传》

㉑《新唐书·地理五》

㉒《全唐文》6卷

㉓李林甫等撰、陈仲夫点校：《唐六典》卷七《尚书工部》，中华书局2005年，第225页

㉔《新唐书》卷四十八《百官志三》，中华书局1975年，第1240页

㉕《唐会要》卷六十二《御史台下·出使》，中华书局1955年，第1277页

㉖《水部式》第8行

㉗《新唐书》卷四十六《百官志一》，中华书局1975年，第1202页

㉘《新唐书》卷四十八《百官志三》，中华书局1975年，第1276页
㉙《唐六典》卷二十三《都水监》，中华书局2005年，第599页
㉚《管子·立政》
㉛《周礼·秋官·雍氏》卷三十六
㉜《睡虎地秦墓竹简》，文物出版社，1978年版
㉝《明实录成祖实录》卷31
㉞明嘉靖《沔阳川志》卷8
㉟明万历《湖广总志》卷33
㊱清乾隆《汉阳府志》卷15
㊲清乾隆《江陵县志》卷3
㊳清同治《楚北水利堤防纪要》卷2
㊴《舆地纪胜》卷69
㊵清道光《洞庭湖志》卷4
㊶清乾隆《长沙府志》
㊷清乾隆《湖南通志》卷21
㊸《读史方舆纪要》卷83
㊹《江西要览》卷6
㊺《管子·度地》，诸子集成本，中华书局，1957年版，第304页
㊻《桓子新论》，四部备要本，中华书局，1912年版，第10页
㊼明·王锡阐：《晓庵遗书·杂著》
㊽清·阮元：《畴人传》卷46，商务印书馆，1955年版
㊾《徐光启集》，上海古籍出版社，1984年版，第83页

中篇注释：

①国民政府内政部：《统一行政案进行之经过》，水利月刊，1932
②《中国经济年鉴·民国二十五年第三编》第8章水利
③根据国民政府财政部《财政年鉴》编纂处编纂：《财政年鉴·民国二十四年续编》和《财政年鉴·民国二十五年第三编》第八章数字计算
④民国《齐东县志》卷4政治志，水利，凿井
⑤国民党中央党部计划经济委员会编：《十年来之中国经济建设》，第十五章，河南省之经济建设，第8节，地方水利建设，第5页
⑥王光临：《五年来工作纪要》第3页，1947年版
⑦《中国经济年鉴·民国二十四年续编》，第8章水利，(H) 51－52
⑧《中国经济年鉴·民国二十四年续编》，第8章水利，(H) 60
⑨《中国经济年鉴·民国二十四年续编》，第8章水利，(H) 51－52
⑩《浙江经济年鉴》1948年，第354页
⑪江西省政府设计考核委员会编印：《江西省政府三十五年度政务考察团报告汇编》，第13页，第236页
⑫水利部《关于全国加强农田水利责任制的报告》，1981年

⑬国务院、办公厅文件，国办发［1985］40号
⑭国务院《水利工程水费核定、计收和管理办法》，1985年
⑮国务院：《关于大力开展农田水利建设的决定》，1989年10月15日

下篇注释：

①清咸丰《安顺府志》卷之十一《水道考》
②安顺《鲍氏族谱》卷5
③清咸丰《安顺府志》卷之二《地理志》
④大西桥镇志编纂委员会编：《安顺市西秀区大西桥镇志》第421页，贵州人民出版社，2006年

上篇参考文献：

［1］杨邦柱，郭振宇．中国水利概论［M］．郑州：黄河水利出版社，2003．
［2］马波．农业生态经济学与农史研究［J］．古今农业，1990（1）：74－79．
［3］陈立，明宗富．河流动力学［M］．武汉：武汉大学出版社，2007．
［4］武汉水利电力学院“河流泥沙工租学”编写组．河流泥沙工程学（上册）［M］．北京：水利电力出版社，1983．
［5］耶利谢也夫（C. B. EJInCEEB）著，测量仪器学［M］．方俊，译．北京：科学出版社，1956．
［6］竺可桢．竺可桢文集［M］．北京：科学出版社，1979．
［7］睡地虎秦墓竹简小组．睡地虎秦墓竹简［M］．北京：文物出版社，1978．
［8］武汉水利电力学院，水利水电科学研究院．中国水利史稿［M］．北京：水利电力出版社，1987．
［9］袁元龙．宁波的古水利工程-它山堰［J］．宁波师院学报（社会科学版），1984（4）：96－100．
［10］郑炳林．敦煌地理文书汇辑校注［M］．兰州：甘肃教育出版社，1989．
［11］沈百先，章光彩．中华水利史［M］．台北：商务印书馆，1979．
［12］李仪祉．五十年来中国之水利［M］//李仪祉水利论著选集．北京：水利电力出版社，1988．
［13］郭涛．中国传统水利的特点及其停滞［J］．中国水利，1989（3）：40－42．

中篇参考文献：

［1］周魁一，等．中国水利史稿（下）［M］．北京：水利电力出版社，1989．
［2］李仪祉．农田水利之合作［M］//李仪祉水利论著选集．北京：水利电力出版社，1988．
［3］李仪祉．我国的水利问题［M］//李仪祉水利论著选集．北京：水利电力出版社，1988．
［4］徐海亮．清末民初商品经济水利的崛起［M］//中国近代水利史论文集．南京：河海大学出版社，1992．
［5］樊西宁．近代云南水政概况［M］//中国近代水利史论文集．南京：河海大学出版社，1992．

[6] 台湾国民党党史委员会．革命文献：第八十三辑［M］．台湾：台北中央文物供应社，1977.

[7] 张含英．中国水利史的重大转变阶段［M］//中国近代水利史论文集．南京：河海大学出版社，1992.

[8] 沈雷春．中国战时经济志［M］．台湾：文海出版社有限公司，1985.

[9] 国民党中央党部经济计划委员会．十年来之中国经济建设（第二十章）［M］．南京：扶轮日报社发行，1937.

[10] 国民党中央党部经济计划委员会．十年来之中国经济建设（第十八章）［M］．南京：扶轮日报社发行，1937.

[11] 国民政府实业部《中国经济年鉴》编纂委员会．中国经济年鉴·民国二十五年第三编［M］．上海：商务印书馆，1936.

[12] 李仪祉．十年来的中国水利建设［M］．北京：中国文化建设协会，1937.

[13] 李仪祉．抗战前十年之中国［M］．北京：中国文化建设协会，1937.

[14] 国民党中央党部国民计划经济委员会．十年来之中国经济建设（第十五章）［M］．南京：扶轮日报社发行，1937.

[15] 国民政府行政院．国民政府年鉴（第二回，第 8 章）［M］．重庆：国民政府行政院发行，1944.

[16] 国民政府行政院．国民政府年鉴（第一回，第 15 章）［M］．重庆：国民政府行政院发行，1943.

[17] 国民政府主计部统计局．中华民国统计年鉴（第 5 章，第 1 节，农田水利）［M］．南京：国民政府主计部发行，1948.

[18] 国民政府行政院．国民政府年鉴（第三回，第 9 章）［M］．南京：国民政府行政院发行，1946.

[19] 国民政府行政院．国民政府年鉴（第二回，第 16 章）［M］．重庆：国民政府行政院发行，1944.

[20] 国民政府行政院．国民政府年鉴（第一回，第 19 章）［M］．重庆：国民政府行政院发行，1943.

[21] 国民政府行政院．国民政府年鉴（第二回，第 20 章）［M］．重庆：国民政府行政院发行，1944.

[22] 国民政府行政院．国民政府年鉴（第三回，第 21 章）［M］．南京：国民政府行政院发行，1946.

[23] 国民政府行政院．国民政府年鉴（第三回，第 16 章）［M］．南京：国民政府行政院发行，1946.

[24] 国民政府行政院．国民政府年鉴（第一回，第 22 章）［M］．重庆：国民政府行政院发行，1943.

[25] 陕西省政府秘书处．陕西省政府工作报告［R］．西安：陕西省政府秘书处编译室编印，1947.

[26] 贵州省政府设计考核委员会．贵州省政府工作报告［R］．贵阳：贵州省政府设计考

核委员会编印，1945.

[27] 狄超白. 中国经济年鉴·1948 [M]. 天津：太平洋经济研究社，1948.

[28] 四联总处秘书处. 四联总处四川省农贷视察团报告书 [R]. 重庆：四联总处秘书处编印，1942.

[29] 国民政府行政院编纂. 国民政府年鉴（第二回，第 11 章）[M]. 重庆：国民政府行政院发行，1944.

[30] 民政府财政部. 四川土地陈报纪要 [M]. 重庆：四川省土地陈报办事处编印，1942.

[31] 沈雷春. 中国战时经济志 [M]. 台北：文海出版社，1985.

[32] 周开庆. 民国川事纪要（下册）[M]. 重庆：四川文献出版社，1943.

[33] 谢丁. 我国农田水利政策变迁的政治学分析：1949—1957 [D]. 武汉：华中师范大学，2006.

[34] 中共中央委员会. 1956 到 1967 年全国农业发展纲要（修正草案）[EB/OL].（1957 - 10 - 25） [2005 - 07 - 14]. http://www.law - lib.com/fzdt/newshtml/20/20050714144444.htm.

[35] 刘彦文. 水利、社会与政治——甘肃省引洮工程研究（1958—1962）[D]. 上海：华东师范大学，2012.

[36] 搜狐网. 鲜为人知的灾难：75.8，板桥水库溃坝 [EB/OL] [2010 - 08 - 03]. http://q.sohu.com/forum/20/topic/49931884.

[37] 张岳. 新中国水利五十年 [J]. 水利经济，2000（3）：1 - 4.

[38] 基维百科. 河南 "75.8" 溃坝事件 [EB/OL]. [2013 - 07 - 29]. http://zh.wikipedia.org/wiki/%E6%B2%B3%E5%8D%97%E2%80%9C75%C2%B78%E2%80%9D%E6%BA%83%E5%9D%9D%E4%BA%8B%E4%BB%B6.

[39] 中国农田水利司. 农村水利改革三十年重大事件 [EB/OL]. [2009 - 9 - 22]. http://www.jsgg.com.cn/Index/Display.asp? NewsID=12187.

[40] 罗兴佐. 国家介入与农民合作 [M]. 武汉：湖北人民出版社，2006.

[41] 任润余，张学俭. 中国百科年鉴（水利，水利事业概况）[M]. 北京：中国大百科出版社，1983.

[42] 林万龙. 中国农村社区公共品供给制度变迁研究 [M]. 北京：中国财经经济出版社，2003.

[43] 中共中央国务院. 关于进行农村税费改革试点工作的通知 [EB/OL]. [2000 - 3 - 2]. http://baike.baidu.com/view/3149658.htm.

[44] 中华人民共和国国务院办公厅. 水利工程管理体制改革实施意见 [EB/OL]. [2002 - 10 - 17] http://www.china.com.cn/chinese/PI - c/225051.htm.

[45] 水利部，财政部. 水利工程管理单位定岗标准和水利工程维修养护定额标准 [EB/OL]. [2004 - 07 - 29]. http://www.mwr.gov.cn/zwzc/zcfg/bmfggfxwj/200407/t20040729_156051.html.

[46] 土木工程网. 21 世纪初期中国农村水利发展纲要 [EB/OL]. [2011 - 04 - 16]. ht-

tp：//www.civilcn.com/shuili/lunwen/ntsl/1302935781139302.html.
[47] 于凤鹏．当前我国小型农田水利设施建设的困境与对策 [J]．当代生态农业，2008 (1)：46-48.
[48] 仝志辉．农民用水协会与农村发展 [J/OL]．经济社会体制比较，2005 (4)：74-80 [2012-05-02]．http：//www.ccfc.zju.edu.cn/a/xuezhelundian/tongzhihui/2012/0502/10469.html.
[49] 中共中央，国务院．关于加快水利改革发展的决定（中共中央印发 2011 年 1 号文件） [EB/OL]．[2011-01-30]．http：//feature.mei.net.cn/2012no1/news/20110130/413484.htm，2011.
[50] 新华网．迎接水利改革发展的春天 [EB/OL]．[2011-02-08]．http：//news.xinhuanet.com/fortune/2011-02/08/c_121054613_3.htm.
[51] 龚时宏，李久生，李光永．喷微灌技术现状及未来发展重点 [J]．中国水利，2012 (2)：66-68，70.
[52] 毕玉娟．新中国成立 60 年水土保持工作综述 [EB/OL]．[2009-10-31]．http://www.forestry.gov.cn/portal/sbj/s/2653/content-418722.html.
[53] 中国新闻网．中国将斥巨资治理中小河流、加固病险水库 [EB/OL]．[2012-02-09]．http：//www.chinanews.com/gn/2012/02-09/3657681.shtml.

下篇参考文献：

[1] 胡锦涛．中国要积极建设节水型社会 [EB/OL]．[2004-04-04]．http：//news.xinhuanet.com/newscenter/2004-04/04/content_1400205.htm.
[2] 人民网．落实科学发展观全面推进节水型社会建设 [EB/OL]．[2004-03-22]．http：//www.people.com.cn/GB/shizheng/1026/2402348.html.
[3] 新华网．1 公斤粮食=800 公斤水，我国农业用水方式仍旧粗放 [EB/OL]．[2012-04-25]．http：//news.xinhuanet.com/politics/2012-04/25/c_111841576.htm.
[4] 中国环境年鉴编辑委员会编．中国环境年鉴 [M]．北京：中国环境年鉴社，1999.
[5] 杨晓东，白人朴．小城镇环境污染问题及对策 [J]．中国农业大学学报，1999，4 (6)：110-114.
[6] 李庆逵，朱兆良，于天仁．中国农业持续发展中的肥料问题 [M]．南昌：江西科技出版社，1998.
[7] 国家环境保护总局．中国环境状况公报 [J]．环境保护，2001 (7)：3-9.
[8] 广东环境保护公众网．农村环境恶化的成因 [EB/OL]． [2005-12-16]．http://www.gdepb.gov.cn/stbh/nchj/nchjbh/200512/t20051216_31166.html.
[9] 李贵宝，尹澄清，周怀东．中国“三湖”的水环境问题和防治对策与管理 [J]．水问题论坛，2001 (3)：36-39.
[10] 张维理．我国北方农用氮肥造成地下水硝酸盐污染的调查 [J]．植物营养与肥料学报，1995，1 (2)：80-87.
[11] 高旺盛，黄进勇．黄淮海平原典型集约农区地下水硝酸盐污染初探 [J]．生态农业研究，1999，7 (4)：41-43.

[12] 林玉锁. 农药与生态环境保护 [M]. 北京：化学工业出版社，2008.
[13] 华小梅. 我国农药的生产使用状况及其对环境的影响 [J]. 环境保护，1999，(9)：23-25.
[14] 朱忠林. 滴灭威农药的残留、毒性及其对生态环境的影响 [J]. 农村生态环境，1993，9 (2)：50-53.
[15] 魏子昌. 湖北省水资源开发利用现状及其保护问题浅论 [J]. 水资源保护，1988 (4)：96-101.
[16] 单正军. 除草剂拉索对地下水影响研究 [J]. 环境科学学报，1994，14 (1)：72-78.
[17] 徐谦. 我国化肥和农药非点源污染状况综述 [J]. 农村生态环境，1996，12 (2)：39-43.
[18] 董克虞. 畜禽粪便对环境的污染及资源化途径 [J]. 农业环境保护，1998，17 (6)：281-283.
[19] 刘红. 养猪场对环境的污染改善对策 [J]. 农业环境保护，2000，19 (2)：101-103.
[20] 刘芳. 畜牧产业发展对环境的影响 [J]. 农业环境与发展，2000，17 (1)：30-33.
[21] 高锡芸. 富营养化与洗涤剂禁（限）磷的思考 [J]. 环境保护，1997 (6)：43-46.
[22] 国家环保局编著. 中国生态问题报告 [M]. 北京：中国环境科学出版社，1999.
[23] 张胜利，李靖. 中国西北地区农业水土环境问题及对策 [J]. 水土保持学报，2002，16 (4)：80-81.
[24] 李建设，柴良义. 河套灌区土壤次生盐渍化的成因特点及改良措施 [J]. 内蒙古农业利技，2000 (增刊)：157-158.
[25] 新华网. 我国农村饮用水安全保障面临五大挑战 [EB/OL]. [2012-06-28]. http：//news. xinhuanet. com/food/2012-06/28/c_123340829. htm.
[26] 中国环境报. 环境污染造成年经济损失逾五千亿元 [EB/OL]. [2006-09-08]. http：//www. cenews. com. cn/historynews/06_07/200712/t20071229_31653. html.
[27] 大西桥镇志编纂委员会. 安顺市西秀区大西桥镇志 [M]. 贵阳：贵州人民出版社，2006.
[28] 贵州省安顺市地方志编纂委员会. 安顺市志（上册） [M]. 贵阳：贵州人民出版社，1995.
[29] 黄宗智. 华北的小农经济与社会变迁 [M]. 上海：中华书局，1986.
[30] 孙兆霞等. 屯堡乡民社会 [M]. 北京：社会科学文献出版社，2005.
[31] 杨友维，鲍中行，唐明英，等. 大明屯堡第一屯-鲍家屯 [M]. 成都：巴蜀书社，2008.
[32] 李玲. 安顺发现袖珍"都江堰" [N]. 贵州日报，2007-08-14 (6).
[33] 肖进原. 贵州喀斯特高原自然灾害分析 [J]. 贵州师范大学学报（自然版），1996 (1)：70-74.
[34] 张芳. 明清南方山区的水利发展与农业生产（续） [J]. 中国农史，1997 (3)：56-65.

[35] 贵州安顺地区水利电力志编辑委员会．贵州安顺地区水利电力志［R］．贵州安顺地区水利电力志编辑委员会刊印，1997.

[36] 中国科学院地质研究所岩溶研究组．中国岩溶研究［M］．北京：科学出版社，1979.

[37] 安顺市宋旗镇地方志编纂委员会．安顺市宋旗镇志［M］．贵阳：贵州人民出版社，2001.

[38] 邵本武．徽州崇尚风水之俗的历史考察［J］．安徽大学学报（哲社版），1989（2）：101－104.

[39] 殷永达．论徽州传统村落水口模式及文化内涵［J］．东南文化，1991（2）：174－177.

[40] 姜文来．绿色水利及其与节水型社会关系研究［J］．中国水利，2005（13）：44－46.